Ubuntu Linux 操作系统实用教程

◎ 杜焱 廉哲 李耸 主编
◎ 黄继海 王燕 副主编

人 民 邮 电 出 版 社
北 京

图书在版编目（C I P）数据

Ubuntu Linux操作系统实用教程 / 杜焱，廉哲，李
耸主编. -- 北京 : 人民邮电出版社，2017.8(2024.1重印)
（Linux创新人才培养系列）
ISBN 978-7-115-46437-8

Ⅰ. ①U… Ⅱ. ①杜… ②廉… ③李… Ⅲ. ①Linux操
作系统—教材 Ⅳ. ①TP316.89

中国版本图书馆CIP数据核字(2017)第169408号

内容提要

本书通过各种实例和实际操作，详细介绍了 Linux 系统、命令、管理、应用、网络等各方面的内容。

本书共 13 章，分为 3 个部分。第 1 部分介绍 Linux 系统的安装和配置，以及 Linux 上各种应用软件的使用。第 2 部分介绍基本命令、用户管理、进程管理、磁盘管理、软件包管理、任务计划、网络管理。第 3 部分介绍 Linux 服务器搭建、安全设置，还有基于 Linux 系统下的编程开发所必需掌握的编辑器、版本工具等。

本书内容丰富，实用性强，适合初级 Linux 技术人员阅读，尤其适合希望成为 Linux 运维人员的读者阅读。

◆ 主　　编　杜　焱　廉　哲　李　耸
副 主 编　黄继海　王　燕
责任编辑　吴　婷
责任印制　陈　犇

◆ 人民邮电出版社出版发行　　北京市丰台区成寿寺路 11 号
邮编　100164　　电子邮件　315@ptpress.com.cn
网址　http://www.ptpress.com.cn
固安县铭成印刷有限公司印刷

◆ 开本：787×1092　1/16
印张：17.25　　2017 年 8 月第 1 版
字数：454 千字　　2024 年 1 月河北第 8 次印刷

定价：49.80 元

读者服务热线：(010)81055256　印装质量热线：(010)81055316
反盗版热线：(010)81055315
广告经营许可证：京东市监广登字20170147号

前言

随着互联网的高速发展，B/S（浏览器/服务器）模式的软件开发越来越流行。由于PHP语言在编写B/S模式的软件时具有优势，特别是Internet上多层结构应用系统的迅速流行，LAMP（Linux+Apache+MySQL+PHP）核心技术和各种解决方案得到了广泛的应用。程序员要想进入网站开发行业，除了需要有扎实的PHP语言基础外，还要掌握Linux各种应用，这样才能在严峻的就业市场环境中有较强的职场竞争力和美好的职业前景。

市场上有越来越多的公司开始在Linux环境下进行开发。目前图书市场上关于Linux的书籍不少，但真正从实际开发入手，精炼并且实用的书籍却很少。这也是本书推出的目的。本书主要是以实用为主，通过具体的应用，让读者全面、深入、透彻地理解Linux的使用方法。

本书特色

1. 涵盖Linux的各种技术及主流服务

本书涵盖FTP、NFS、Apache、Samba服务器的搭建，LAMP的使用。

2. 案例典型，实用性强

本书提供了许多实用案例，图文并茂，读者很快就能上手。

3. 简单入门，一看就会

本书针对的是没有Linux基础的读者，所以很多内容讲解简单，让读者看完就能上手操作。

本书内容

第1部分　第1～3章

这3章介绍了Linux系统的安装和配置基础知识，主要包括Ubuntu Linux系统如何安装、基本配置、怎么使用等。尤其是Linux的安装方法，为了方便读者能快速安装，市面上几乎所有的安装方法都在这两章中介绍到了。第3章还针对入门者特意讲解了Linux系统上各类软件的使用方法。

第2部分　第4～10章

这7章介绍了Linux系统的主要管理，包括Linux系统的用户管理、进程管理、磁盘管理、软件包管理、计划任务以及网络管理。最重要的是开始的一些Linux命令，众所周知，Linux是以命令见长，而不是鼠标的各种单击，所以Linux入门人员和网络运维人员都应该掌握这些常见的Linux命令。

第3部分　第11～13章

这3章是Linux系统的高级应用，包括服务器的搭建、安全设置、编程开发。在搭建服务的时候，本书介绍了常用的一些服务，如FTP、DNS等，相关的问题在面试中会经常碰到。鉴于一些读者学习Linux是因为编程需要，本书也在最后一章介绍了Linux系统上编程需要了解的一些基础知识。

适合阅读本书的读者

- ❑ 需要全面学习 Linux 技术的人员
- ❑ Linux 运维人员
- ❑ Linux 爱好者
- ❑ Java、PHP 等需要了解 Linux 系统的开发人员
- ❑ 网络管理员

本书由沈阳理工大学的杜焱、廉哲、李耸等老师共同编写。其他参与资料整理的有梁静、黄艳娇、任耀庚、刘海琛、刘涛、蒲玉平、李晓朦、张鑫卿、李阳、陈诺、张宇微、李光明、庞国威、史帅、何志朋、贾倩楠、曾源、胡萍凤、杨罡、郝召远。

编　者

目 录

第 1 部分 Linux 的安装和配置

第 2 部分 Linux 的管理

第 1 部分

Linux 的安装和配置

第1章 系统介绍

Linux 功能虽然强大，但如果不能了解它的工作能力，就不能充分发挥其作用。作为本书第 1 章，首先介绍 Linux 作为操作系统的优势及它的历史渊源。

本章将介绍：

- 什么是 Linux
- Linux 发行版本
- Linux 系统的特性
- Linux 系统与 Windows 系统的区别
- 如何学好 Linux

1.1 Linux、GNU、GPL 的关系

Linux 是一种开放源代码的操作系统，可以安装在包括服务器、个人计算机，乃至 PDA（Personal Digital Assistant，掌上电脑）、手机、打印机等各类设备中。Linux 隶属于 GNU（GNU is Not Unix，自由软件组织），遵循 GPL（General Public License，GNU 公共许可证），这么一说，读者是不是有点蒙，GNU 是什么？GPL 又是什么？

1.1.1 什么是 Linux

1991 年，芬兰人 Linus Torvalds 为了满足读写新闻和邮件的需求，打算开发自己的操作系统。他选择了开放源码的 Minix 系统，并编写了自己的磁盘驱动程序和文件系统，然后把源代码上传到互联网。Linus 把这个操作系统命名为 Linux，意指“Linus 的 Minix”（Linus' Minix）。被放到互联网上的 Linux 迅速发展，到 1994 年，内核 1.0 版正式发布，接着是 1996 年的 2.0 版本，一直到现在的 4.4 版本。

Linux 的发展依靠的是一批乐于奉献的程序员，正是因为他们，无数的程序员投身到各种开源项目中，并且各类社区蓬勃发展。从国外公司来看，Sun、IBM、Novell、Google、Microsoft 等都拥有自己的开放源代码社区，国内的阿里也开放了很多自己的源码。

源码太多后，如何管理、如何使用、个人如何用、公司如何用就变成了亟需解决的问题。目前，世界上已经存在多种不同的开放源代码许可证协议，包括 BSD（Berkeley Software Distribution，这里特指 BSD 许可证）、Apache、GPL、MIT（The MIT License，MIT 许可协议）、LGPL（GNU Lesser General Public License，GNU 宽通用公共许可证）等。其中的一些比较宽松，如 BSD、Apache

和 MIT，用户可以修改源代码，并保留修改部分的版权。Linux 所遵循的 GPL 协议相对较严格，它要求用户将所做的一切修改必须回馈社区，这也是 Linux 能够快速发展的原因。

提到 Linux，提到开源，提到开源协议，Linux 新手总是混淆 GPL 协议和 GNU 的关系，以为都是一种协议，其实不然，下一小节我们先说一下什么是 GNU。

1.1.2　什么是 GNU（自由软件组织）

Richard Stallman（史托曼）1974 年毕业于哈佛（Harvard）大学物理专业。毕业后进入 MIT 人工智能实验室做程序开发工作。1983 年 9 月，Stallman 公开宣布一项称为“GNU”的计划。GNU 是“GNU's Not Unix”的简称。它的目标是创建一套完全自由的操作系统。Richard Stallman 最早是在 net.unix-wizards 新闻组上公布该消息，并附带一份《GNU 宣言》，公开目的是要“重现当年软件界合作互助的团结精神”。

GNU 是一个类似 Unix 的操作系统，是我们常说的“自由软件”。之后，Stallman 设立了“自由软件基金会（FSF）”，聘用程序员编写自由软件程序，为自由软件运动（movement）提供一个合法的框架（alegal infrastructure）。

1991 年，Linus Torvalds 开发出了 Linux 程序模块，后来与 GNU 成功融合成了 GNU/Linux 操作系统，其间推出了许多 Linux 发行版，尤其是 2004 年发布的 Ubuntu 发行版（属于 GNU 系列），使 GNU 事业得以蓬勃发展至今。

1.1.3　什么是 GPL（GNU 公共许可证）

GNU 通用公共许可证（GNU General Public License，GPL）包括 Linux 在内的一批开源软件遵循的许可证协议。对于考虑部署 Linux 或者其他遵循 GPL 的产品的企业，必须了解 GPL 中到底说了些什么？

为了让读者能明白，这里举个例子：

假如你发布了一个程序的副本，不管是收费的还是免费的。在 GPL 下，你必须将你具有的一切权利给予你的接受者，你必须保证他们能收到或得到源程序；并且让他们知道他们有这样的权利。

概括说来，GPL 包括下面这些内容。

- 软件最初的作者保留版权。
- 其他人可以修改、销售该软件，也可以在此基础上开发新的软件，但必须保证这份源代码向公众开放。
- 经过修改的软件仍然受到 GPL 的约束——除非能够确定经过修改的部分是独立于原来作品的。
- 如果软件在使用中造成了损失，开发人员不承担相关责任。

完整的 GPL 协议可以在互联网上通过各种途径（如 GNU 的官方网站 www.gnu.org）获得，GPL 协议已经被翻译成中文，读者可以在“百度”中搜索“GPL”获得相关信息。

1.2　Linux 主要发行版本

Linux 因其开源的独特优势，长期以来得到了大量的应用和支持，并在最近几年得到了爆炸性的发展，市场上的 Linux 发行版本多得让人眼花缭乱。目前 Linux 主要发行版本有两大系列：Red Hat 和 Debian。本节将会介绍 Red Hat 和 Debian 的一个桌面常用版本 Ubuntu。

1.2.1 Red Hat 简介

Red Hat 创建于 1993 年，是目前世界上最资深的 Linux 和开放源代码提供商。Red Hat 在发行了 9.03 版之后，开始以 Red Hat Enterprise Linux 命名，即 Red Hat 企业版，这是面向服务器的版本，它会把稳定性放在第一位。

Red Hat 社区的个人桌面免费版是 Fedora，一年两个版本，Fedora 是 Red Hat Linux 面向桌面级用户的版本，里面的很多组件比 Red Hat 还要新，它是 Red Hat Enterprise Linux 的一个实验场，每个版本所采用的软件、内核版本几乎都是最新的，因而配置起来有些困难，不过基于 Red Hat 的基础，使用 Fedora 的人仍然占很大的比例。对于用户而言，Fedora 是一套功能完备、更新快速的免费操作系统。

Red Hat Enterprise Linux 的桌面如图 1.1 所示。

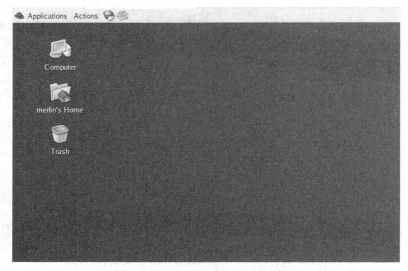

图 1.1 Red Hat Enterprise Linux 桌面

1.2.2 Ubuntu 简介

一个致力于创建自由操作系统的合作组织，创建了一款操作系统，名为 Debian GNU/Linux，简称为 Debian。Debian 系统目前采用 Linux 内核，是为数极少的纯社区驱动的 Linux 发行版，而不是由商业公司或者政府机构所掌控。

在桌面领域，Debian 的一个改版系统 Ubuntu（乌班图），获得了很多 Linux 使用者的支持。Ubuntu 是一个以桌面应用为主的 Linux 操作系统，其名称来自非洲南部祖鲁语或豪萨语的“ubuntu”一词，意思是“人性”“我的存在是因为大家的存在”，是非洲传统的一种价值观。Ubuntu 基于 Debian 发行版和 Gnome 桌面环境，而从 11.04 版起，Ubuntu 发行版放弃了 Gnome 桌面环境，改为 Unity。从前人们认为 Linux 难以安装、难以使用，在 Ubuntu 出现后这些都成为了历史。Ubuntu 也拥有庞大的社区力量，用户可以方便地从社区获得帮助。

Ubuntu 的开发目的是使个人计算机变得简单易用，同时也提供针对企业应用的服务器版本。

Ubuntu 的每个新版本均会包含当时最新的 Gnome 桌面环境，通常在 Gnome 发布新版本后一个月内发布。与其他基于 Debian 的 Linux 发布版，如 MEPIS、Xandros、Linspire、Progeny 和 Libranet 等相比，Ubuntu 更接近 Debian 的开发理念，它主要使用自由、开源的软件，而其他发布版往往会附带很多闭源的软件。

Ubuntu 与 Debian 使用相同的 deb（Debian 软件包格式的文件扩展名）软件包格式，可以安装绝大多数为 Debian 编译的软件包，虽然不能保证完全兼容，但大多数情况下是通用的。Ubuntu 每 6 个月发布一个新版本，而每个版本都有代号和版本号，其中有 LTS 是长期支持版。版本号基于发布日期，例如 16.04 版本，代表是在 2016 年 4 月发行的。

Ubuntu Linux 桌面如图 1.2 所示。

图 1.2　Ubuntu Linux 桌面

1.2.3　其他常见的 Linux 版本介绍

使用哪一种发行版本主要取决于读者的具体需求。如果是企业用户，可以考虑 Red Hat Enterprise Linux，如果个人用户，可以考虑 Ubuntu。Linux 常见发行版本参见表 1.1。

表 1.1　著名的 Linux 发行版本

发行版本	官方网站	说明
CentOS	www.centos.org	模仿 Red Hat Enterprise Linux 的非商业发行版本
Debian	www.debian.org	免费的非商业发行版本
Fedora	fedoraproject.org	Red Hat 公司赞助的社区项目免费发行版本
Gentoo	www.gentoo.org	基于源代码编译的发行版本
Mandriva	www.mandriva.com	前身 Mandrakelinux，第一个为非技术类用户设计的 Linux 发行版本
openSUSE	www.opensuse.org	SUSE Linux 的免费发行版本

续表

发行版本	官方网站	说明
Red Flag	www.redflag-linux.com	国内发展最好的 Linux 发行版本
Red Hat Enterprise	www.Red Hat.com	Red Hat 公司的企业级商业化发行版本
SUSE Linux Enterprise	www.suse.com/linux	Novell 公司的企业级商业化 Linux 发行版本
TurboLinux	www.turbolinux.com	在中国和日本取得较大成功的发行版本
Ubuntu	www.ubuntu.com	类似于 Debian 的免费发行版本

其中的 CentOS 版本很有趣，它收集了 Red Hat 为了遵守各种开源许可证协议而必须开放的源代码，并且打包整理成一个同 Red Hat Enterprise 非常相似的 Linux 发行版本。因为 CentOS 完全免费，这对于希望搭建企业级应用平台的团队而言是一个好消息。

Red Flag Linux（红旗 Linux）来自北京中科红旗软件技术有限公司，是亚洲最大、也是发展最迅速的 Linux 产品发行商。红旗 Linux 最大的优势在于其本地化服务，同时在中文支持上，红旗 Linux 比其同行做得更好。

1.3 Linux 系统的特性以及它与 Windows 系统的区别

Linux 的基本思想有两点：

第一，一切都是文件；

第二，每个软件都有确定的用途。

Linux 系统的主要特性包括以下几个。

- 自由与开放。Linux 基于 GPL 协议，因此它是自由软件，即任何人都可以自由地使用或修改其中的源码。
- 配置要求低廉。Linux 可以支持个人计算机 x86 架构，对内存和硬盘的要求低，不必像 Windows 那样要求必须 2G 内存、1G 硬盘等。
- 功能强大而稳定。Linux 是基于 Unix 改写的，因此继承了 Unix 的优势，功能强大稳定。Linux 采取了许多安全技术措施，其中有对读、写进行权限控制、审计跟踪、核心授权等技术，这些都为安全提供了保障。
- 支持多种平台。Linux 可以运行在多种硬件平台上，如具有 x86、680x0、SPARC、Alpha 等处理器的平台。此外 Linux 还是一种嵌入式操作系统，可以运行在掌上电脑、机顶盒或游戏机上。
- 免费。Linux 基于 GPL 协议，所以没有版权问题，是一款免费的操作系统，用户可以通过网络或其他途径免费获得，并可以任意修改其源代码。这是其他的操作系统所做不到的。
- 多任务，多用户。与 Windows 系统不同，Linux 支持多用户，各个用户对于自己的文件设备有自己特殊的权利，保证了各用户之间互不影响。多任务则是现在计算机最主要的一个特点，Linux 可以使多个程序同时并独立地运行。

- 适合嵌入式系统。Linux 代码效率比较高，基于其低廉成本与高度可设置性，Linux 常常被应用于嵌入式系统，例如机顶盒、移动电话及移动装置等。
- 丰富的网络功能。Linux 的网络功能和其内核紧密相连，在这方面 Linux 要优于其他操作系统。在 Linux 中，用户可以轻松实现网页浏览、文件传输、远程登录等网络工作。并且可以作为服务器提供 WWW、FTP、E-Mail 等服务。

我们常见到的操作系统就是 Windows 和 Linux，同是操作系统，两者有什么区别呢？这里我们简单概括如下。

- Linux 应用目标是网络。

Linux 的设计定位于网络操作系统，其命令的设计比较简洁。而且采用纯文本可以非常好地跨网络工作，所以 Linux 配置文件和数据都以文本为基础。

- Linux 支持可选的 GUI（Graphical User Interface，图形用户界面）。

估计没有多少读者用过没有界面的 Windows，但学习 Linux 我们就应该注意，图形环境并没有集成到 Linux 中，而是运行于系统之上的单独一层。这意味着我们可以只运行 GUI，或者在需要时运行 GUI。如果系统的主要任务是提供 Web 应用，那么我们还可以停掉图形界面，而将其所用的内存和 CPU 资源用于服务。而且我们需要在 GUI 环境下工作的时候可以再打开它，工作完成后再将其关闭。

- 文件名扩展。

常用 Windows 的人都知道“文件扩展名”这个概念，比如 txt 是记事本类型，doc 是 Word 类型。但 Linux 不使用文件名扩展来识别文件的类型。相反，Linux 根据文件的头内容来识别其类型。

- 重新引导。

这里我们把重新引导可以简单理解为系统的重新启动，除了 Linux 内核之外，其他软件的安装、启动、停止和重新配置都不用重新引导系统，而 Windows 中一般只要变更了注册表或安装了一些复杂软件则都需要重新引导。

- 命令区分大小写。

所有的 Linux 命令和选项都区分大小写。例如，-R 与-r 不同，会去做不同的事情。Linux 的控制台命令几乎都是小写的。Windows 中也有命令，大部分都不区分大小写，估计很多人并没有用过。

1.4 如何学好 Linux

当前网络发展迅速，基本上所有学习资源都可以在网上找到，我们除了可以系统地学习一本 Linux 入门图书外，还可以去一些社区或论坛学习其他人的 Linux 经验。表 1.2 和表 1.3 分别列出了国外和国内的常用 Linux 站点。

表 1.2 常用的国外 Linux 资源

国外网站	说明
lwn.net	来自 Linux 和开放源代码界的新闻
http://freecode.com/	最齐全的 Linux/Unix 软件库
www.justlinux.com	信息齐全的 Linux 学习网站
www.kernel.org	Linux 内核的官方网站
www.linux.com	提供全方位的 Linux 信息（尽管不是官方网站）

续表

国外网站	说明
www.linuxhq.com	提供内核信息和补丁的汇总
www.linuxtoday.com	非常完整的 Linux 新闻站点

表 1.3 常用的国内 Linux 资源

国内网站	说明
www.chinaunix.net	国内最大的 Linux/Unix 技术社区网站
www.linuxeden.com	Linux 伊甸园，最大的中文开源资讯门户网站
www.linuxfans.org	中国 Linux 公社，拥有自己的 Linux 发行版本 Magic Linux
www.linuxsir.org	提供 Linux 各种资源，包括资讯、软件、手册等

Linux 入门是很简单的，问题是你是否有耐心，是否爱折腾，是否不排斥重装一类的大修。没折腾可以说是学不好 Linux 的。对于新手来说，我们坚决不要做“伸手党”，碰到问题时：首先，利用帮助命令 Man 自行解决；其次，搜索问题信息；最后，论坛提问。

1.5 小结

本章首先向读者介绍了什么是 Linux 系统、GNU、GPL，让读者了解这些专业术语之间的关系。然后介绍了 Linux 的主要发行版本，以及这些版本之间差异。最后还向读者推荐了一些网络资源，提供了一些学习建议。希望读者灵活运用，加以掌握，为下一步学习打下基础。

1.6 习题

一、填空题

1. Unix 是________开发的，GNU 是________发起的。
2. Linux 是对________的重新实现。

二、选择题

1. 关于 GPL 描述错误的是（　　）。
   A. 软件最初的作者保留版权
   B. 如果软件在使用中引起了损失，开发人员不承担相关责任
   C. 其他人可以修改、销售该软件
   D. 经过修改的软件不受到 GPL 的约束
2. 以下哪个是 Linux 发行版本（　　）。
   A. Mandriva　　B. Fedora　　C. CentOS　　D. Debian

三、简答题

1. Linux 的主要特性是什么。
2. Linux 与 Windows 有什么不同。

第 2 章 系统部署

了解了 Linux 的发展过程，本章开始引导读者把 Linux 安装到自己的计算机上。相比于 Windows 系统，安装 Linux 时可能会碰到更多问题。

本章将介绍：

- 安装 Linux 系统
- Grub 程序简介
- 硬件设备的设置
- Linux 桌面的配置

2.1 安装 Linux 系统

Linux 系统的安装虽然已经比较“自动化”（一直单击“继续”按钮就能完成安装），但安装过程中还需要进行一些设置，本节就说说这些关键的设置。

2.1.1 获取安装文件

Linux 是免费的，这个免费不是绝对的，如果作为商业应用，还要遵循一些商业协议，这个前面已经介绍过。要获取 Linux 的安装文件，我们可以在各 Linux 发行版的官方网站上找到安装镜像。我们也可以将这些镜像文件刻录成光盘。

本书以最常见的 Ubuntu 为例介绍。用户可以登录其官方网站预订安装光盘，也可以在官网提供的下载界面下载，国内用户还可以通过百度搜索的方式来下载。

安装前需要检查一下自己的硬件是否符合 Linux 系统的安装要求，以 Ubuntu 16.04 为例，默认安装需要 2G 内存、25GB 硬盘空间。

2.1.2 磁盘分区划分

磁盘分区应该是我们在安装 Linux 系统过程中碰到的第一个小问题，我们先来认识下磁盘在操作系统中的命名。

硬盘一般分为 IDE 硬盘、SCSI 硬盘和 SATA 硬盘。在 Linux 中，IDE 接口的设备被称为 hd，SCSI 和 SATA 接口的设备则被称为 sd（本书中如果不做特殊说明，默认将使用 SCSI 或 SATA 接口的硬盘）。第一块硬盘被称作 sda，第二块被称作 sdb……依此类推。Linux 规定，一块硬盘上只能存在 4 个主分区，分别被命名为 sda1、sda2、sda3 和 sda4。逻辑分区则从 5 开始标识，每多一个逻辑分区，就在末尾的分区号上加 1。逻辑分区没有个数限制。

一般来说，每个系统都需要一个主分区来引导。这个分区中存放着引导整个系统所必需的程序和参数。在 Windows 环境中常说的 C 盘就是一个主分区，它是硬盘的第一个分区，在 Linux 下被称为 sda1。其后的 D、E、F 等属于逻辑分区，对应于 Linux 下的 sda5、sda6、sda7……操作系统主体可以安装在主分区，也可以安装在逻辑分区，但引导程序必须安装在主分区内。

有了这些准备知识，下面开始讲解如何在安装过程中进行分区。

（1）Ubuntu 提供给用户两种硬盘设定方式：①“清除整个硬盘并安装 Ubuntu”方式是将整个硬盘作为一个主分区，②“其他选项”方式则允许用户进行分区。第一种方式为默认选项。这里，我们选择第二种方式。单击“继续”按钮，进入“安装类型”界面，如图 2.1 所示。

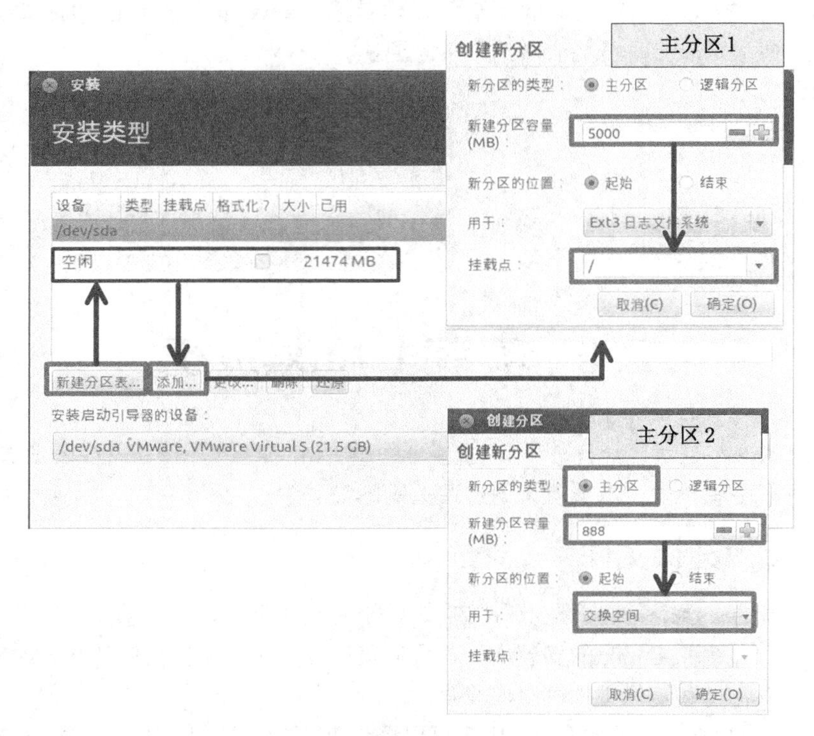

图 2.1 “安装类型”界面

（2）该界面允许用户进行分区。单击“新建分区表”按钮，为磁盘建立分区表。这时，会显示硬盘空闲空间。单击“空闲”项目后再单击“添加”按钮，出现创建新分区对话框。在这里我们创建两个主分区，分区设置如表 2.1 所示。设置完成后，分区配置如图 2.2 所示。

表 2.1 “分区设置表”

分区	新分区的类型	新建分区容量	用于	挂在点	说明
分区 1	主分区	5000	Ext3 日志文件系统	/	该分区是装系统必有的主分区
分区 2	主分区	888	交换空间		该分区相当于虚拟内存，用于缓冲数据

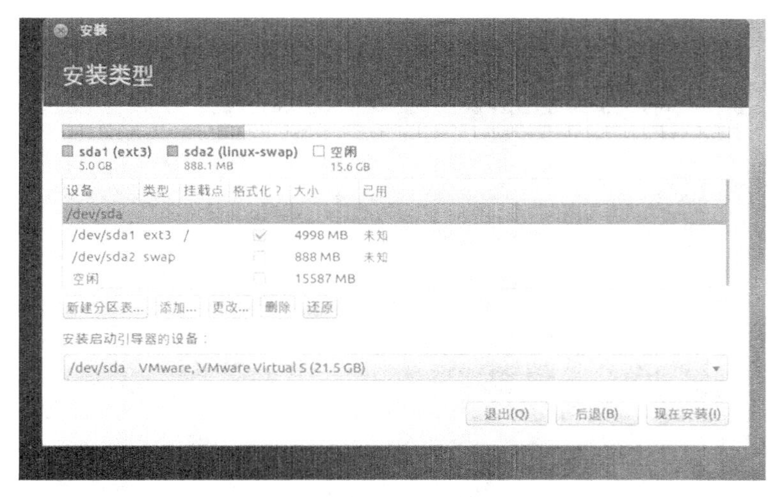

图 2.2　完成分区

完成所有分区的划分后，就可以单击“现在安装”按钮进行下一步设置。

2.1.3　必要的系统配置

Ubuntu.Linux 安装程序开始安装时会做一些系统配置，如果选择错误，可能导致后期很多程序包无法安装。这里我们详细介绍下这些系统配置。

（1）在选择地区的一个默认界面，直接单击“继续”按钮进行下一步设置。

（2）安装界面默认是 Chongqing。想更改地区可以进行地区选择，如 Shanghai，单击“继续”按钮进行安装，如图 2.3 所示。最下面会显示安装进度，安装完后进入“键盘布局”界面。

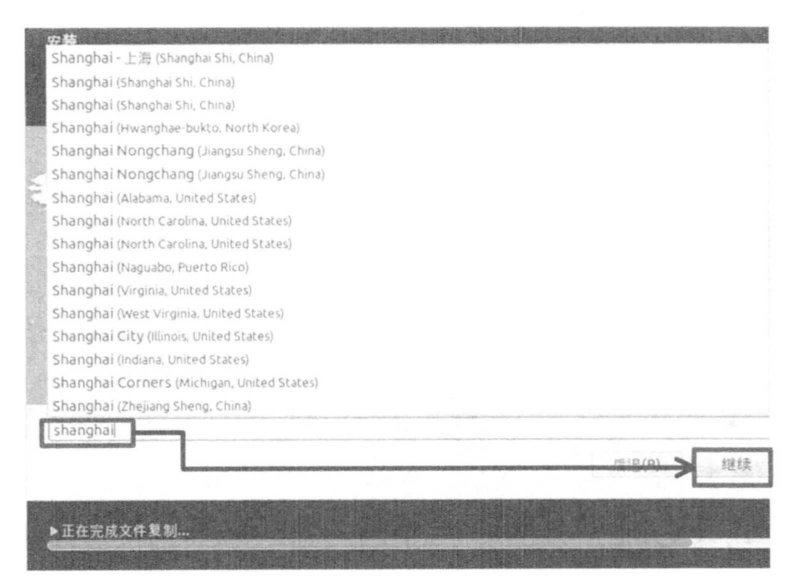

图 2.3　“安装”界面

（3）图 2.4 可以对键盘进行选择，这里我们保持默认选项就可以了。单击“继续”按钮进入下一步设置。

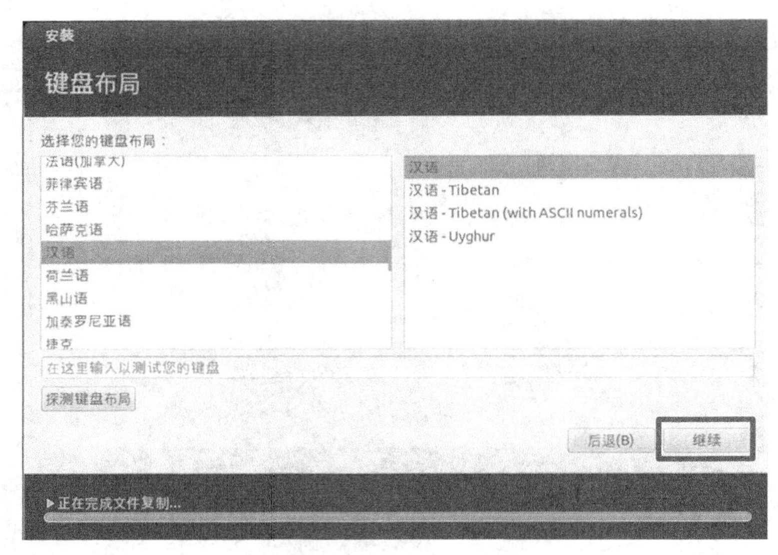

图 2.4 “键盘布局”界面

2.1.4 设置用户名和密码

设置用户名和密码是安装设置的最后一步，如图 2.5 所示。在对应的文本框中输入用户名和密码（需要输入两次）后，单击“继续”按钮会进入“欢迎使用 Ubuntu”界面。

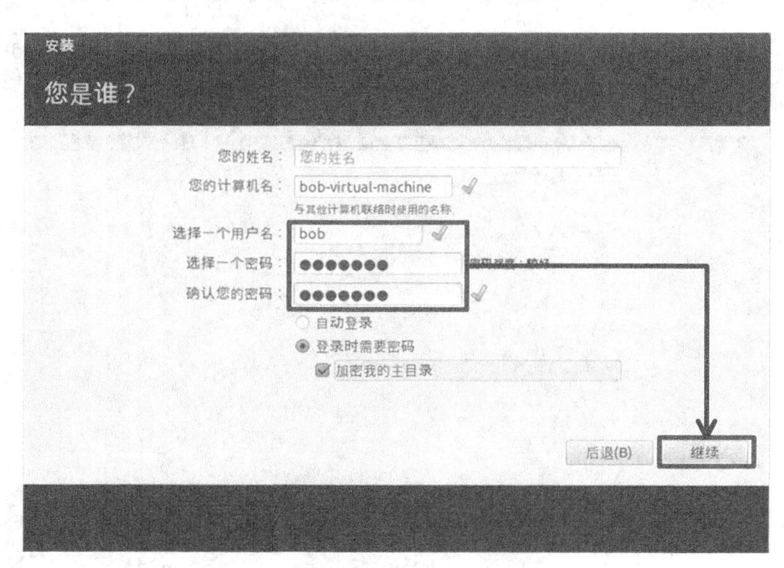

图 2.5 “你是谁？”界面

安装的时间取决于机器性能，通常需要几十分钟的时间，安装完成后要求重新启动。

这里必须重新启动计算机。在 Ubuntu Linux 中，现在设置的用户即拥有管理员权限。而在 Red Hat、SUSE 等发行版中，则需要另外设置一个叫作 root 的用户，这个用户具有管理员权限。

2.2　其他安装方式介绍

随着计算机技术的发展，安装 Linux 的方式也越来越多，本节重点介绍三种方法：U 盘、光盘和虚拟机。

2.2.1　使用 U 盘安装 Linux

使用 U 盘安装 Linux 需要以下几个步骤。

（1）下载 ISO 格式的 Ubuntu 最新版本到 U 盘。

（2）ISO 格式无法直接运行，所以还需要一个 UltraISO 软件来制作 U 盘启动盘。

（3）将计算机设置为 U 盘启动。

（4）插入 U 盘，重新启动就可以了。安装步骤都是一样的。

提示

如何改变 BIOS 中的启动顺序？通常来说，可以在开机时按下 Esc 键进入引导设置界面，找到 USB Boot 即可，不同的主板可能略有不同。

2.2.2　使用光盘安装 Linux

如果已经有了 Linux 的安装光盘。先设置计算机为光盘启动，通常来说，可以在开机时按下 Del 或 F2 键进入 BIOS 设置界面，找到 Boot Sequence 或类似的标签，调整 CD-ROM 或类似选项至“Boot Sequence”标签的第一位置。不同的主板在 BIOS 设置上会有出入。重新启动后进入下面的安装步骤。

（1）Ubuntu 默认安装初始界面是英文的。从左侧下拉列表中选择“中文(简体)”语言，则安装界面改变为中文，如图 2.6 所示。

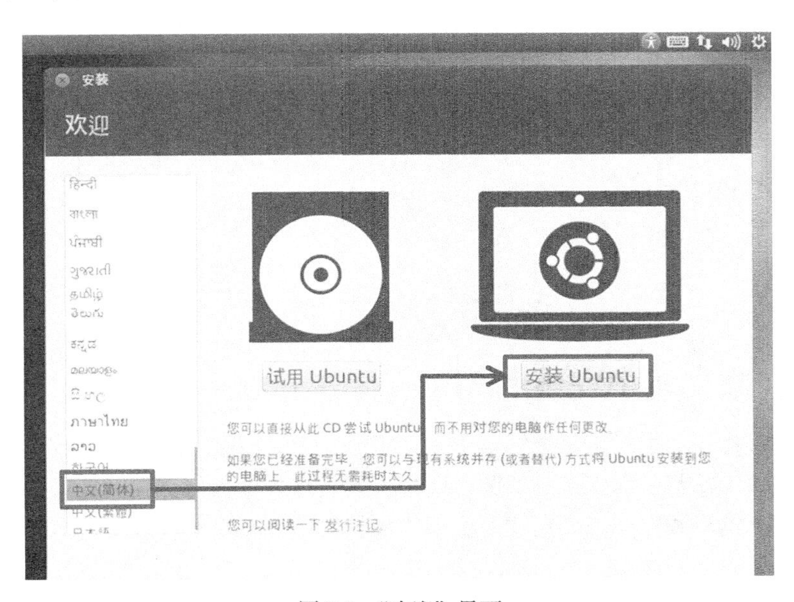

图 2.6　“欢迎”界面

（2）单击“安装 Ubuntu”按钮，进入“准备安装 Ubuntu”界面，如图 2.7 所示。

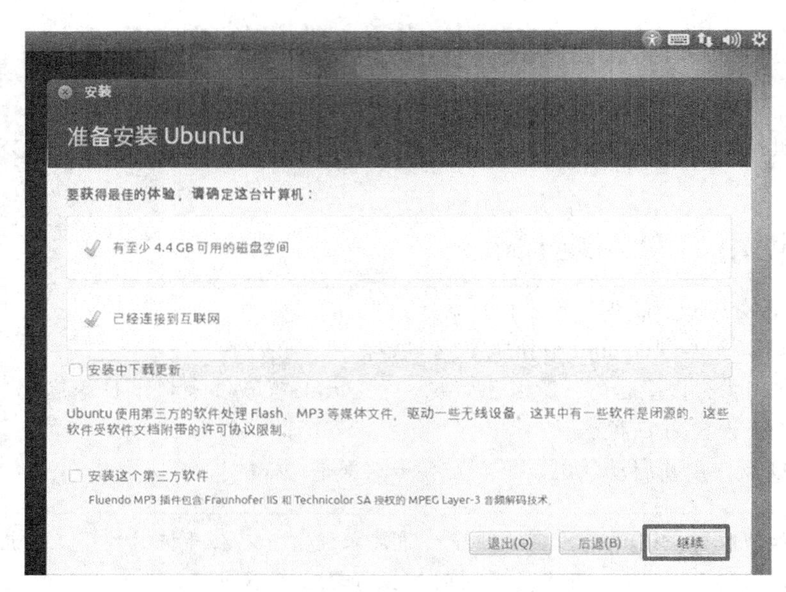

图 2.7 “准备安装 Ubuntu”界面

（3）Ubuntu 提示安装系统所要具备的条件。确认无误后，单击“继续”按钮，进入“安装类型”界面，如图 2.8 所示。后面的操作就很简单了，这里不再赘述。

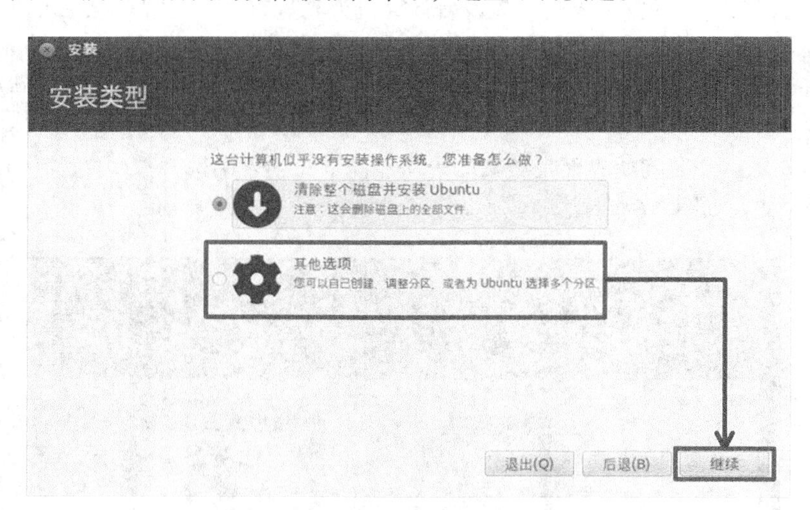

图 2.8 “安装类型”对话框

2.2.3 在虚拟机中安装 Linux

因为很多人工作用的是一个系统，玩 Linux 用的又是另一个系统，甚至有的人，一个机器上装有五或六个系统。这都是虚拟机的功劳。虚拟机其实是一种软件：它本身安装在一个操作系统中，却可以虚拟出整个硬件环境。在这个虚拟出来的硬件环境中，可以安装另一个操作系统，如图 2.9 所示。

通过虚拟机的原理我们可以知道，对虚拟操作系统的任何操作都不会对实际的硬件系统产生不良影响，因为其所依赖的硬件环境都是“虚拟”出来的。最终反映在硬盘上的，只是一系列文件。

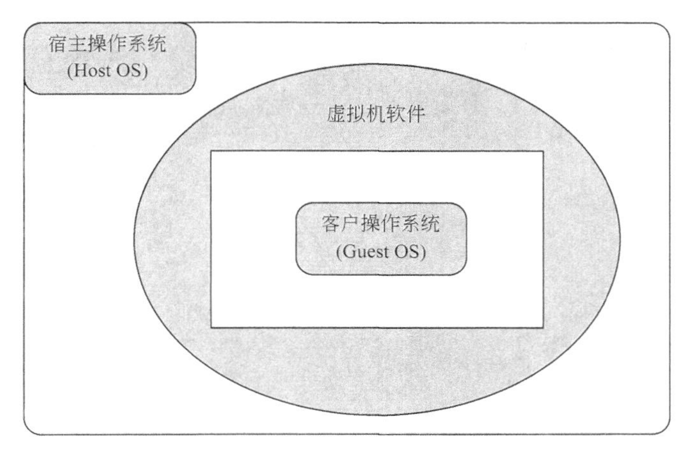

图 2.9　虚拟机示意图

我们最常用到的虚拟机软件是 VMware，它面向企业和个人开发了多个版本，其中一些需要用户购买许可证，如 VMware Workstation 等；另一些，例如 VMware Server，则可以免费使用。笔者这里推荐 VMware Server，下载前用户需要先注册，因为 VMware 公司需要得到来自用户方面的反馈，注册完成后，用户可以申请免费的产品序列号。

双击安装程序，VMware Server 就开始执行安装了，如图 2.10 所示。经过一些例行公事询问/回答后，安装程序会把用户带到服务器配置界面，如图 2.11 所示。在这里可以设置虚拟机文件默认存放的位置、服务器名称和监听端口（使用默认值即可）。

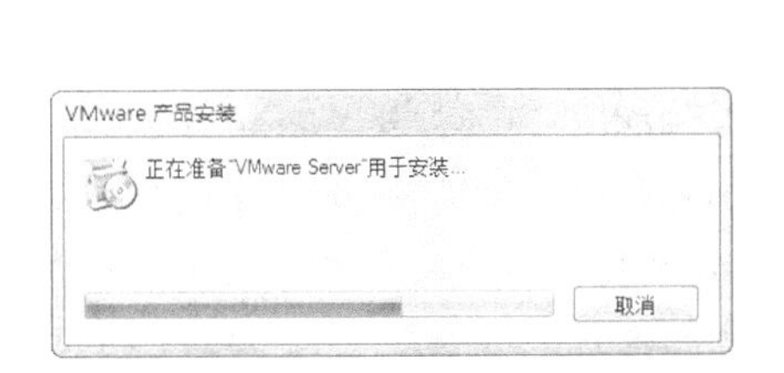

图 2.10　VMware Server 安装初始化

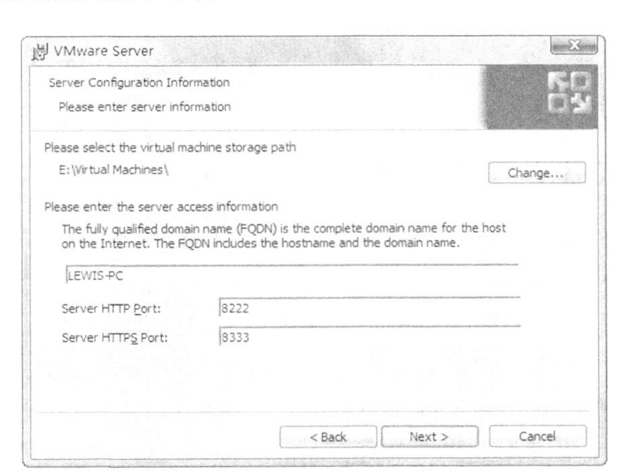

图 2.11　设置 VMware Server

安装完成后，VMware Server 会要求用户重启计算机。VMware Server 将自己作为一个 Web 服务器运行，用户通过浏览器访问这个服务器对其进行管理。通过桌面上或者“开始”菜单中的 VMware Server Home Page 命令打开登录界面。

用户可以通过安装 VMware Server 时使用的 Windows 用户名和密码登录，登录后的界面如图 2.12 所示。通过选择右上方的 Create Virtual Machine 命令即可新建虚拟机。

VMware Server 的具体使用我们这里不再详述，因为初学者使用它只需要会创建和打开虚拟机就可以了。

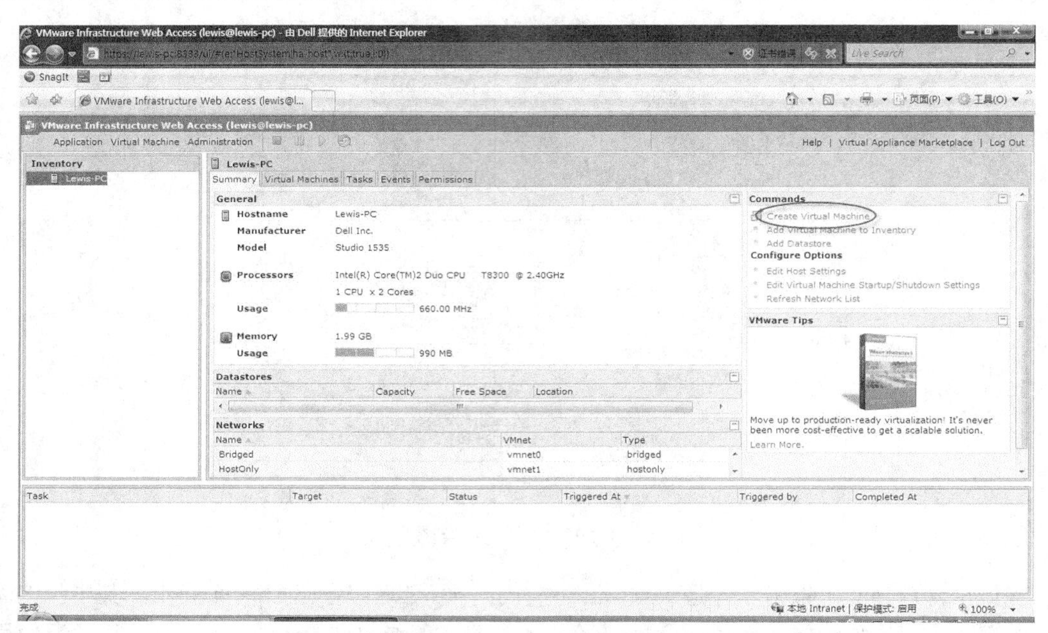

图 2.12 VMware Server 的管理界面

2.3 Grub 程序简介

引导加载程序是载入 Linux 核心的重要工具，没有引导加载程序，核心根本就不能被系统加载，当前常见的引导加载程序有 Grub、LILO、SPFDisk。我们主要对 Grub 引导加载程序进行介绍。

2.3.1 配置 Grub

Linux 系统都是用 Grub 作为开机引导程序的，Grub 引导程序利用 4 项内容启动系统：一个内核文件、驱动器名、内核文件所在的分区号和一个可选的初始 RAM 磁盘。Grub 有两种启动方式：一个是直接查找并加载想要的内核，这是大多数 Linux 发行版本的启动方式。Grub 还支持一种叫作链式加载的启动方法：Grub 用这个方法去加载另一个引导程序，例如 Windows 的加载器，然后这个引导程序加载想要的操作系统内核。这样就使 Grub 可以用其他操作系统的引导程序引导进入这些操作系统。当然，Grub 引导程序是可配置的。它的配置文件名为 grub.conf（Ubuntu 系统中名为 menu.lst）。

Grub 启动时通常从/boot/grub/grub.cfg 读取引导配置，并且严格地依此行事。下面是引导一个 Linux 系统所做的配置，这段内容取自 Grub 配置文件给出的示例。

```
1 #
2 # DO NOT EDIT THIS FILE
3 #
4 # It is automatically generated by grub-mkconfig using templates
```

其大意为："请不要编辑此文件。该文件通过/etc/grub.d 作为模版，/etc/default/grub 作为配置，被 grub-mkconfig 命令自动生成"，因此，我们打开此处指定的配置文件/etc/default/grub，查看并修改我们需要的功能参数。在终端口执行下列命令，如图 2.13 所示。

```
sudo gedit /etc/default/grub
```

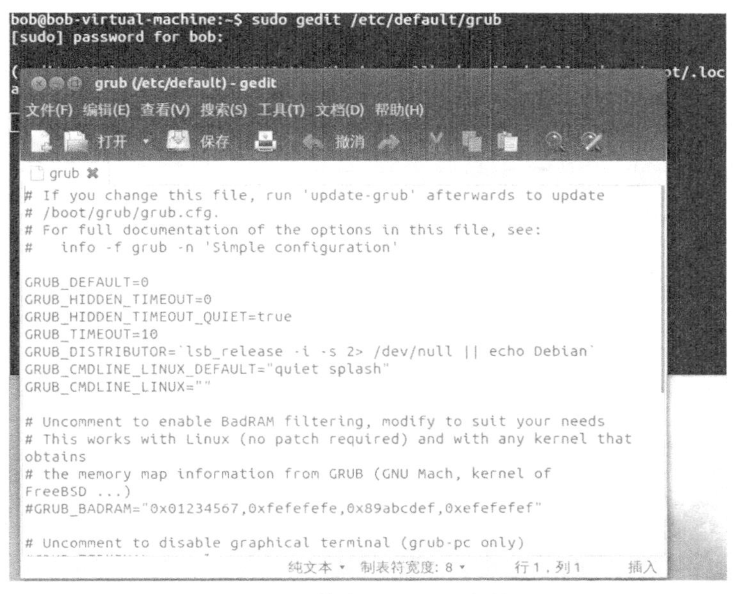

图 2.13　修改 Grub 配置文件

编辑其中我们需要修改的参数：GRUB_DEFAULT 为引导项列表的默认选择项序号（从 0 数起），GRUB_TIMEOUT 为引导项列表自动选择超时时间。同时我们也看到文件开头提到，修改 grub 配置文件后须执行命令 update-grub 以更新 grub.cfg 文件。

编辑完成并保存后，回到终端，执行命令"sudo update-grub"。其将自动依照刚才编辑的配置文件（/etc/default/grub）生成为引导程序准备的配置文件（/boot/grub/grub.cfg）。

```
sudo update-grub
```

连续输出了各个引导项之后，输出"done"即已完成生成过程如图 2.14 所示。

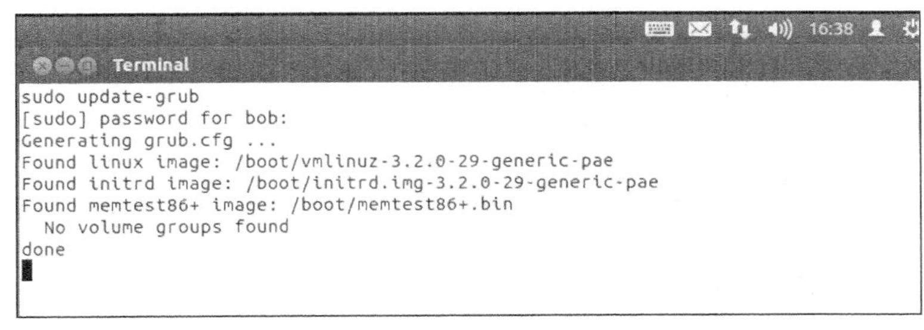

图 2.14　更新后配置文件的显示

同时，引导项列表文件 /boot/grub/grub.cfg 文件也已经被更新。

引导 Windows 的配置段则有些不同，下面这段内容同样取自 Grub 配置文件的示例。

```
title        Windows 95/98/NT/2000
root         (hd0,0)
makeactive
chainloader   +1
```

关键字 makeactive 将 root 指定的分区设置为活动分区，关键字 chainloader 从指定位置加载 Windows 引导程序。

如果我们装双系统的话，建议先装 Windows，后装 Linux。然而随着 Ubuntu 内核的不断升级，Grub 修改开机启动菜单，会自动把最新的 Ubuntu 放在第一位，把 Windows 放在最后一个。我们经常希望把 Windows 调整到靠前的位置，可能还会修改默认的启动项和等待时间等。解决方案如下。

（1）找到 Grub 配置，打开配置文档，在终端里输入命令。

```
sudo gedit /boot/grub/grub.cfg
```

（2）修改 Grub 配置。

set default="0"：表示默认的启动项，"0"表示第一个，依此类推。

set timeout=10：表示默认等待时间，单位是秒。

如果 timeout 被设置为 0，那么用户就没有任何选择余地，Grub 自动依照第一个 title 的指示引导系统。

（3）找到 Windows 的启动项，剪切复制到所有 Ubuntu 启动项之前，例如：

```
### BEGIN /etc/grub.d/30_os-prober ###
menuentry "Windows 7 (loader) (on /dev/sda1)" --class windows --class os {
insmod part_msdos
insmod ntfs
set root='(/dev/sda,msdos1)'
search --no-floppy --fs-uuid --set=root A046A21446A1EAEC
chainloader +1
}
### END /etc/grub.d/30_os-prober ###
```

（4）保存并退出。

2.3.2 修复 Grub 引导程序

当我们安装了 Linux 后，再安装 Windows 时，Windows 可能会把多重引导程序 Grub 覆盖。解决方法是：重新安装 Grub。

有些 Linux 在安装光盘中包含了“救援模式”，用安装盘启动计算机，选择 Rescue System（救援系统），如图 2.15 所示。在这个模式下，用户可以在不提供密码的情况下以 root 身份登录系统。

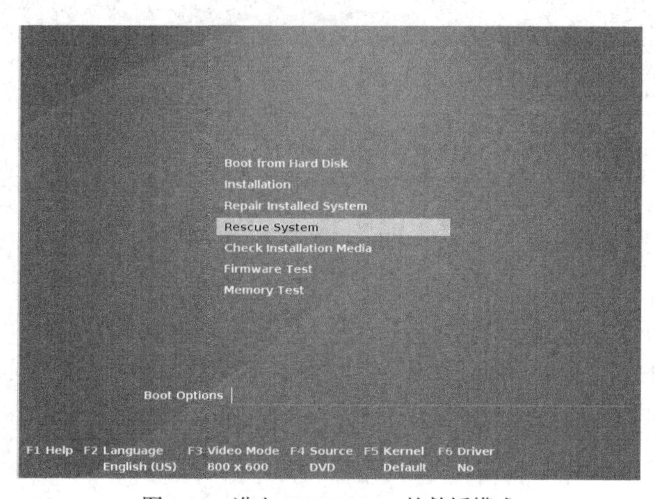

图 2.15 进入 SUSE Linux 的救援模式

还有一些 Linux（如 Ubuntu）在安装光盘中集成了 LiveCD 的功能，即用户可以从 CD 完整地运行这个操作系统。这些就不再需要“救援模式”了。用安装盘启动计算机，选择 Try Ubuntu Gnome 命令。

成功地从光盘启动后，就已经做好了修复 Grub 的准备。现在就开始着手重装这个引导程序，在 Linux 命令行下依次输入下面这些命令。

```
grub
find /boot/grub/stage1
root (hdx,y)
setup (hd0)
quit
```

表 2.2 逐条解释了这些命令代表的含义。

表 2.2　　用于重装 Grub 的命令详解

命令	含义
grub	启动光盘上的 Grub 程序。如果读者正在使用 Ubuntu 的话，那么应该使用 sudo grub 以 root 身份运行
find /boot/grub/stage1	查找硬盘上的 Linux 系统将/boot 目录存放在哪个硬盘分区中。Grub 在安装的时候需要读取这个目录中的相关配置文件
root (hdx,y)	指示 Linux 内核文件所在的硬盘分区（也就是/boot 目录所在的分区），将这里的（hdx,y）替换为上一行中查找到的那个分区。注意这个括号中不能存在空格
setup (hd0)	在第一块硬盘上安装引导程序 Grub
quit	退出 Grub 程序

至此，重新启动计算机就可以找回久违的双系统了。为了给读者一个更为直观的感受，图 2.16 显示了笔者在虚拟机上重装 Grub 的全过程。

```
Rescue login: root
Rescue:~ # grub
Probing devices to guess BIOS drives. This may take a long time.

    GNU GRUB  version 0.97  (640K lower / 3072K upper memory)

 [ Minimal BASH-like line editing is supported.  For the first word, TAB
   lists possible command completions.  Anywhere else TAB lists the possible
   completions of a device/filename. ]
grub> find /boot/grub/stage1
find /boot/grub/stage1
 (hd0,1)
grub> root (hd0,1)
root (hd0,1)
 Filesystem type is ext2fs, partition type 0x83
grub> setup (hd0)
setup (hd0)
 Checking if "/boot/grub/stage1" exists... yes
 Checking if "/boot/grub/stage2" exists... yes
 Checking if "/boot/grub/e2fs_stage1_5" exists... yes
 Running "embed /boot/grub/e2fs_stage1_5 (hd0)"...  15 sectors are embedded.
succeeded
 Running "install /boot/grub/stage1 (hd0) (hd0)1+15 p (hd0,1)/boot/grub/stage2 /boot/grub/menu.l
st"... succeeded
Done.
grub> quit
quit
Rescue:~ # _
```

图 2.16　重装 Grub

Grub 对磁盘分区的表示方式和 Linux 有所不同。Grub 并不区分 IDE、SCSI 抑或是 SATA 硬盘，所有的硬盘都被表示为“(hd#)”的形式，其中“#”是从 0 开始编号的。例如（hd0）表示第 1 块硬盘，（hd1）表示第 2 块硬盘……依此类推。对于任意一块硬盘（hd#）、（hd#,0）、（hd#,1）、（hd#,2）、（hd#,3）依次表示它的 4 个主分区，而随后的（hd#,4）……则是逻辑分区。例如图 2.16 中的（hd0,1）表示第 1 块硬盘的第 2 个主分区。

2.4 Linux 系统初始化

考虑到大多数人都是初学者，这里详细地给出系统初始化时的一些步骤。读者尤其要注意的是基本网络的设置，要不然就没法上网了。

2.4.1 安装中文软件包

如果读者是第一次安装，那么只要记得在安装的时候选上中文支持就可以了。如果没有安装中文支持，就按照下面的步骤进行。

首先应该确保计算机已经连接到了 Internet。右键单击桌面，选择“打开终端”，输入下面这条命令：

```
$ sudo apt-get update
```

这条命令用于从 Internet 更新当前系统软件包的信息，为此需要提供 root 口令。系统会给出一系列下载信息作为回应。这些信息看上去应该像这个样子：

```
获取：2 http://security.ubuntu.com precise-security Release [49.6 kB]
命中 http://extras.ubuntu.com precise/main Sources
命中 http://extras.ubuntu.com precise/main i386 Packages
忽略 http://extras.ubuntu.com precise/main TranslationIndex
获取：3 http://security.ubuntu.com precise-security/main Sources [41.0 kB]
⋮
```

完成更新工作后，依次执行下面的操作步骤：在屏幕左边，单击“系统设置”命令，弹出“系统设置”对话框。在对话框中选择“语言支持（LanguageSupport）”选项，弹出“语言支持”对话框，如图 2.17 所示进行每一步设置。最后单击“应用变更”后会显示正在应用更改。

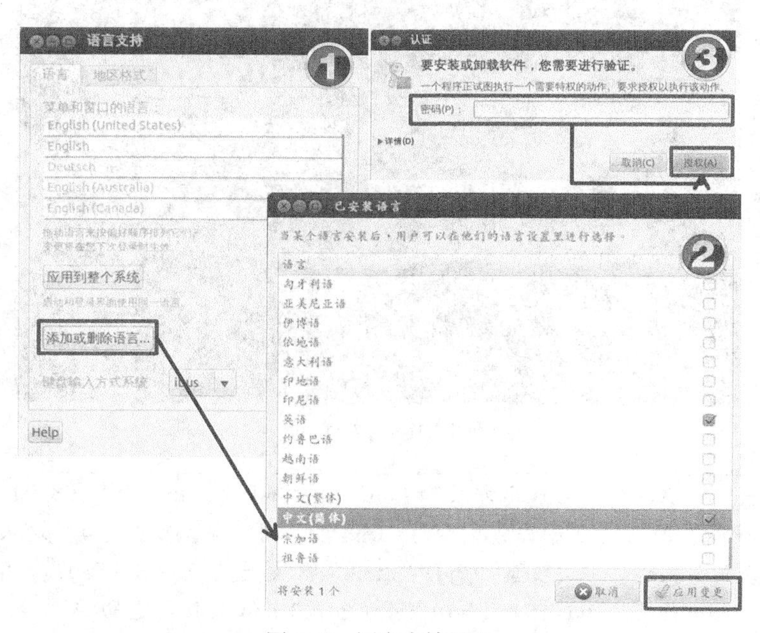

图 2.17 语言支持界面

应用完成后就可以让 Ubuntu 全方位地支持中文了。

2.4.2　选择合适的中文输入法

在屏幕左边，单击“系统设置”命令，弹出“系统设置”对话框。在对话框中选择“文本输入”选项，弹出对话框，根据图 2.18 所示进行设置，设置完就可以使用中文输入法了。

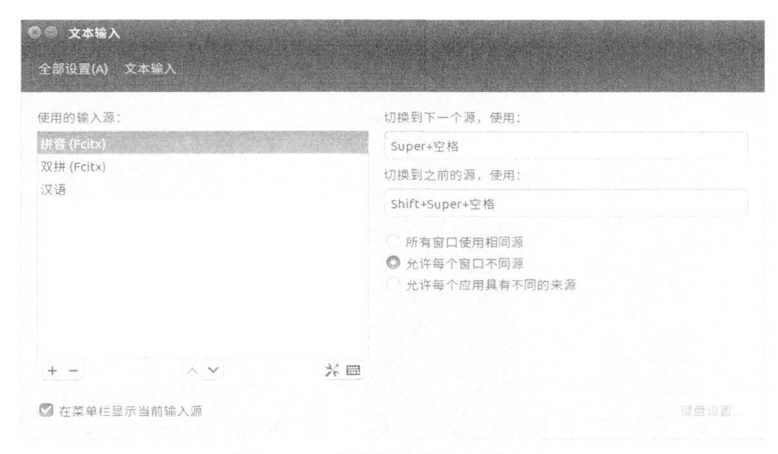

图 2.18　选择合适的中文输入法

2.4.3　设置基本网络连接

想要上网，就要配置当前网卡使用 DHCP（Dynamic Host Configuration Protocol，动态主机配置协议）方式。一些与网络相关的概念或术语，读者可以参考第 10 章，本节先来介绍上网的步骤。

（1）单击“系统设置”图标，在对话框中选择“网络”命令，打开“网络”对话框，如图 2.19 所示。

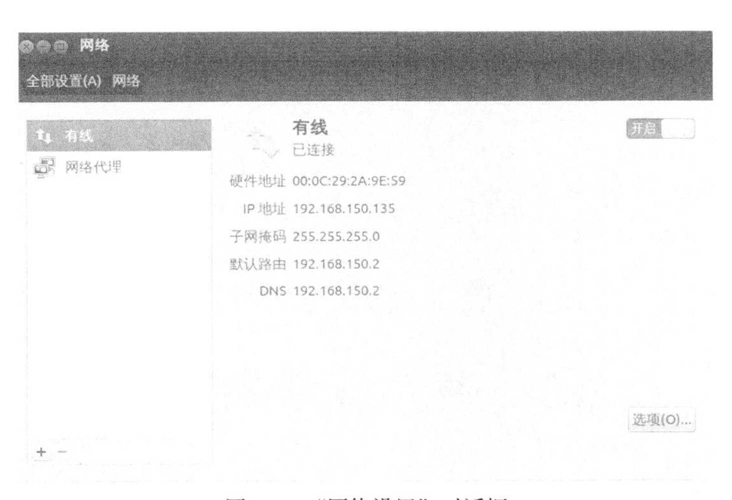

图 2.19　“网络设置”对话框

（2）选择“有线”选项，然后单击“选项”按钮，弹出“正在编辑有线连接 1”对话框。在弹出的对话框中选择“IPv4”选项卡，如图 2.20 所示。

（3）在“方法”下拉列表框中选择自动配置（DHCP）选项，单击“保存”按钮。

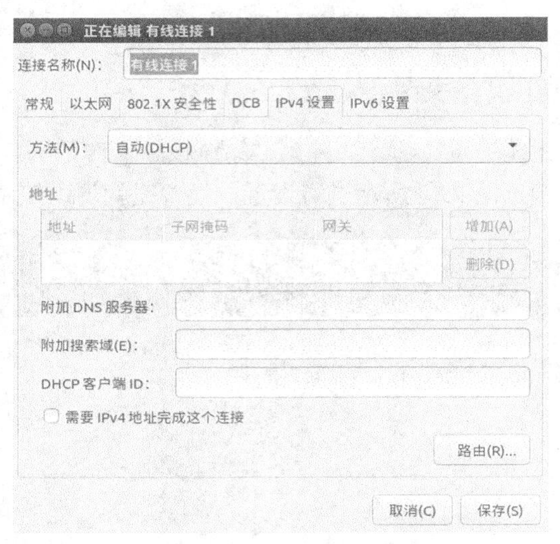

图 2.20　IPv4 设置对话框

（4）静态 IP 的配置方式略微复杂一些。在“方法”下拉列表框中选择“手动”选项，然后单击“增加”按钮并依次填写“IP 地址”“子网掩码”“网关地址”字段，填完后单击“保存”按钮，如图 2.21 所示。这些信息都可以从网络管理员那里得到。

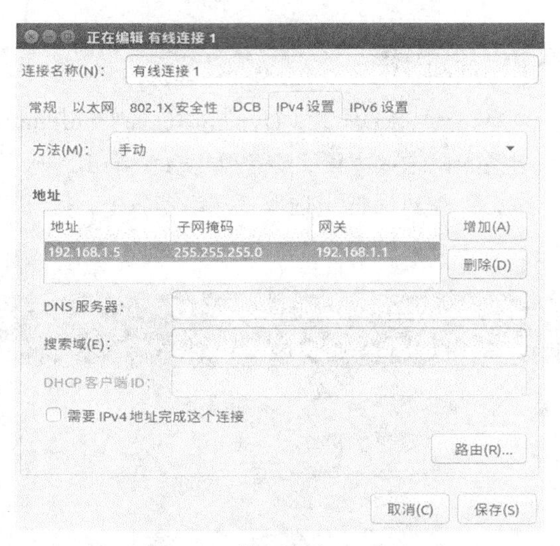

图 2.21　设置静态 IP 地址

2.5　硬件设备的设置

安装完一个系统后，我们通常要做的事情有两件：硬件的设置和软件的安装。软件我们在下一章介绍，本节我们先介绍硬件。

2.5.1　设置声卡

在屏幕左边，单击“系统设置”命令，弹出“系统设置”对话框。在对话框中选择“声音”

选项，弹出“声音”设置对话框，如图 2.22 所示。读者可以根据自己的喜好来设置有关声音的选项，如音量大小、是否在菜单栏显示音量等。

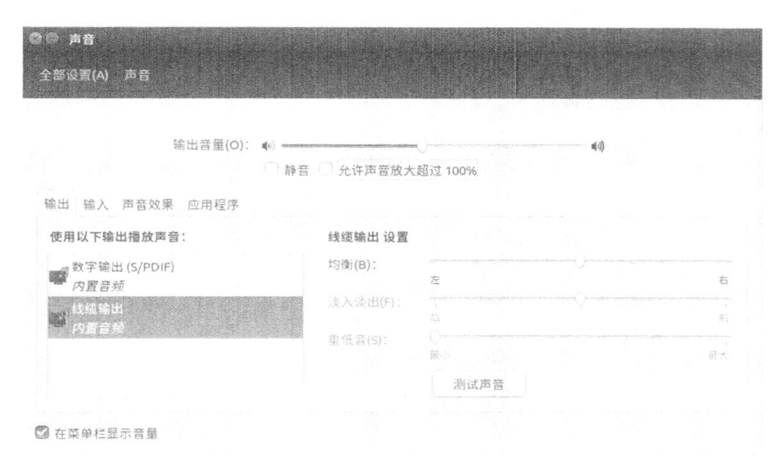

图 2.22 设置静态 IP 地址

2.5.2 设置鼠标

在屏幕左边，单击“系统设置”命令，弹出“系统设置”对话框。在对话框中选择“鼠标和触摸板”选项，弹出“鼠标和触摸板”对话框，如图 2.23 所示。这个很简单，根据读者个人习惯设置即可。

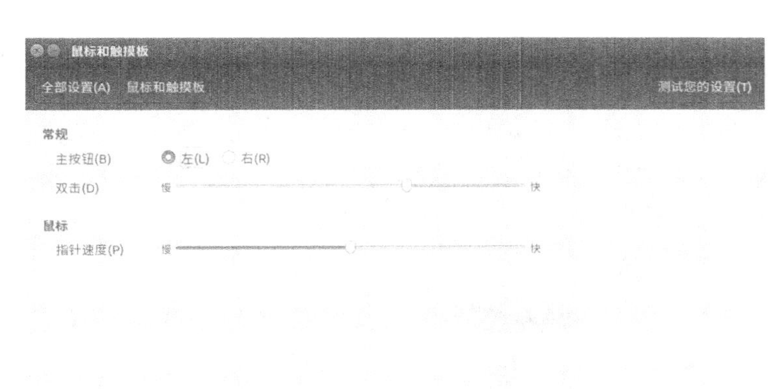

图 2.23 设置鼠标

2.5.3 如何获取更新

主流 Linux 发行版本经常会不定期地提供相关软件包的更新。以 Ubuntu Linux 为例，单击左侧“系统设置”按钮，选择“软件和更新”选项，弹出“软件和更新”对话框，其中列出了所有可用更新，包括安全更新（一定要安装）和推荐软件更新。每当有可用更新，在对话框最上面提示“当前计算机有软件更新”。Ubuntu 的更新非常迅速，笔者在半个多月里积累了接近 200MB 的更新内容。

在更新列表中选择需要更新的软件包（通常使用推荐更新即可），单击“安装更新”按钮即可从互联网上下载并安装更新。这时弹出一个“正在应用更改”对话框，如图 2.24 所示。

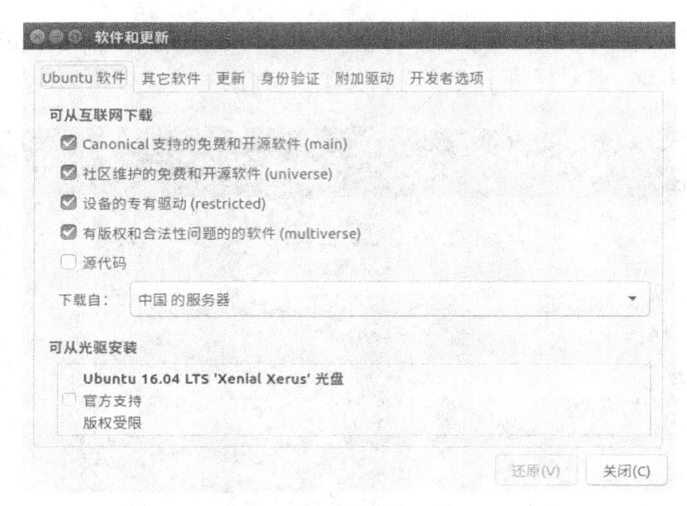

图 2.24　更新管理器

2.5.4　硬件驱动程序

在 Linux 安装完成后，不需要安装驱动程序。Linux 安装程序会自动监测系统硬件，并安装相应的驱动程序。在这一点上，Linux 做得比 Windows 更好。

对于没有自动监测到相应硬件的，有两个方法。

（1）主流硬件厂商一般都会在其官方网站上提供驱动程序的 Linux 版本。到相应的网站去下载就行了。

（2）如果硬件厂商没有提供 Linux 版本的驱动程序，可以考虑第三方开发。很多 Linux 爱好者会开发一些硬件的驱动程序，使用上存在一定的风险，应该谨慎对待。

Ubuntu Linux 的更新程序会自动从互联网上探测适合当前系统的驱动程序，并在适当的时候提示用户安装。单击左侧“系统设置”按钮，选择“软件和更新”选项，弹出“软件和更新”对话框，选择“附加驱动”选项，其中列出了当前可用的硬件驱动程序，如图 2.25 所示。选择相应的设备驱动，单击“应用更改”按钮。

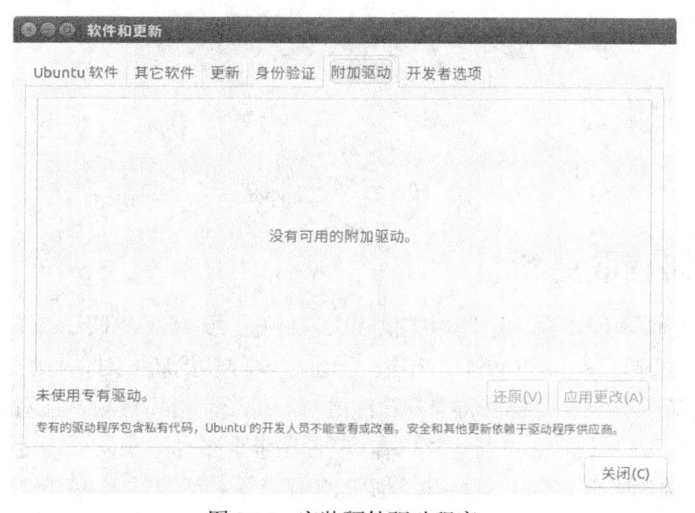

图 2.25　安装硬件驱动程序

2.5.5　在 Linux 中如何获取帮助 help 命令

以 Ubuntu Linux 为例，单击左侧“文件”按钮，将鼠标移动顶部，如图 2.26 所示。打开“帮助”菜单，可以查找各种帮助信息。

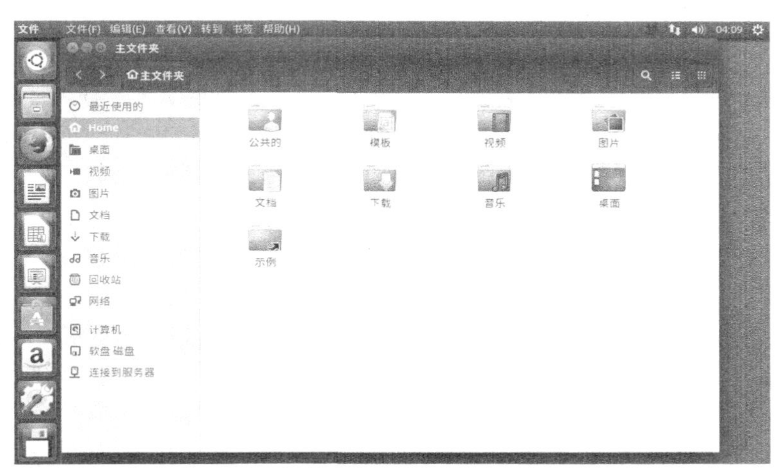

图 2.26　获取帮助 help 命令

2.6　Linux 系统桌面环境

本节介绍 Linux 的桌面环境，这里以 Ubuntu-16.04-desktop 为例。Linux 桌面环境如今变得越来越华丽，越来越人性化，即便是第一次使用 Linux 的用户也能轻松地设置。

2.6.1　桌面控件介绍

在 Ubuntu 中运行应用程序很简单，所有的应用程序都被安放在桌面左上角的“应用程序”下拉菜单中。在这个下拉菜单中划分了多个类别，图形化应用程序在安装时一般都会遵循这个分类把自己放在相应的目录中。单击左侧“LibreOffice Writer”按钮，打开 LibreOffice Writer 文字处理软件，如图 2.27 所示。

图 2.27　LibreOffice Writer 的用户界面

2.6.2 X-Window 桌面介绍

在国内，最早的 Linux 之所以不流行，最大的一个原因就是没有直观的桌面。随着 Linux 的发展，图形环境作为一个普通的应用程序默认可以安装在 Linux 系统上。当然也可以从一开始就选择不要图形环境，这样 Linux 启动后会把用户带至命令行。Linux 的命令将在后面的章节陆续介绍。

我们这里介绍的桌面是 X-Window 桌面，基于 X 系统。X 系统基于一种独特的服务器/客户机架构。作为起步，本节首先解释几个基本概念。这些概念现在看起来可能有点抽象，这样安排的用意是，如果读者被后面的内容弄糊涂了，那么还可以回到这里寻求帮助。

1. X 服务器

X 服务器用于实际控制输入设备（例如鼠标和键盘）和位图式输出设备（例如显示器）。准确地说，X 服务器定义了给 X 客户机使用这些设备的抽象接口。和大部分人的想法不同，X 服务器没有定义高级实体的编程接口，这意味着它不能理解“画一个按钮”这样的语句，而必须告诉它：“嗯……画一个方块，这个方块周围要有阴影，当用户按下鼠标左键的时候，这些阴影应该消失……对了，这个方块上还应该写一些字……”

这种优势在于，X 服务器能够做到最大程度上的与平台无关。用户可以自由选择窗口管理器和 widget 库来定制自己的桌面，而不需要改变窗口系统的底层配置。

2. X 客户端程序

需要向 X 服务器请求服务的程序就是 X 客户端程序。具体来说，OpenOffice、gedit 这些应用程序都是 X 客户端程序，它们运行时需要把自己的“长相”描述给 X 服务器，然后由 X 服务器负责在显示器上绘制这些应用程序的界面。

3. 窗口管理器（Window Manager）

窗口管理器负责控制应用程序窗口的各种行为，例如移动、缩放、最大化和最小化窗口，在多个窗口间切换等。从本质上来说，窗口管理器是一种特殊的 X 客户端程序，因为这些功能也都是通过向 X 服务器发送指令实现的。Window Maker、FVWM、IceWM、Sawfish 等是目前比较常见的窗口管理器。

4. 显示管理器（Display Manager）

显示管理器提供了一个登录界面，其任务就是验证用户的身份，让用户登录到系统。可以说，图形界面的一切（除了它自己）都是由这个显示管理器启动的，包括 X 服务器。用户也可以选择关闭显示管理器，这样就必须通过命令行运行 startx 命令（或者使用.login 脚本）来启动 X 服务器。

提示

这里所说的“脚本”是指 Shell 脚本，它是一段能够被 Linux 理解的程序。

5. widget 库

widget 库定义了一套图形用户界面的编程接口。应用程序开发人员通过调用 widget 库来实现具体的用户界面，如按钮、菜单、滚动条、文本框等。程序员不需要理解 X 服务器的语言，widget 库会把“画一个按钮”这句话翻译成 X 服务器能够理解的表述方式。

6. 桌面环境

现在终于到了问题的关键，究竟什么是桌面环境？以 KDE 和 Gnome 为代表的 Linux 桌面环境是把各种与 X 有关的东西（除了 X 服务器）整合在一起的大杂烩，这些程序包括像 gedit 这样的普通应用软件、窗口管理器、显示管理器和 widget 库。但无论桌面环境如何复杂，最后处理图形输出的仍然是 X 服务器。

2.6.3　Gnome 桌面简介

Gnome 基于 GTK+widget 库，用 C 语言写成，是为了对抗 KDE 而诞生的，Gnome 界面更快速和简洁。Gnome 应用程序大多带着一个字母 G，如 GIMP（图形处理软件）、gftp（FTP 工具）等。Gnome 还为开发人员提供了一套易于使用的开发工具，如图 2.28 所示。

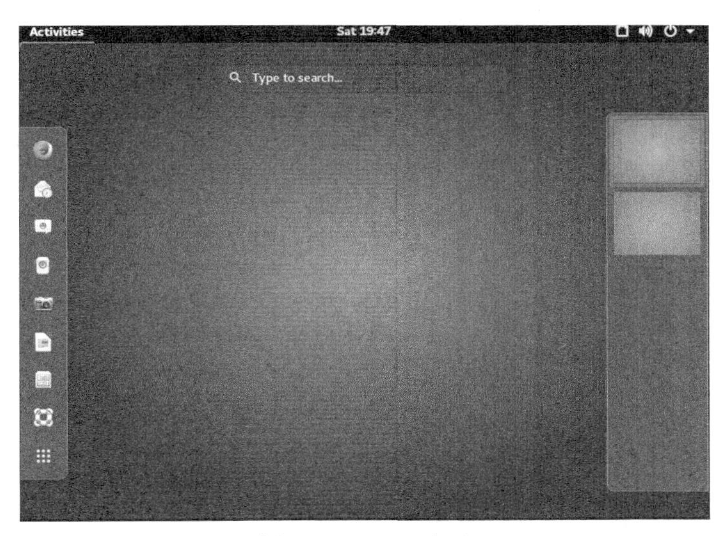

图 2.28　Gnome 桌面

2.6.4　KDE 桌面简介

KDE（K 桌面环境）基于 QT 库，用 C++编写。KDE 界面比较漂亮，使用习惯上同 Windows 比较接近，如图 2.29 所示。

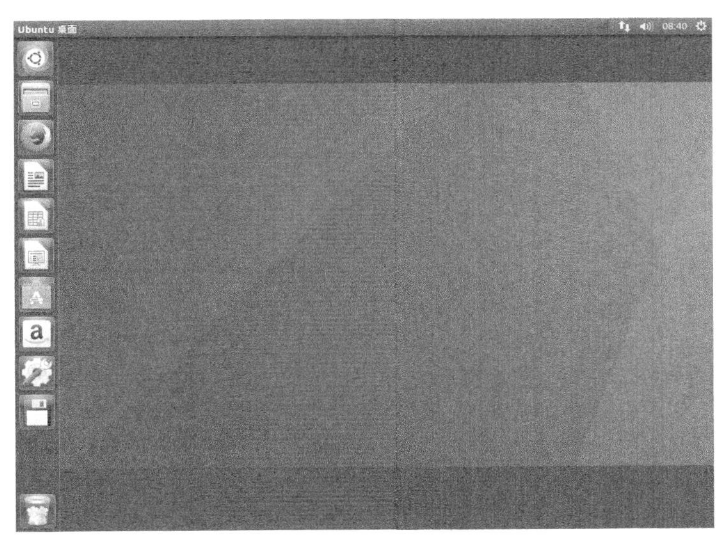

图 2.29　KDE 桌面

为 KDE 编写的应用程序总是带着一个字母 K，如 Konqueror（文件浏览器）、Konsole（命令行终端）等。KDE 为程序员提供了一套功能完备的开发工具，包括一个集成开发环境（IDE），这使得程序员很容易在 KDE 上开发风格统一的应用程序。

2.7　让桌面更炫

桌面是我们看到操作系统的第一眼，基本上所有人都会设计自己喜欢的桌面，不管是在 Windows 下还是在 Linux 下。不过 Linux 下没有 Windows 下那么简单，本节来看看如何操作。

2.7.1　安装特效

Unity 是基于 Gnome 桌面环境的用户界面，主要用于 Ubuntu 操作系统。Ubuntu16.04 系统默认 Unity 还是在左边，安装时窗口特效默认是打开的。可以通过下列程序安装 Unity 的图形界面，修改默认选项：

```
sudo apt install dconf-editor
```

然后运行：

```
dconf-editor
```

把 launcher-position 配置修改下即可，特效马上生效。

2.7.2　设置屏幕保护程序

这个比较简单，单击左侧“系统设置”按钮，选择“亮度和锁屏”选项，打开的界面如图 2.30 所示，估计初学者一看就明白了。

图 2.30　设置屏幕保护程序

2.7.3　设置壁纸

单击左侧“系统设置”按钮，选择“外观”选项，打开的界面如图 2.31 所示，选择自己喜欢的壁纸就可以了。

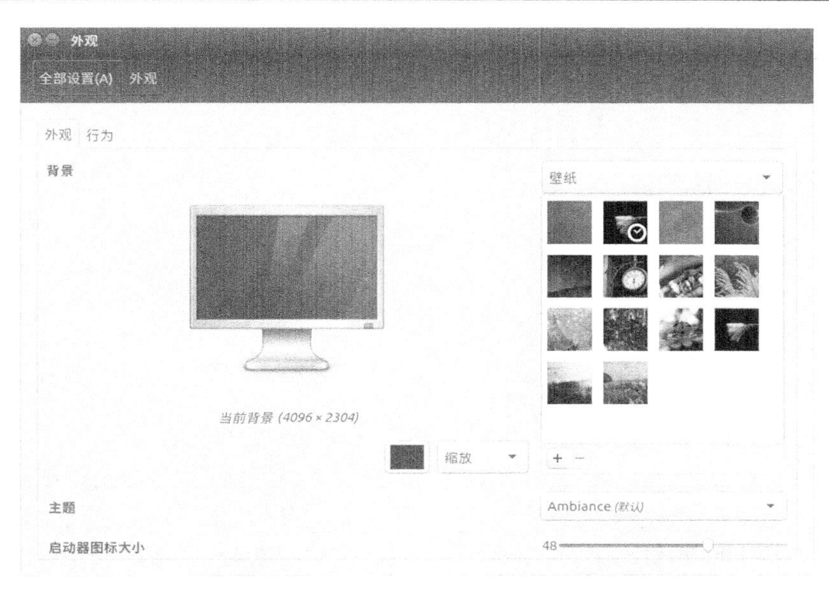

图 2.31　设置壁纸

2.7.4　设置屏幕分辨率

单击左侧“系统设置”按钮，选择“显示”命令，弹出“显示”对话框，如图 2.32 所示。系统会根据显示器的实际情况列出可供选择的分辨率和刷新频率数值。建议读者不要随便更改分辨率设置，Ubuntu 的这个小工具有时候运行得不太稳定，并且在大部分情况下，修改屏幕分辨率并没有什么必要。

图 2.32　设置显示器分辨率

2.7.5　移动 Unity 所处位置

从 Ubuntu 16.04 开始，用户已经可以手动选择将 Unity 栏放在桌面左侧或是底部显示，目前还没办法将其移动到顶部或右侧。

将 Ubuntu 16.04 LTS 的 Unity 启动器移动到桌面底部命令：

```
gsettings set com.canonical.Unity.Launcher launcher-position Bottom
```

恢复到原来的左侧命令：

```
gsettings set com.canonical.Unity.Launcher launcher-position Left
```

2.8 小　　结

本章是初学者入门 Linux 的最关键一步，毕竟没有安装好 Linux，后面的内容都无从练习。Linux 安装有好几种方法，为方便读者，本章基本上涵盖了目前最流行的几种安装方法。读者安装完 Linux 后，根据自己的爱好可以设置 Linux 的桌面，当下 Linux 已经比较界面化，本章只简单介绍了系统初始化和硬件设置的一些界面，并没有过多涉及后台命令的配置。

2.9 习　　题

一、填空题

1. 以 Ubuntu 16.04 为例，默认安装需要________。
2. Linux 默认使用的操作系统引导加载器是________。
3. Grub 启动时通常从________读取引导配置。

二、选择题

1. Linux 安装方式有（　　）。

   A. 光盘　　B. U 盘

   C. 虚拟机　　D. 软盘

2. Linux 桌面有（　　）。

   A. Gnome　　B. KDE

   C. More　　D. Head 和 Tail

三、简答题

1. 简单描述 Linux 如何获取更新。
2. 简单介绍硬件驱动程序的安装。

第 3 章 应用管理

安装完 Linux 后，我们可能需要安装一些必要的应用，如办公类的、娱乐类的。很多入门者以前不喜欢 Linux，就是因为怕不能正常办公，实际上 Linux 用户可以方便地编辑、修改 Office 文件，也可以将办公文档直接输出为 PDF 格式。本章的内容只针对完全没用过 Linux 的入门读者，如果读者已经对这些应用软件使用得很熟练，则可以跳过本章，不影响后面的阅读。

本章将介绍：

- 办公软件
- 收发邮件
- 多媒体
- 光盘刻录
- 浏览网页
- 打印机配置

3.1 办 公 软 件

LibreOffice.org 是一套跨平台的办公室软件套件，可以在 Linux、Windows、MacOS、Solaris 等操作系统上执行，这也是 Linux 上最流行的办公软件套件。LibreOffice.org 是 Sun 的产品，后者非常慷慨地（或者说明智地）将这款开源产品免费赠送给所有人。

这个套件包括了文字处理器（Writer）、电子表格（Calc）、演示文稿（Impress）、公式编辑器（Math）和绘图程序（Draw）。本节介绍前三个产品，这也是用户使用频率较高的办公工具。

3.1.1 Openoffice 的使用

LibreOffice 的字处理软件提供和 Microsoft Word 类似的功能。Ubuntu 16.04 的桌面中，用户可以直接单击左侧栏中的 Libre Office Writer 命令启动程序，启动后的界面如图 3.1 所示。

LibreOffice 提供了对 Microsoft Office 非常好的访问。选择“文件”|“打开”命令启动“打开”对话框，定位到一个 doc 文档并单击“打开”按钮，如图 3.2 所示。

从使用习惯上看，LibreOffice Writer 基本做到了与 MS Word 的兼容。用户几乎不需要接受培训就可以立即从 Word 转到这个平台上。下面是对字符（见图 3.3）、段落（见图 3.4）的设置对话框，图 3.5 显示了处理后的效果。

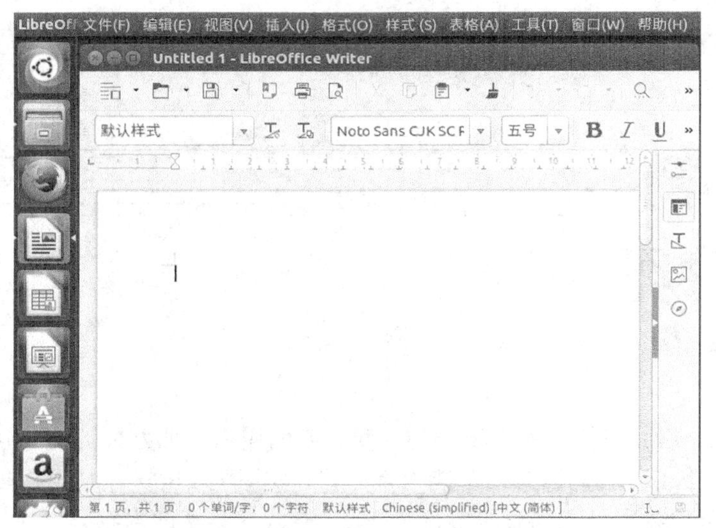

图 3.1　LibreOffice Writer 启动界面

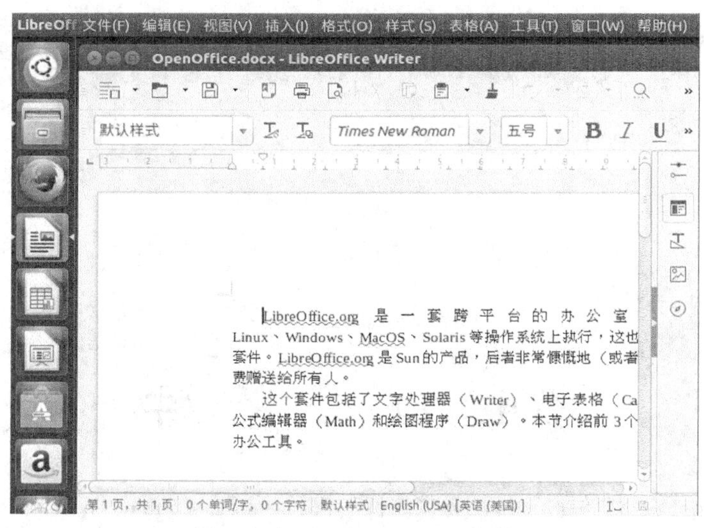

图 3.2　打开一个 MS Office 文档

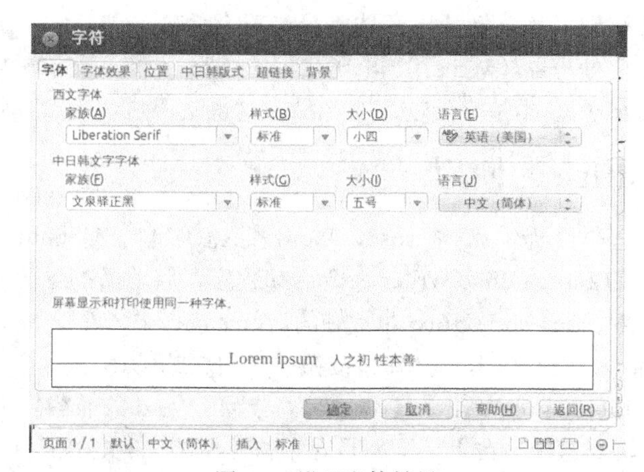

图 3.3　设置字体效果

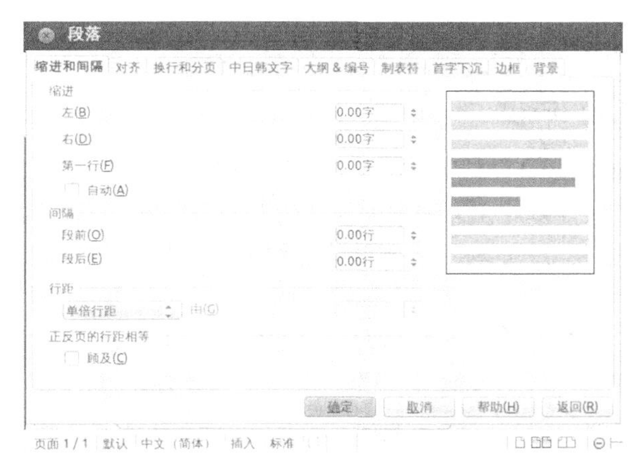

图 3.4　设置段落格式

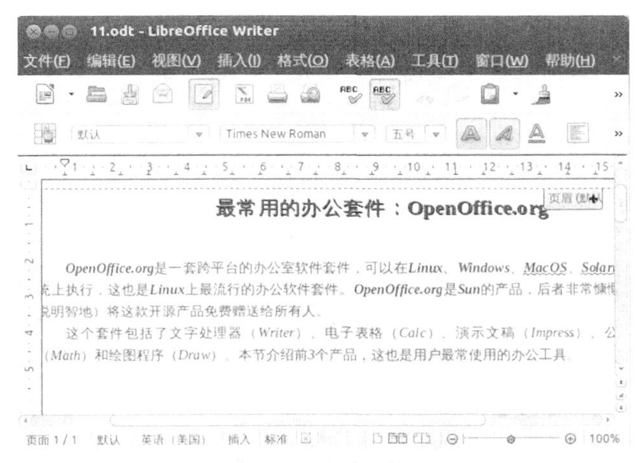

图 3.5　文字处理效果

值得一提的是，LibreOffice Writer 可以把文档直接输出为 PDF 格式。通过“文件”|“输出成 PDF”命令可以打开“PDF 选项”对话框，如图 3.6 所示。调整相关设置后，单击“导出”按钮打开“导出”对话框。填写文件名并单击“保存”按钮即可完成 PDF 格式的输出。

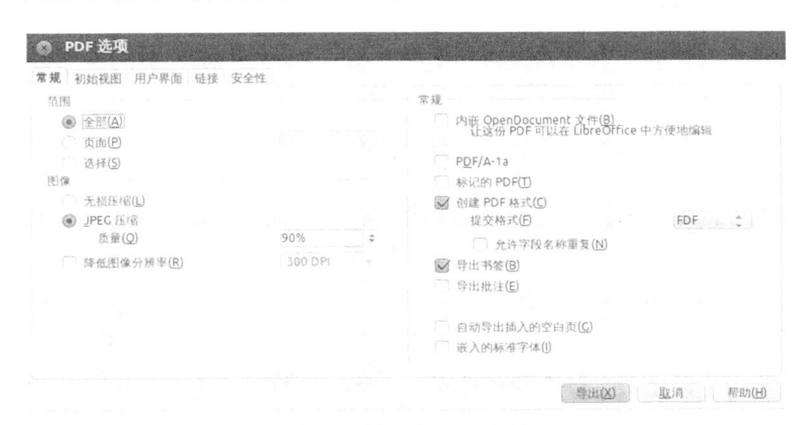

图 3.6　输出为 PDF 文档

LibreOffice Writer 有自己的格式，被称作 odt。这个格式目前被大部分字处理软件所支持。在开源世界，这是一个比 doc 使用更为广泛的格式。

3.1.2 PDF 文件阅读

PDF 是一种跨平台的电子文件格式，由 Adobe 公司设计并实现。PDF 能够很好地处理文字（超链接）、图像、声音等信息，另外在文件大小和安全性方面，PDF 都有上佳表现。由于这些种种优点使其成为电子出版物事实上的标准。本节将介绍 Linux 上的 PDF 阅读工具。

1. Xpdf

Xpdf 是一个运行于 X11 环境的 PDF 阅读器。这个工具非常小巧，可以容易地工作在 KDE、Gnome 等桌面环境中。绝大多数 Linux 套件都含有这个阅读器，可以直接在安装光盘中找到并安装。启动后的 Xpdf 如图 3.7 所示。

在文档显示区域右键单击，可以在弹出的快捷菜单中选择相关命令。通过下面的步骤可以打开一个 PDF 文件。

（1）选择“Open”选项，打开“Open”对话框。

（2）在“Directories”列表框中选择目录，在“Files”列表框中选择文件。也可以直接在“Filter”文本框中输入路径名，如图 3.8 所示。

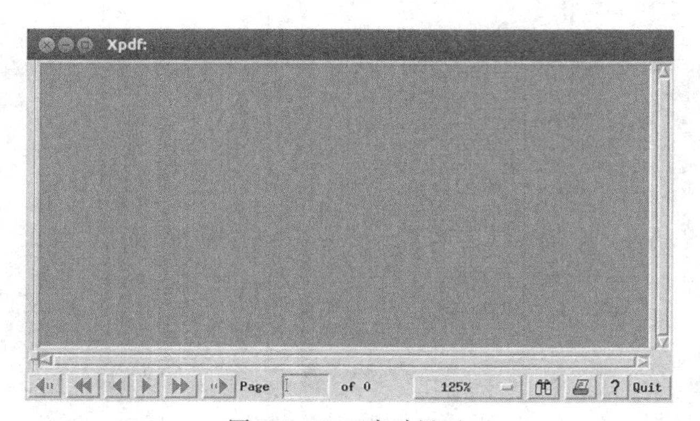

图 3.7 Xpdf 启动界面

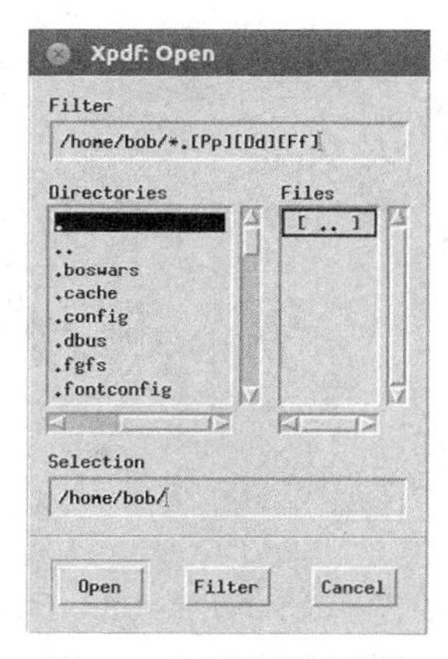

图 3.8 打开选定的文件

（3）单击“Open”按钮，打开选定的文件。

通过底部工具栏的按钮，可以实现上下翻页。也可以在“Page”文本框中输入页码，直接定位到某一页。另外，单击按钮可以打开“Xpdf：Find”对话框，单击“Find”可以连续查找。

（4）最后，单击右下角的“Quit”按钮，退出 Xpdf。

2. 使用 Adobe Reader

Adobe 公司为 Linux 开发了 Linux 版本的阅读器。相比较 Xpdf 而言，Adobe Reader 的用户界面无疑更为友好。这个阅读器可以从 Adobe 公司的官方网站获得，遵照其安装说明进行安装。启动后的 Adobe Reader 如图 3.9 所示。

选择“文件”|“打开”命令可以定位并打开一个 PDF 文档。Adobe Reader 的优点在于提供了很多附加功能。用户可以在左栏中选择页面、书签等不同视图，如图 3.10 所示。

对于视力不好的用户，Adobe Reader 提供了放大镜工具。选择“工具”|“选择和缩放”|“放大镜工具”命令，此时光标将变成一个带有矩形框的十字。单击鼠标并拖动一个区域，可以在右上角的“放大镜工具”窗口中看到放大后的效果。

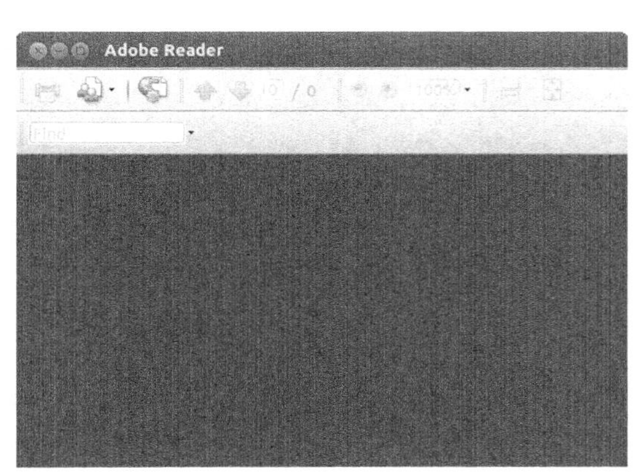

图 3.9　Adobe Reader 启动界面

图 3.10　打开 PDF 文档界面

在“编辑” | “首选项”中可以设置 Adobe Reader 的各个选项，如图 3.11 所示。

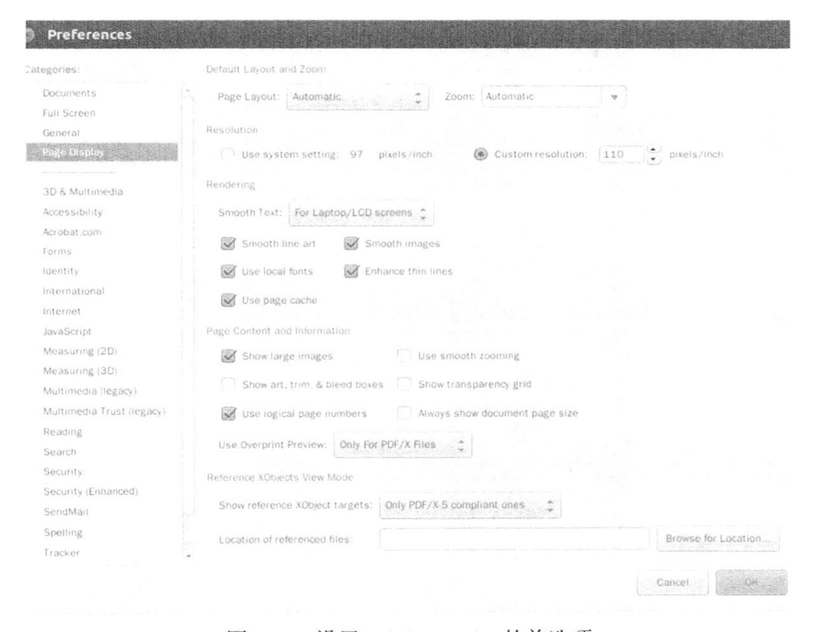

图 3.11　设置 Adobe Reader 的首选项

3.2　收 发 邮 件

本节将介绍 Linux 下主流邮件客户端的使用，收发邮件在这里也只是轻点几下鼠标而已。如果读者使用 Ubuntu 16.04（Gnome）版本，Evolution 软件应该已经默认安装，在左侧的图标中，点击“Evolution”就可启动。第一次启动 Evolution 会弹出对话框要求用户配置相关选项。

单击“继续”按钮，Evolution 询问用户是否需要导入备份文件，如图 3.12 所示。通常在更新系统的时候，可以选择将 Evolution 中的信息（包括邮件、通讯录、行程和备忘）导出至某一个备份文件中，这样在转移系统的时候就不必重新录入信息了。

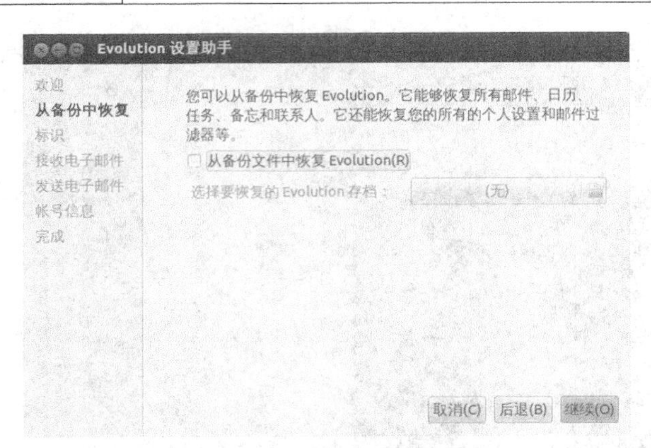

图 3.12　设置 Evolution 从备份文件导入信息

如果没有备份文件可供导入，那么再单击“继续”按钮，进入 Evolution 界面，在该界面“服务器类型”选项中选择 POP 类型。然后依次填写“服务器”|“用户名”，如图 3.13 所示。

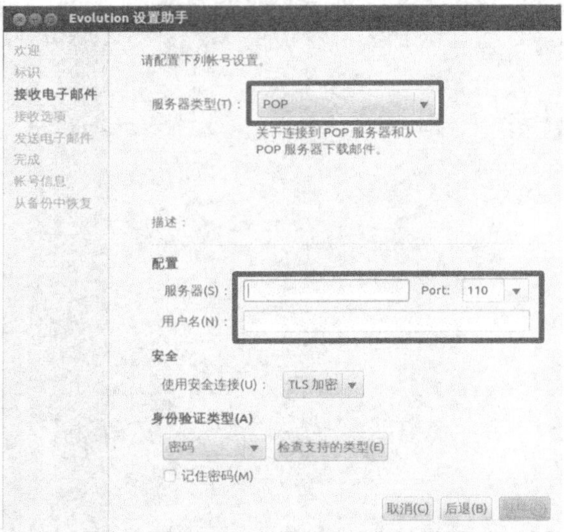

图 3.13　Evolution 设置助手

值得关注的是“接收选项”对话框，如图 3.14 所示。其中可以选择一些自动化的选项（如让客户端定时检查邮件）。在默认情况下，Evolution 从邮件服务器上下载邮件后，会将这封邮件从服务器上删除。选择“在服务器上保留消息”复选框，可以阻止 Evolution 删除服务器上的邮件。

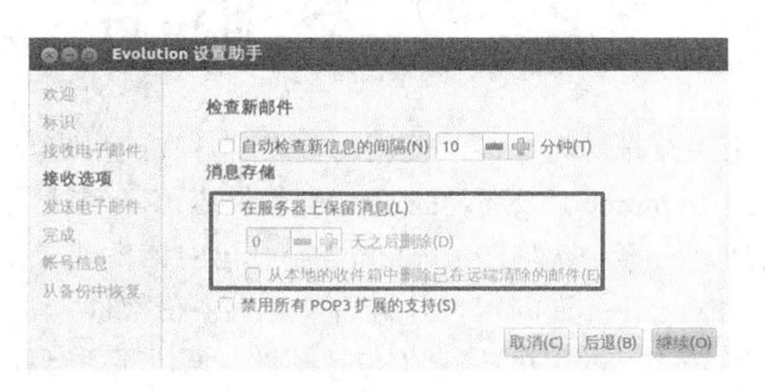

图 3.14　Evolution 接收选项

完成设置后，向导程序将启动 Evolution 主程序，如图 3.15 所示。Evolution 的基本使用和 Thunderbird 没有多大区别。依次选择“编辑”|“首选项”命令可以打开“Evolution 首选项”对话框，在其中可以对各种选项进行设置，如图 3.16 所示。

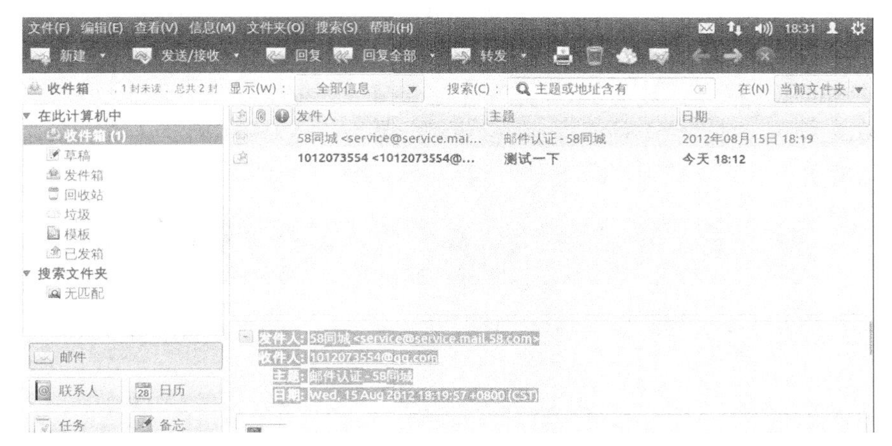

图 3.15　Evolution 主界面

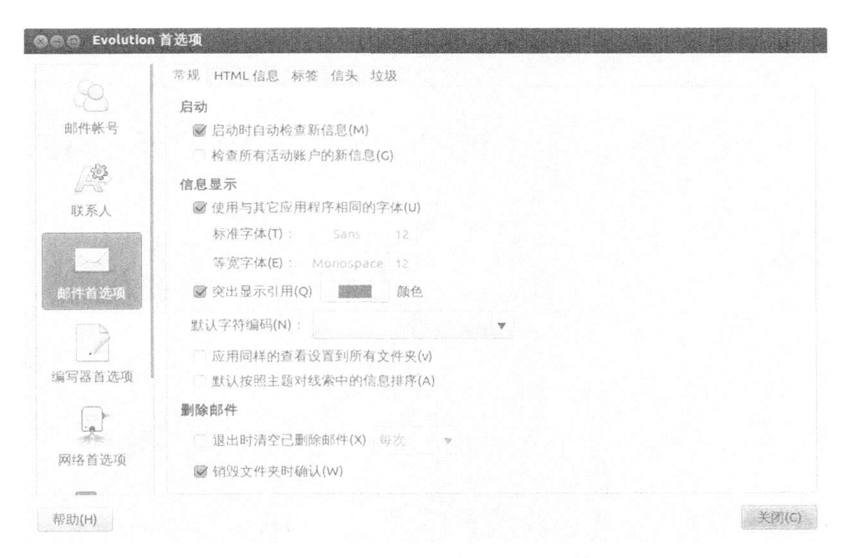

图 3.16　“Evolution 首选项”对话框

3.3 多　媒　体

xine 是 Linux 中最著名的播放软件之一，准确地说，这并不是某个播放器的名字，而是负责解码的后端。很多播放器通过调用这个后台播放引擎实现音频的输出，这些播放器有时候相应地被称作“前端”。另一款具有相同功能的播放引擎叫作 gstreamer，它更多地在 Gnome 环境中使用。这两款引擎在功能上基本相同，不存在大的差异。一般来说，所有的桌面 Linux 发行版都已经预装了至少一种这样的解码器，并且提供了相应的前端播放器。本节介绍的 Rhythmbox、Amarok 和 MPlayer 这 3 款播放器，就使用了不同的解码器。

3.3.1 音乐播放器

在 Linux 中播放音乐文件已经有了很多工具，绝大多数都使用 xine 和 gstreamer 作为后台播放引擎。totem-xine、Amarok、kaffeine 等使用 xine；而 Rhythmbox 等 Gnome 上的播放器通常选择 gstreamer。本节将分别选择 Gnome 下的 Rhythmbox 和 KDE 下的 Amarok 作为主要的介绍对象，其他前端播放器的使用方法基本类似。

在 Linux 上播放 CD 非常方便。首先，打开播放器，插入需要播放的 CD 光盘。播放器能够自动识别到 CD 光盘，如图 3.17 和图 3.18 所示。单击播放按钮即可播放 CD 音频。

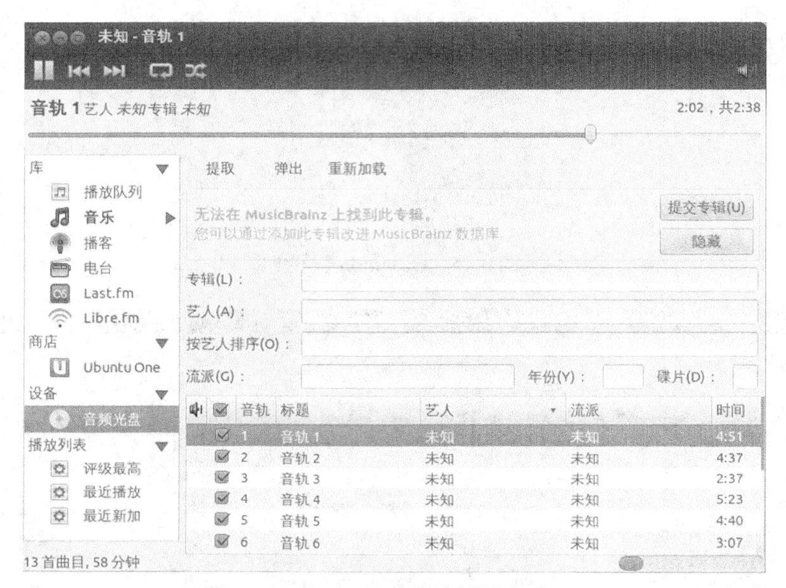

图 3.17 在 Rhythmbox 中播放音乐 CD

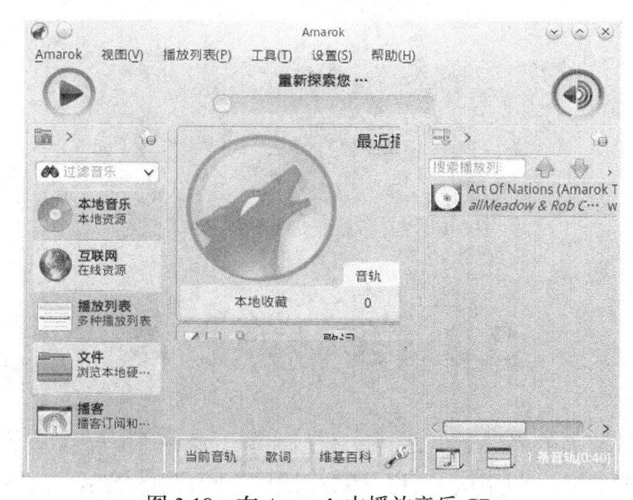

图 3.18 在 Amarok 中播放音乐 CD

每次播放这张 CD 上的音轨都需要插入光盘，毕竟是一件非常麻烦的事情。Rhythmbox 提供了抓轨的功能，可以将 CD 上的音轨复制到音乐库中。单击工具栏上的“提取”按钮，播放器会自动完成音轨的复制工作，如图 3.19 所示。

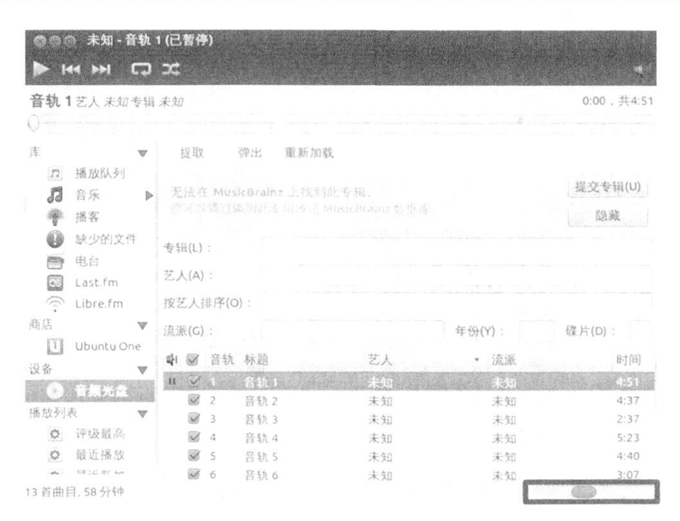

图 3.19　Rhythmbox 的抓轨功能

提示　如果正在使用的播放器并不支持 CD 抓轨操作，那么可以使用 Linux 自带的抓轨工具。

相比较播放音乐 CD 而言，用户更多的是把音乐下载之后放在硬盘上慢慢“享用”。本节将介绍使用播放器软件播放音乐文件的方法，在此之前首先关心一下和音频格式有关的主题。

1. 关于音频文件格式

已经有很多音乐文件格式，比较流行的有 MP3、WMA、MIDI 等。读者最熟悉的恐怕是 MP3 了。这是一种有损压缩的音乐文件格式，在播放音质和文件大小之间做到了比较好的权衡，目前在众多音频格式中处于绝对的优势地位。

然而，MP3 并不是一种开源格式，围绕 MP3 的商业版权之争从来没有休止过。为了避免版权问题，大部分开源软件都不对 MP3 格式的文件提供支持，包括 xine 和 gstreamer。Linux 上使用更多的是一种被称为 Ogg 的音乐文件压缩格式。Ogg 完全开源和免费，比 20 世纪 90 年代开发的 MP3 更为先进，同为有损压缩格式，Ogg 可以提供比 MP3 更好的音质。在本节中将主要以使用 Ogg 格式的音频文件作为例子进行讨论。

播放 MP3 等格式的音乐文件仍然是用户无法回避的问题。幸运的是，尽管开源播放器默认情况下不支持这些商业格式，但可以通过安装非开源解码器的方式使播放器获得对这些音乐格式的支持。这方面的解码器读者可以到互联网上搜索。另外，Rhythmbox 等播放器在试图播放 MP3 等文件格式时会提示用户下载相应的解码器插件，此时根据提示安装即可。

另一种解决方案是使用 Mplayer 播放器。这款播放器支持当前几乎所有的音频和视频格式，并且在 Linux 上运行得非常好。

2. 使用 Rhythmbox

有两种方式使用 Rhythmbox 播放一个音乐文件。在文件浏览器中选择一个音乐文件后右键单击，在弹出的快捷菜单中选择“用‘Rhythmbox 音乐播放器’打开”选项；也可以打开 Rhythmbox，选择“音乐”|“导入文件”命令，打开“将文件导入到库”对话框。定位到想要播放的音乐文件并单击“打开”按钮，可以将该文件导入音乐库。在音乐库中找到刚才导入的文件，双击（或者单击“播放”按钮）即可播放，如图 3.20 所示。

Rhythmbox 支持一次导入整个目录。选择“音乐”|“导入文件夹”命令，打开“将文件夹导入到库”对话框。定位到想要导入的目录，单击“打开”按钮一次将该目录中的所有音频文件导入音乐库，如图 3.21 所示。

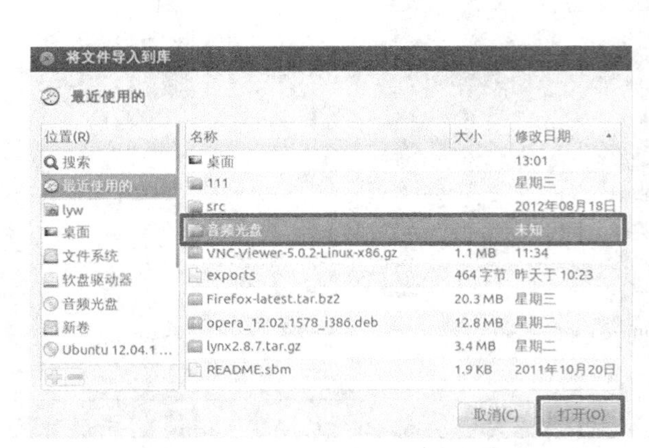

图 3.20　导入音乐文件至 Rhythmbox　　　　图 3.21　导入目录至 Rhythmbox

和几乎所有的播放软件一样，Rhythmbox 也使用播放列表。选择“音乐”|“播放列表”|“新建播放列表”命令，在侧栏中可以看到一个新建的播放列表，如图 3.22 所示。可以右键单击“新建播放列表”选择“重命名”命令给播放列表重命名，现在这个播放列表还是空的。

有多种方式可以把音乐文件加入播放列表，最方便的无疑是从音乐库中直接拖曳。单击侧栏中的“音乐”图标打开音乐库，找到刚才导入的音乐文件。注意可以使用上方的搜索栏快速查找和定位，如图 3.23 所示。

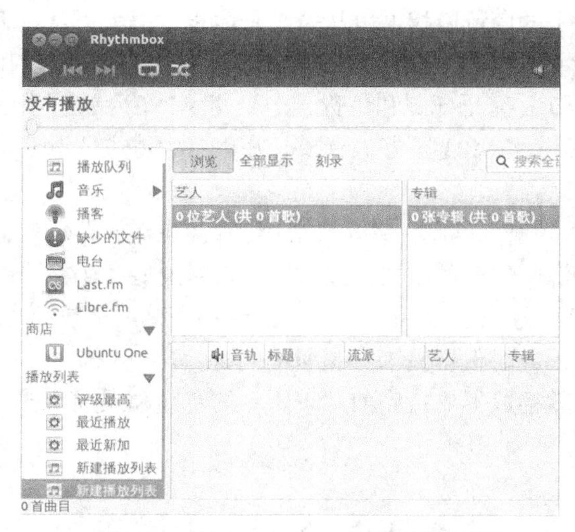

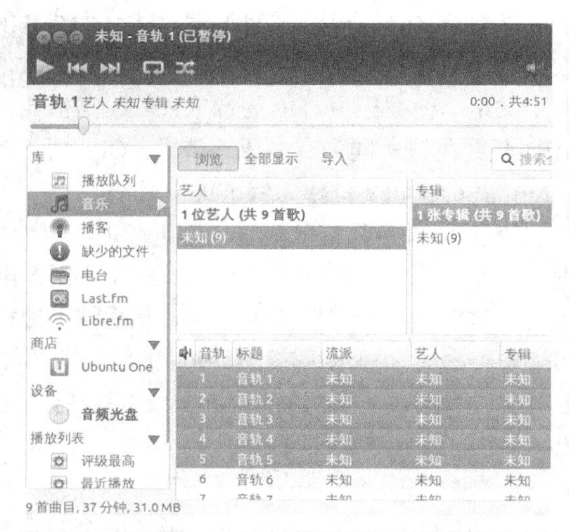

图 3.22　在 Rhythmbox 中新建播放列表　　图 3.23　使用 Rhythmbox 的搜索栏快速定位音乐文件

使用 Ctrl 或 Shift 键配合鼠标选择多个音频文件，拖曳到刚才新建的播放列表“新建播放列表”中，如图 3.24 所示。至此，一个播放列表就完成了。

Rhythmbox 还有很多小功能。单击工具栏的“重复”和“乱序”按钮可以打开循环和乱序播

放功能。Rhythmbox 还支持连接互联网广播站和播客订阅，读者可以自己摸索。选择“编辑”|“首选项”命令打开“首选项”对话框，用户可以对播放器的基本选项进行定制，如图 3.25 所示。

图 3.24　拖曳文件至播放列表

图 3.25　编辑 Rhythmbox 首选项

3. 使用 Amarok

首次启动 Amarok，播放器会弹出一个对话窗口，提示用户进行个性化设置，如图 3.26 所示。可以选择在这个时候配置，也可以直接单击“确定”按钮。打开 Amarok 主界面，如图 3.27 所示。

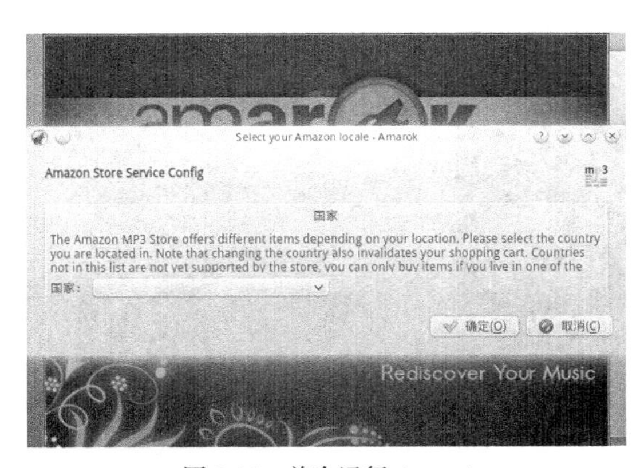

图 3.26　首次运行 Amarok

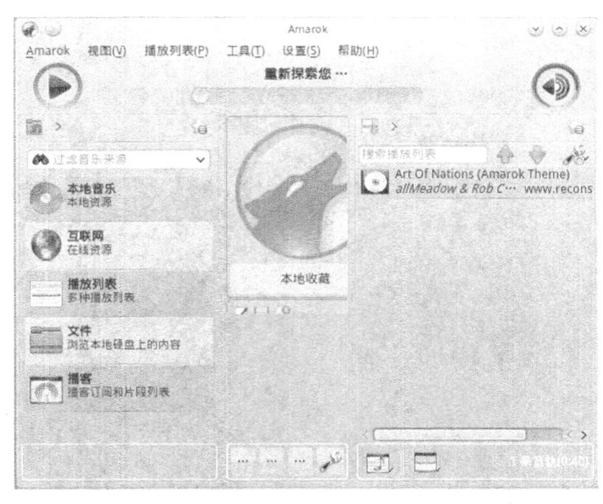

图 3.27　Amarok 主界面

为了打开一个音乐文件，可以打开 Amarok，选择“玩乐”|“播放媒体”命令，打开“播放媒体”对话框。定位到想要播放的音乐文件并单击“确定”按钮，即可播放该音乐文件。当前正在播放的音乐会在主窗口中以蓝色高亮显示，如图 3.28 所示。

Amarok 和 Internet 配合提供了一些有趣的功能。例如 Magnatune 音乐商店、last.fm 电台等，有兴趣的读者可以自己尝试这些新潮的小玩意儿。

如果需要对 Amarok 进行更进一步的定制，可以依次选择“设置”|“配置 Amarok”命令，打开“配置”对话框，如图 3.29 所示。

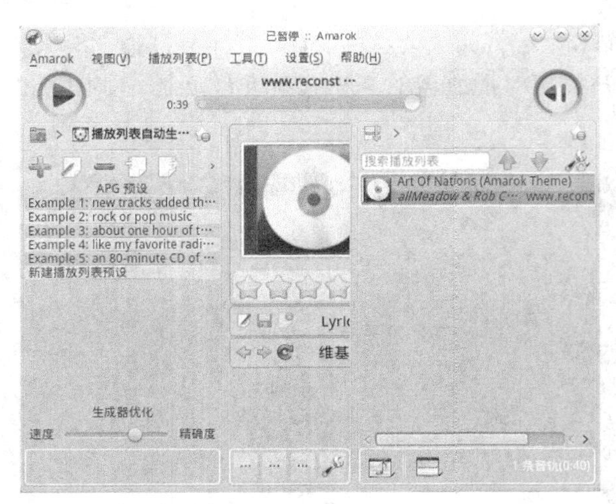

图 3.28　播放音乐文件

图 3.29　配置 Amarok

3.3.2　视频播放器

MPlayer 是一款在 Linux 上非常好用的视频播放软件，支持几乎所有流行的视频格式，以流畅、清晰的播放画质广受好评。可以从 www.mplayerhq.hu 上下载对应的软件包。启动后的 MPlayer 如图 3.30 所示。

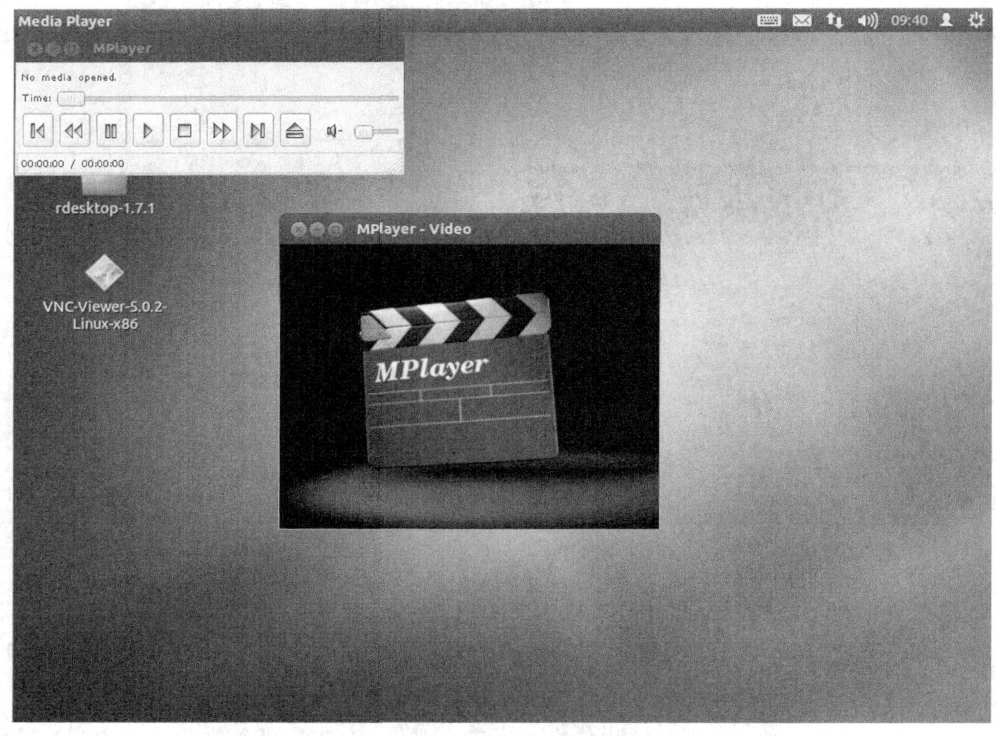

图 3.30　MPlayer 界面

可以看到，MPlayer 的界面分为视频窗口和控制面板两部分。在任何一个窗口中右键单击，都可以弹出快捷菜单。在这个菜单中可以选择各种操作，包括播放视频、DVD、音频文件以及其他相关的功能选项。

以播放视频文件为例，依次遵循下面的操作步骤。

（1）在 MPlayer 的控制面板或视频窗口上右键单击，在弹出的快捷菜单中选择“Open” | “Play file”命令打开“Select file”对话框，如图 3.31 所示。

（2）使用鼠标或者直接在地址栏中输入路径，定位到希望播放的视频文件，单击 OK 按钮。

（3）在播放过程中，可以随时使用控制面板中的按钮控制播放器行为，这些按钮的含义相信读者已经非常熟悉了，如果仍有疑惑，那么把鼠标停在按钮上，MPlayer 会给出提示。

MPlayer 同样可以设置播放列表——尽管看上去似乎简陋了一些。建立一个播放列表可以依次遵循下面的操作步骤。

（1）右键单击 MPlayer 的控制面板或视频窗口，在弹出的快捷菜单中选择“Playlist”选项，打开播放列表，如图 3.32 所示。

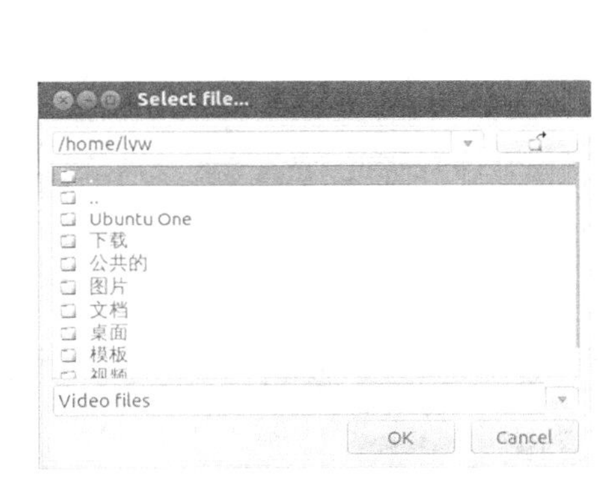

图 3.31　选择视频文件

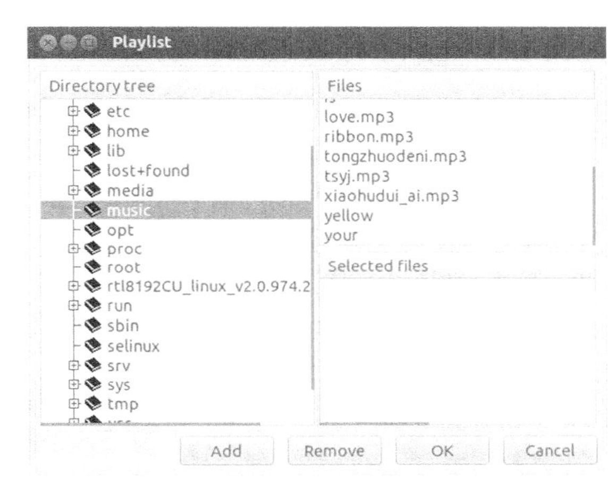

图 3.32　打开 MPlayer 播放列表

（2）通过左侧的“Directory tree”列表定位到音频文件所在的目录，在右侧的“Files”列表框中选择音频文件（这是一种非常古典的定位文件的方式），单击“Add”按钮将文件添加到播放列表中，如图 3.33 所示。

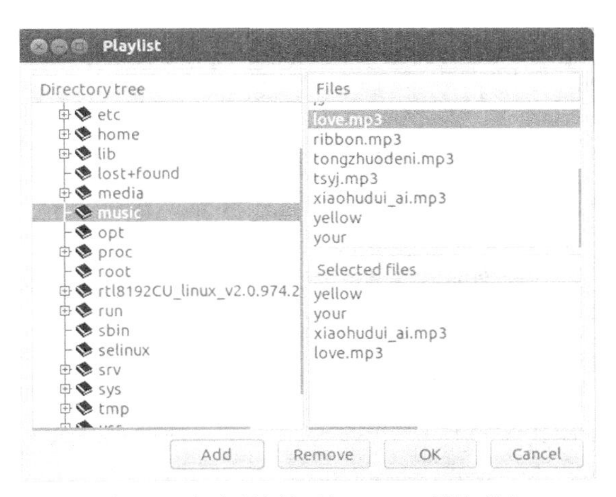

图 3.33　把文件添加到 MPlayer 播放列表

（3）如果希望从播放列表中删除某个文件，可以在“Selected files”列表中选定该文件，单击“Remove”按钮。

（4）单击“OK”按钮完成修改。

如果对当前 MPlayer 的外观不满意，可以在快捷菜单中选择“Skin browser”选项更换皮肤。MPlayer 的皮肤可以从其官方网站上下载。

3.4 光 盘 刻 录

本节以 Gnome 的光盘刻录工具 Brasero 为例，介绍制作音乐 CD 和刻录镜像的方法，KDE 环境下的 K3b 刻录工具可以遵循相似的步骤。

3.4.1 制作音乐 CD

把自己喜爱的音乐刻录成音乐 CD 是一件很酷的事情——通过 Brasero 可以很容易的做到。

（1）依次选择“Show Application”|“Brasero 光盘刻录器”命令打开光盘刻录软件 Brasero，如图 3.34 所示。

（2）可以看到，其中总共有 5 个按钮可供选择。这里单击“音频项目”按钮，进入“Brasero-新建音乐光盘项目”用户界面，如图 3.35 所示。该界面的左侧栏显示了当前计算机中的文件资源，用户可以通过它定位到相应的目录；右侧栏显示了部分帮助信息。

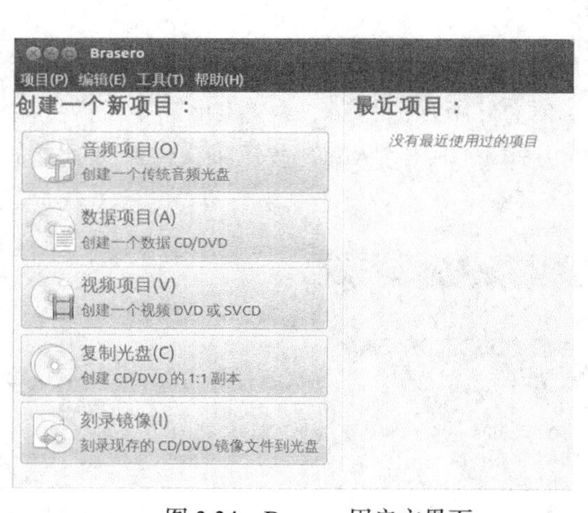

图 3.34 Brasero 用户主界面

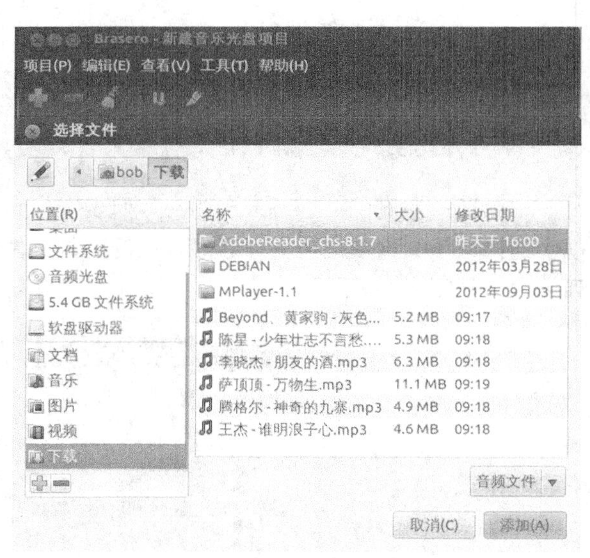

图 3.35 新建音乐 CD

（3）单击相应的文件标题选中该音乐文件，在选择的同时按住 Ctrl 键可以选取多个文件。单击工具栏上的“增加”按钮将选中的音乐添加到项目中，如图 3.36 所示。

（4）Brasero 会自动计算文件的大小，并在底部显示当前汇总信息。如果项目大小超出了光盘的容量，那么 Brasero 会提示用户移出一些文件。

（5）文件添加完毕后，在刻录机中放入空白光盘，单击“刻录”按钮即可刻录该音乐 CD。

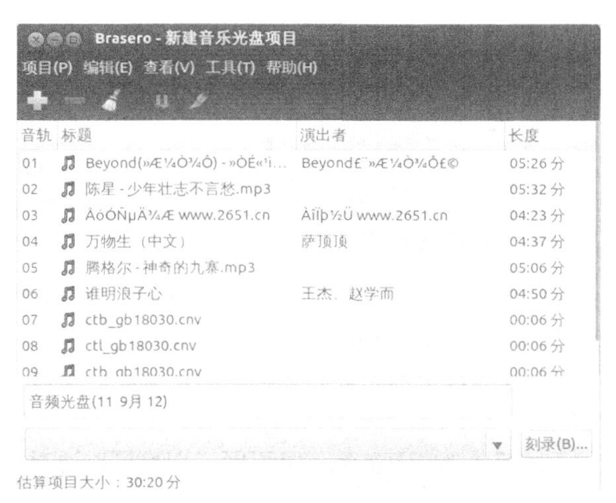

图 3.36　选择音乐文件

3.4.2　刻录镜像文件

系统启动盘总是被打包制作成 ISO 光盘镜像，这些镜像文件可以包含引导信息，Linux 发行版本总是以这种方式提供下载。相比较制作音乐 CD，刻录镜像文件无疑更容易一些。

（1）插入空白光盘，在 Brasero 用户主界面中单击“刻录映像文件”按钮，打开“镜像刻录设置”对话框，如图 3.37 所示。

（2）单击“选择一个光盘镜像以刻录”文本框后的图标，打开“打开一个映像”对话框。在其中定位到想要刻录的 ISO 文件。

（3）单击“打开”按钮完成添加。单击“刻录”按钮，如果一切顺利，那么刻录工作就开始了。Brasero 会显示刻录的进度，如图 3.38 所示。

图 3.37　设置刻录选项

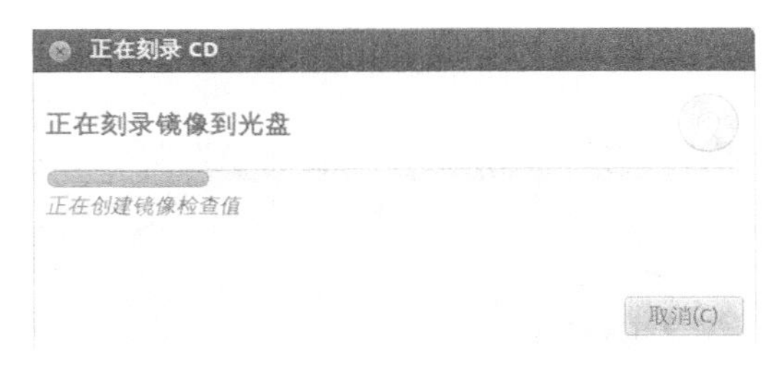

图 3.38　刻录光盘

3.5　浏览网页

现在是一个网络时代，浏览网页这个工作已经深入人心，没有网页浏览器的 PC 是不完整的。本节介绍在 Linux 下经常使用的几款浏览器软件。限于篇幅，这里只能给出简要介绍，更高级的功能读者可以自己摸索。

3.5.1　Mozilla Firefox

Firefox 是目前最炙手可热的开源 Web 浏览器。在 IE 牢牢占据优势的浏览器市场，Firefox 在其诞生后的 4 年中夺取了超过 20%的份额。用户因为其快速、安全的特性而纷纷投奔于它。Firefox 同时支持 Windows、Linux 和 Mac OS 这三个操作系统平台，并且是几乎所有 Linux 发行版的默认 Web 浏览器。

1. 启动 Firefox

Firefox 是目前几乎所有 Linux 发行版都自带的 Web 浏览器，因此并不需要费神去安装。如果读者使用的 Linux 碰巧没有安装这个软件，那么可以从 www.mozilla.org.cn 上下载其 Linux 版本并安装。安装非常简单方便，此处不再赘述。

不同的发行版有不同的应用程序目录结构。通常来说，Firefox 会出现在“互联网”子目录中。例如在 Ubuntu 中，在左侧栏中选择“Firefox 网络浏览器”命令打开这个程序；openSUSE 用户可以选择“应用程序”|“FirefoxWeb 浏览器”命令来打开。在地址栏中输入网站地址并回车后即可访问相应的 Web 网页，如图 3.39 所示。

Firefox 的特色之一在于标签式的浏览方式，页面间的切换可以通过选择标签完成。双击标签栏的空白部分，或者使用快捷键 Ctrl+T 可以打开一个空白标签，如图 3.40 所示。这种人性化的设计大大提升了用户体验，微软从 IE 7 才开始加入这个功能。

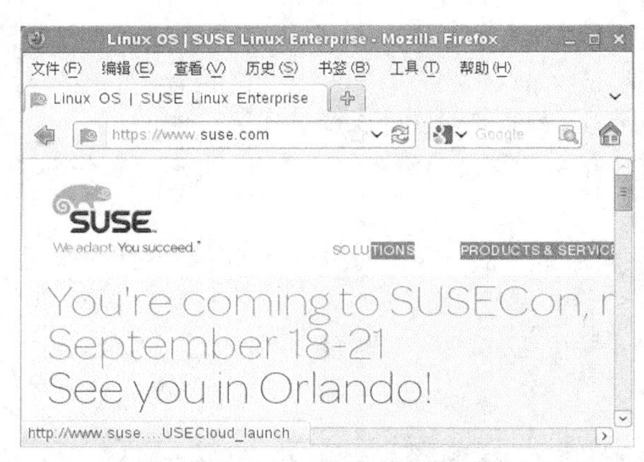

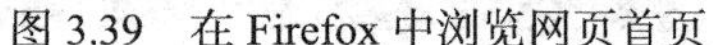
图 3.39　在 Firefox 中浏览网页首页

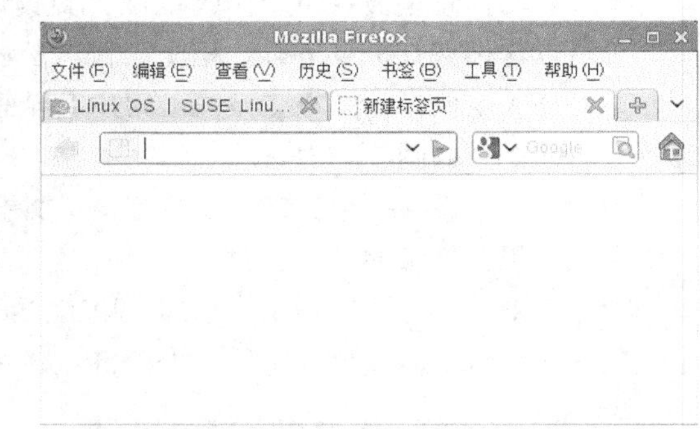

图 3.40　新建一个空白标签

当用户在打开多个网页的情况下试图关闭浏览器时，Firefox 会给出提示，询问确认关闭窗口，如图 3.41 所示。单击“关闭多个标签页”按钮就直接退出整个页面了。单击“取消”按钮终止关闭浏览器的操作。

2. 设置 Firefox

选择“编辑”|“首选项”命令中可以对 Firefox 的各种选项进行设置。打开后的对话框如图 3.42 所示。其中最常用到的功能就是“主要”选项卡了。在这个选项卡中，可以设置 Firefox 启动时显示的页面。根据读者的喜好，可以设置为显示主页（需要在“主页”文本框中输入）、显示空白页、显示上次关闭时的网页。

Firefox 在默认情况下将所有下载的文件保存在“下载”文件夹下面，用户可以自由改变这个默认的存储目录。单击“浏览”按钮打开“选择下载文件夹”对话框，选择想要作为默认存储位置的目录。也可以通过选定“总是询问保存文件的位置”单选框让 Firefox 在每次下载文件的时候都询问保存路径。

如果需要设置代理服务器，首先安装 Suse Linux 系统（本例选的是 KDE 桌面），系统安装完成后，在终端中用 ifconfig 命令查看是不是有 eth0、eth1 两块网卡，在这里用 eth0 作为外网网卡，eth1 作为内网网卡。

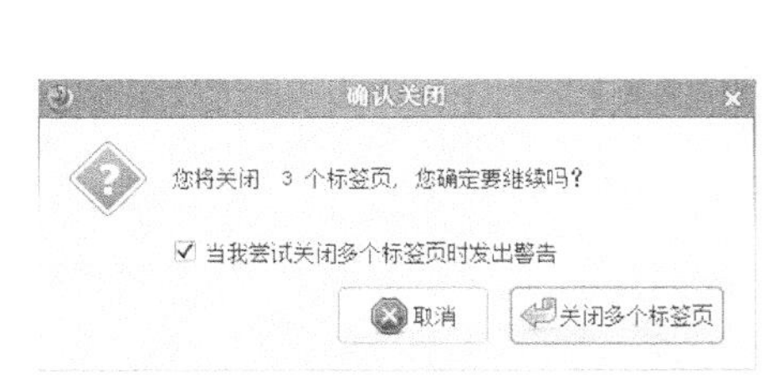

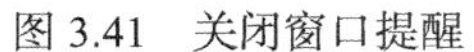
图 3.41　关闭窗口提醒

图 3.42　首选项设置

接下来配置 IP 并打开 IP 转发。

单击 K 菜单（就是类似于 Windows 的“开始”菜单）→系统→YaST→网络设备，单击“网络设置”图标，稍等一下，就会转到“网卡设置”页面，这时应该有两个网卡。选中第一块网卡（也就是外网卡），然后单击下面的“编辑”按钮，这时会转向“网卡设置”下的“地址”选项卡。选中“静态指派 IP 地址”单选按钮，填写相关配置，如图 3.43 所示。配置完后单击“下一步”按钮会返回初始界面。

在返回界面中选择“路由选择”选项卡，在“路由选择配置”中默认网关输入外网网关，也就是本例中的 192.168.0.1，输入完成后，勾取下面的“启用 IP 转发”复选框，完成后单击“确定”按钮，如图 3.44 所示。再按上述方法，配置第二块网卡（也就是内网）。这样配置 IP 和打开 IP 转发算是设置好了。

图 3.43　IP 地址的设置

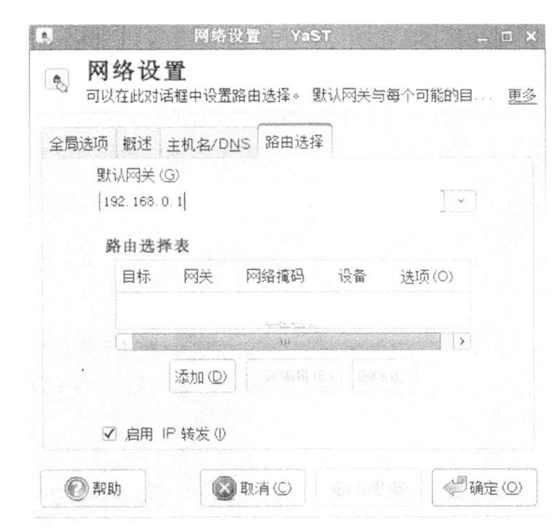

图 3.44　路由选择配置

3. 清除最新的历史记录

Firefox 提供了一个功能用于清除保存在浏览器中的历史记录。选择“工具”|“清除最新的历史记录”命令打开“清除最新的历史记录”对话框，单击“详细信息”按钮，有些选项可供选择，如图 3.45 所示。可以通过选择相应的复选框，来选择希望清除的最新的历史记录。单击“立即清除”按钮执行清除操作。

有必要稍作解释的是 cookie。在用户浏览网页的时候，一些服务器会在用户机器的特定目录（由浏览器指定）下储存一些信息。这些信息往往用于确定用户的身份——回忆在淘宝网购物的时候，尽管用户在不同的页面之间切换。但并不需要每次都输入验证信息。这些信息非常短小，因此被形象地称为 cookie（英语小甜饼的意思）。cookie 由浏览器管理，可以设置失效期限（然而总有一些网站设置了 cookie 却没有设置其何时失效）。一些恶意程序会窃取保存在 cookie 中的个人信息，因此定期清理一下 cookie 会是一个比较好的习惯。

4．订阅新闻和博客

查看新闻和朋友博客是很多读者每天打开浏览器后要做的第一件事。然而，每次打开浏览器都需要输入网址，这并不是一件让人愉悦的事情。RSS 提供了一种订阅此类信息的途径，RSS 是在线共享内容的一种简易方式（也叫聚合内容，Really Simple Syndication）。网站通过 RSS 输出，可以让用户获取到网站内容的最新更新。

使用 Firefox 可以方便地订阅 RSS。打开一个提供了 RSS 输出的网站，在网页中可以看到出现一个 RSS 记号，如图 3.46 所示。

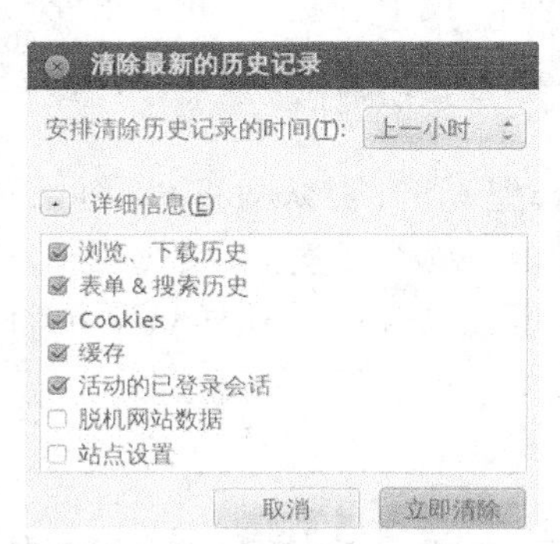

图 3.45　清除最新的历史记录

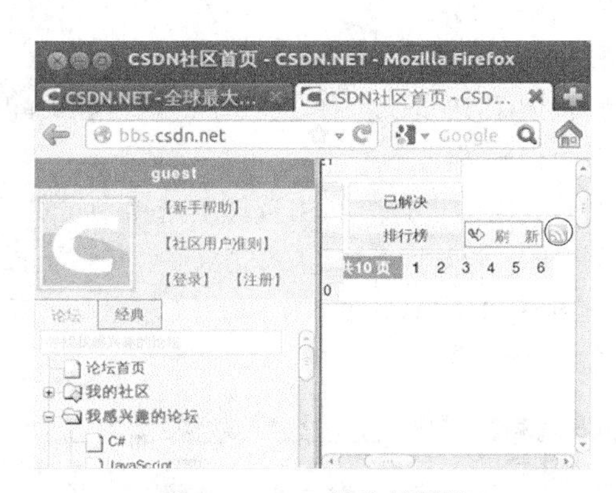

图 3.46　RSS 输出的网站

单击标记打开 RSS 订阅页面，如图 3.47 所示。单击“立即订阅”按钮打开“订阅实时书签”对话框。选择一个目录，并单击“订阅”按钮把该 RSS 添加到这个目录下。当然，也可以在“订阅实时书签”对话框中单击“新建文件夹”按钮新建一个目录。本例中，该 RSS 被存放在 IT 目录下。

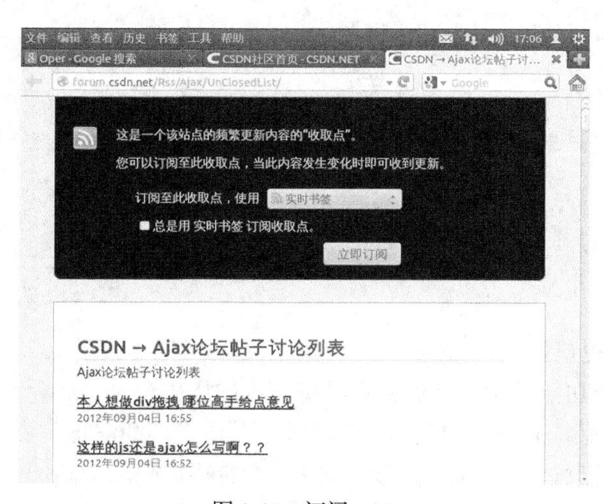

图 3.47　订阅 RSS

完成添加后，可以在地址栏上方“书签”下拉菜单中看到，如图 3.48 所示。单击“书签”按钮，依次选择“书签工具栏”—>CSDN—>ASP.NET 论坛帖子讨论列表这个菜单，可以看到刚才订阅的 RSS。RSS 会自动显示最近更新的文章标题，单击感兴趣的标题即可阅读相关内容。另外，用户也可以在添加 RSS 的时候在图 3.48 所示的“订阅至此收取点，使用”下拉列表框中选择其他客户端软件。图 3.49 是 RSS 订阅的 ASP.NET 技术文章。

图 3.48　RSS 下拉菜单

图 3.49　RSS 订阅的 SQL 和 Orcale 页面

哪些网站会提供 RSS？通常来说，RSS 会出现在一些实时更新的网站中。如今，几乎所有的博客和新闻类网站都提供了 RSS 订阅功能。

5. 安装扩展组件

作为一款优秀的开源软件，Firefox 在全世界拥有一批忠实的拥护者。每一天都有大量针对 Firefox 的扩展组件被开发出来，用于增强浏览器的功能。在改善用户体验方面，一些扩展组件表现出令人惊异的创造性。对于开发人员而言，类似于 firebug 这样的网页调试组件已经成为了页面设计的必备工具。

依次选择“工具”|“附加组件”命令，打开“附加组件管理器”对话框，如图 3.50 所示。在其中可以看到当前系统中已经安装的组件。

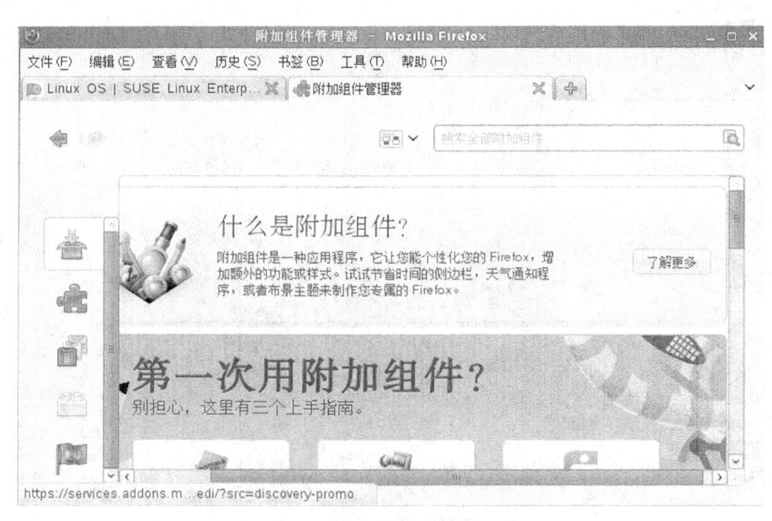

图 3.50　附加组件管理器

选择“获取附加组件”标签，Firefox 会自动连接网络，获取当前可用的组件信息。通常来说，Firefox 会根据热门程度和评级来选择显示“最好的”5 个组件，如图 3.51 所示。可以通过单击“了解更多”链接在浏览器窗口中查看所有可用的组件，每一个组件下方都有简介和用户评级。

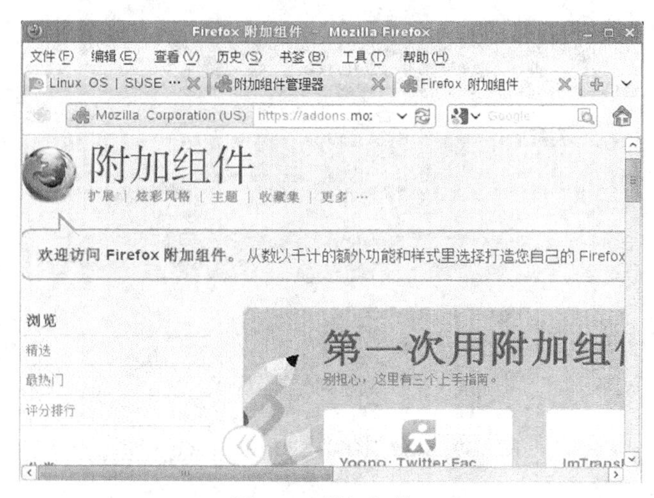

图 3.51　附加组件

在左侧分类中选择“下载管理”命令，然后单击“+添加至 Firefox”按钮即可安装该组件，如图 3.52 所示。

完成组件的安装后需要重启 Firefox。

图 3.52　安装附加组件

已经安装的附加组件可以随时在“附加组件”对话框中删除。具体方法是单击已安装的附加组件，然后单击“卸载”按钮。出于安全方面的考虑，建议不要安装来自不可信站点的组件工具。

3.5.2　Opera

Opera 也是一款常用的浏览器软件，它支持多国语言（当然也包括中文），并可以在大多数系统平台上运行。Opera Mini 更是可以在几乎所有的主流手机制造商的系统平台上运行。在浏览速度、安全性等方面，Opera 也有其独特的优势。

可以从 cn.opera.com/download/上下载到 Opera 的最新版本。网站会根据用户当前使用的操作系统平台确定安装程序格式和版本。当然，用户也可以自己选择某个特定的版本。完成安装后，Opera 的界面看上去如图 3.53 所示。

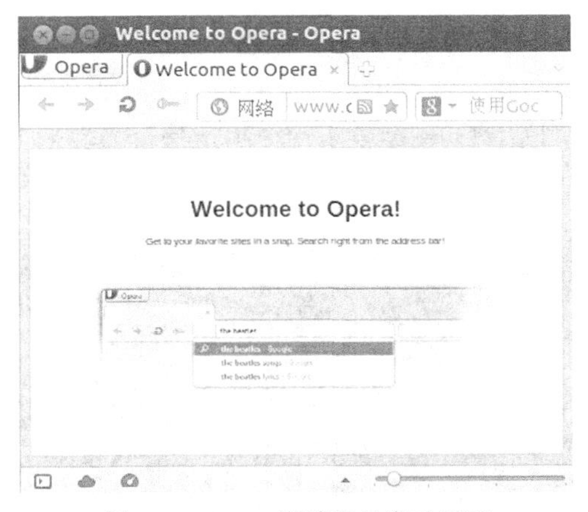

图 3.53　Opera 浏览器的启动界面

3.5.3　Lynx

Lynx 是一款基于文本的浏览器，工作在 Shell 下。Lynx 可以工作在多个操作系统平台上，包括 Linux、DOS、Macintosh 等，也是目前 GNU/Linux 中最受欢迎的 Console 浏览器。这里将简要介绍 Lynx 的使用，完整的操作命令可以参考 Lynx 手册。

1. 为什么还要使用字符界面

在图形界面已经如此普及的背景下，为什么还要使用基于字符界面的浏览器？答案是的确没有什么必要。Firefox、Opera 这些浏览器软件非常美观，也非常高效，Lynx 似乎早已失去了用武之地——很多发行版默认并不安装这个小工具。然而即便如此，对于系统管理员而言，Lynx 有时候仍然是有用的。特别是当图形界面崩溃，而又希望上网查看和下载资料的时候，Lynx 会是一个很好的选择。

2. 启动和浏览

尽管 Lynx 并没有包含在各大发行版的默认安装中，但在大部分 Linux 发行版的安装光盘中都包含有这个软件。可以使用包管理工具直接安装，也可以从 lynx.isc.org/release/上下载安装。

启动 Lynx 非常方便，打开终端，输入“lynx”即可。也可以将网址作为参数直接打开网页。输入 lynx www.csdn.net 启动后的界面如图 3.54 所示。

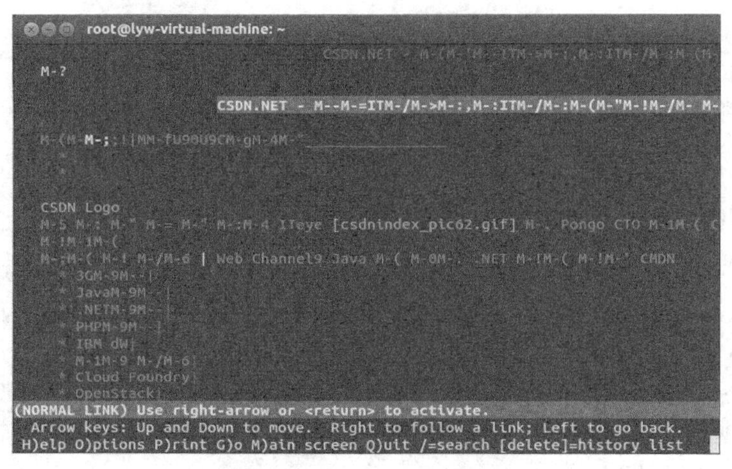

图 3.54 使用 Lynx 显示 CSDN 主页

通过使用方向键可以控制光标移动。Lynx 会逐个加亮超链接文本，在文本高亮显示时按下 Enter 键可以转到相应的网页。在文本框中可以直接输入文本，使用方向键结束输入，如图 3.55 所示。对于使用了 cookie 的网站，Lynx 会要求用户决定是否接受来自该网站的 cookie，通常回答 y 即可，如图 3.56 所示。

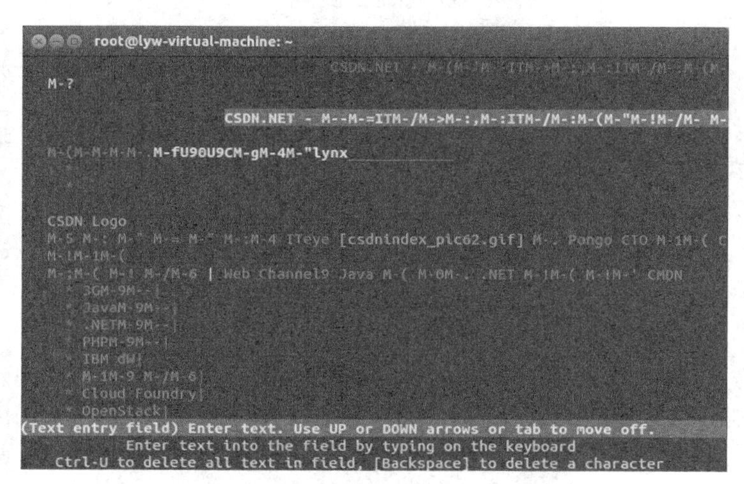

图 3.55 在文本框中输入文本

```
passport.csdn.net cookie: ASP.NET_Se=0elylkjcgti152y Allow? (Y/N/Always/neVer)
  Arrow keys: Up and Down to move.  Right to follow a link; Left to go back.
 H)elp O)ptions P)rint G)o M)ain screen Q)uit /=search [delete]=history list
```

图 3.56　确认接受 cookie

在浏览网页的过程中，Lynx 会随时给出操作提示，使用空格键可以快速向下滚动屏幕。由于这是一个基于文本的浏览器，因此不用指望显示图片了，所有的图片都被显示为一个个文件名。使用“/”命令可以打开命令行查找网页中的字符串。Lynx 会自动定位到查找到的字符串并高亮显示，如图 3.57 所示。

```
root@lyw-virtual-machine: ~
<<<                                            The Lynx Help Page (p1 of 4)
Lynx help files (usually in your local directories):

     * Lynx Users Guide -- complete account of all Lynx features
     * Key-stroke Commands -- quick outline of what various keys do
     * Line Editor -- when entering URLs etc
     * Supported URLs -- how Lynx handles various types of URL
     * About Lynx -- credits, copyright etc
     * About Lynx-Dev -- the developers & how to contact them

Other sources of Lynx help:

     * lynx.cfg options -- a reference for advanced configurations
     * lynx documentation -- supplementary documentation
     * Lynx Help for Beginners -- quick help on many common problems
     * Lynx Links -- source & binaries, FAQs, developers & archives,
       SSL & security, and more
     * Blynx -- Speech-Friendly Help for the visually impaired

World Wide Web Consortium documents:

Enter a whereis query:
  Arrow keys: Up and Down to move.  Right to follow a link; Left to go back.
 H)elp O)ptions P)rint G)o M)ain screen Q)uit /=search [delete]=history list
```

图 3.57　在网页中查找字符串

如果用户没有输入任何内容就回车，那么 Lynx 将回到当前页面。使用命令 q 可以退出 Lynx。依照惯例 Lynx 会询问是否真的想退出，回答 y 即可，如图 3.58 所示。

```
root@lyw-virtual-machine: ~
<<<                                            The Lynx Help Page (p1 of 4)
Lynx help files (usually in your local directories):

     * Lynx Users Guide -- complete account of all Lynx features
     * Key-stroke Commands -- quick outline of what various keys do
     * Line Editor -- when entering URLs etc
     * Supported URLs -- how Lynx handles various types of URL
     * About Lynx -- credits, copyright etc
     * About Lynx-Dev -- the developers & how to contact them

Other sources of Lynx help:

     * lynx.cfg options -- a reference for advanced configurations
     * lynx documentation -- supplementary documentation
     * Lynx Help for Beginners -- quick help on many common problems
     * Lynx Links -- source & binaries, FAQs, developers & archives,
       SSL & security, and more
     * Blynx -- Speech-Friendly Help for the visually impaired

World Wide Web Consortium documents:

Are you sure you want to quit? (y)
  Arrow keys: Up and Down to move.  Right to follow a link; Left to go back.
 H)elp O)ptions P)rint G)o M)ain screen Q)uit /=search [delete]=history list
```

图 3.58　退出界面

3. 下载和保存文件

在 Lynx 中下载文件非常方便。移动光标使链接高亮显示，按下 d 指示 Lynx 下载该链接所对应的文件。Lynx 会询问究竟是保存文件还是显示临时目录，如图 3.59 所示。移动光标使 Save to disk 命令高亮显示，按下回车并输入文件名即可完成保存。在默认情况下，下载的文件被保存在用户的主目录中。

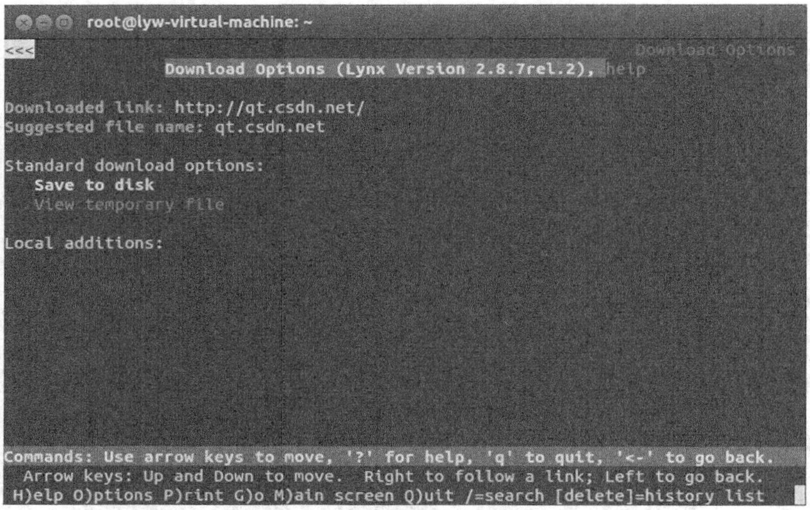

```
root@lyw-virtual-machine: ~
<<<                                                        Download Options
                Download Options (Lynx Version 2.8.7rel.2), help

Downloaded link: http://qt.csdn.net/
Suggested file name: qt.csdn.net

Standard download options:
   Save to disk
   View temporary file

Local additions:

Commands: Use arrow keys to move, '?' for help, 'q' to quit, '<-' to go back.
  Arrow keys: Up and Down to move.  Right to follow a link; Left to go back.
 H)elp O)ptions P)rint G)o M)ain screen Q)uit /=search [delete]=history list
```

图 3.59 下载并保存文件

3.5.4 其他浏览器

除了上面所提到的几款，还有一些浏览器可以在 Linux 平台中运行。包括 Konqueror、Galeon、Epiphany、Songbird 等。其中 Konqueror 是 KDE 集成的一款著名的浏览器，可以完成几乎所有的浏览功能——但在更多的情况下是作为目录浏览器的角色出现的。在功能上，这几款浏览器可能会稍逊于 Firefox 和 Opera。另外，Linux 版本的 Chrome 浏览器也被更好地开发出来了。我们可以更好地应用 Google 浏览器了。

3.6 打印机配置

在 Windows 中，用户安装打印机驱动，然后在各种办公软件中就可以直接单击“打印”按钮来打印，那 Linux 下是否也这么简单呢？

3.6.1 打印机还是计算机

用户总是简单地把打印机同显示器、鼠标、音箱这些“外部设备”放在一起考虑，计算机的教科书上也是这样写的。这种归类方法当然没有错，但从复杂程度上来说，打印机显然没有得到足够的重视。打印机和计算机曾经是一回事（考虑 30 多年前那些没有显示器的计算机），现在仍然是。打印机有自己的 CPU、内存、操作系统甚至硬盘。如果是一台网络打印机的话，那么它还应该运行着自己的 Web 服务器，用户可以通过访问其“网站”进行配置和管理。

很多人或许从来没有考虑过这些问题。打印机越复杂意味着需要花费更多的精力去管理，这一点和计算机一样。但这并不是最麻烦的，打印机的硬件厂商开发了很多不同的页面语言，使用着多如牛毛的操作系统。这对于打印系统（例如本章要介绍的 CUPS）的开发是一大挑战，而最终用户只要坐享开发成果就可以了。鉴于在选择打印机的过程中，读者可能会被某些名词搞糊涂，下面几节对常见的一些术语给出解释。

3.6.2　打印机的语言：PDL

当用户在应用软件（如 OpenOffice）中按下“打印”按钮时，就给打印机发送了一个打印作业。这种“布置作业”的过程需要使用一种特定的语言，这种语言被称作页面描述语言（PDL，Page Description Language）。

经过 PDL 编码的页面可以提供比原始图像更小的数据量、更大的传输速度。更为关键的是，PDL 可以实现与设备和分辨率无关的页面描述。

先前已经提到，不同的厂商已经开发了很多截然不同的 PDL，但主流的只有那么几种。PostScript、PCL 5、PCL 6 和 PDF 是现如今最知名的 PDL，并且得到了广泛的支持。其中 PostScript 是 Linux 系统上最常见的 PDL，几乎所有的页面布局程序都可以生成 PostScript。

毫无疑问，PostScript 打印机可以在 Linux 上得到最好的支持。但如果读者的打印机不懂 PostScript，那也没有关系，Linux 的打印系统能够为所有这些 PDL 做转换。

打印机接收到用 PDL 描述的作业后，会调用自己的光栅图像处理器把这个文件转换成位图形式。这个过程就叫作“光栅图像处理”。一些打印机可以理解几乎所有的主流 PDL，另一些则什么都理解不了。后一种低“智商”的打印机被称作 GDI 打印机，它们需要依赖计算机做光栅处理，然后接收现成的位图图像。GDI 打印机通信所需的信息，总是使用专门针对 Windows 的专有代码编写，因此这类打印机一般只能在 Windows 下使用。

3.6.3　驱动程序和 PDL 的关系

既然打印机是一台事实上的“计算机”，那么用计算机“驱动”计算机这句话看上去有点可笑。的确，打印机的驱动程序并不能算真正意义上的“驱动程序”，因为它和硬件驱动没有太大关系。把文件转化为打印机能理解的 PDL——这就是打印机驱动程序所要做的全部事情。

不要指望打印机制造商会开发 Linux 下的驱动程序。幸运的是，Linux 的打印系统（如 CUPS）可以完成绝大部分这样的转换。当然用户也可以使用 Linux 附带的工具软件手工完成 PDL 的转换工作，但通常没有这样的必要。

3.6.4　Linux 如何打印：CUPS

读者将会看到，Linux 上的打印系统已经变得非常灵活，这应该要归功于 CUPS 的出现。CUPS 是公共 Unix 打印系统（Common Unix Printing System）的缩写形式。这套打印系统目前已经包含在 Linux、Mac OS 等大部分现代 Unix 类操作系统上，并且成为了 Unix 打印的事实标准。鉴于此，本章将只讨论这一种打印系统。

主流 Linux 发行版默认都安装了 CUPS，除非用户在安装时明确告诉 Linux 不要安装 CUPS。CUPS 使用 HTTP 协议来管理打印任务，通过使用浏览器访问主机的 631 端口（在地址栏中输入 http://localhost:631 并按下 Enter 键）可以打开这个管理界面，如图 3.60 所示。如果读者的 Linux 还没有安装 CUPS，那么这个软件总是可以从安装光盘中找到。

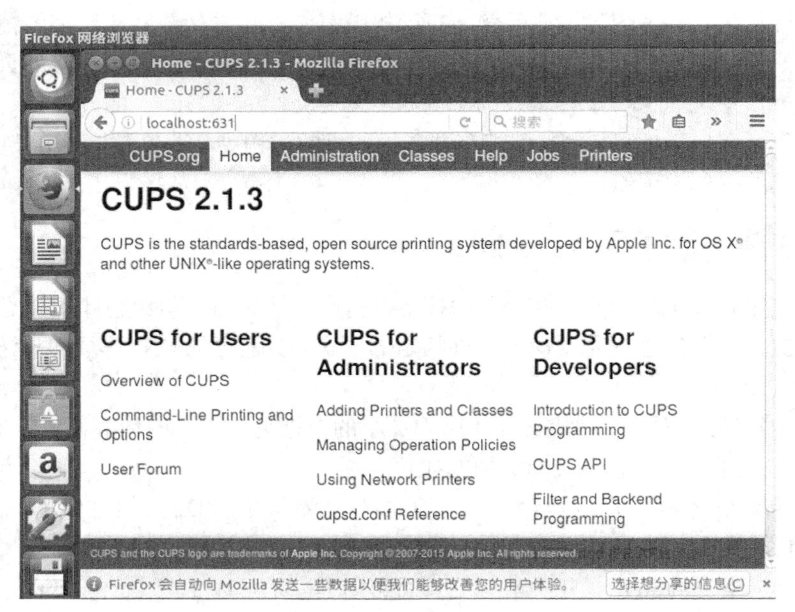

图 3.60　CUPS 的 Web 管理界面

3.6.5　连接打印机

Windows 下选择打印机我们通常不会考虑先找找它有没有驱动，但 Linux 下需要做这个工作。访问 www.linuxprinting.org 的 Foomatic 数据库，这个数据库将打印机分成从 Paperweight 到 Perfectly 的 4 个等级。Perfectly 类的打印机在 Linux 下可以获得最好的支持，用户应该尽可能地选择这一类。

选择好打印机，并将打印机连接到计算机，接下来的事情只要交给 CUPS 去做就可以了。CUPS 能够识别大部分的打印机，并自动安装它们。最坏的情况也不过是在 CUPS 的管理界面中回答几个问题。图 3.61 显示了 CUPS 自动监测到的 N7400。

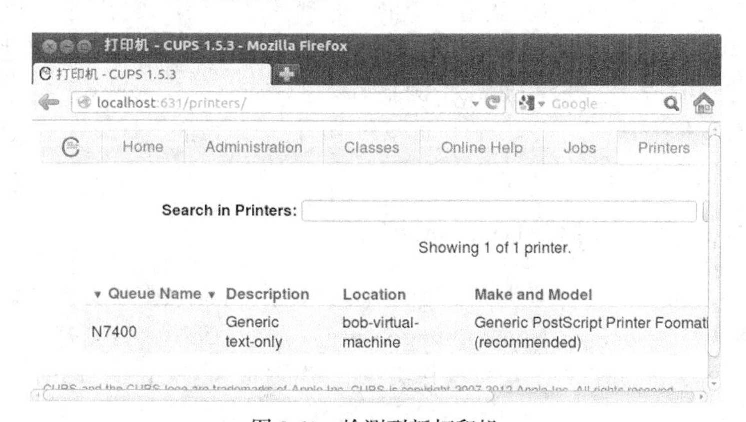

图 3.61　检测到新打印机

CUPS 之所以识别打印机，是因为 PPD（PostScript Printer Description，即 PostScript 打印机描述）文件。这个文件记录了打印机的各项参数和功能、CUPS 过滤器及其他平台上的打印机驱动程序，据此判断如何把打印作业发送给 PostScript 打印机。

对于 CUPS 而言，非 PostScript 打印机同样可以使用 PPD 文件来描述。只要找到某台打印机的 PPD 文件，CUPS 就能够驱动它。

3.6.6　配置打印机选项

打印机安装完成后，可能需要对其进行一些设置。例如打印使用的纸张大小、类型，打印质量等。在这里我们单击右上角按钮选择“打印机”命令，然后右键单击该打印机选择“属性”命令打开“打印机属性”的配置界面，如图 3.62 所示。

图 3.62　打印机设置

用户可以在下拉列表框中为每个选项选择合适的属性。完成相关修改后，单击“应用” | “确定”按钮。

在 CUPS Web 管理界面的“Printers”选项卡中单击“Set As Default”按钮可以将该打印机设置为默认打印机。如果决定使用命令行工具的话，下面这条命令将 N7400 设置为当前用户的默认打印机。

```
$ lpoptions -d N7400
```

CUPS 维护有一个全局的打印机配置文件/etc/cups/printers.conf，使用 root 权限打开并编辑这个文件即可完成相应的选项修改。不过若没有特殊需求，不推荐用户手动修改这个配置文件，使用 CUPS 的 Web 管理界面是一个比较好的选择。下面给出了这个文件的部分内容，每台打印机用一对尖括号（<>）开头，默认打印机以 DefaultPrinter 表示。

```
<DefaultPrinter N7400>
UUID urn:uuid:68851175-2ac9-3c5a-5c09-1a7f5e8fd9e8
Info Generic test-only
DeviceURI parallel: /dev/lp0
State Idle
StateTime 1347858385
Type 8433692
Accepting Yes
Shared Yes
...
<Printer PDF>
UUID urn:uuid:586fdc00-e0c5-3335-4c0b-030403ffb187
```

```
Info PDF
MakeModel Generic CUPS-PDF Printer
DeviceURI cups-pdf:/
...
```

3.6.7 测试当前的打印机

在打印机管理页面中单击“Print Test Page”按钮可以让打印机打印出一页测试纸，如果当前打印机配置正确无误的话。如果使用命令行工具的话，那么只要简单地给 lpr 命令传递一个文件名作为参数。下面这条命令将 example.pdf 送去打印。

```
$ lpr example.pdf
```

在这种情况下，CUPS 会使用默认打印机打印 example.pdf。如果连接了多台打印机，那么可以使用-P 选项指定使用哪一台打印机打印文档。下面这条命令明确指定使用 N7400 打印文件 example.pdf。

```
$ lpr -P N7400 example.pdf
```

3.7 小　　结

当我们拿到一台计算机时，要做的第一件事情通常就是安装自己需要的各种软件，如听歌的、收发邮件的，最重要的是办公需要的 Office 软件。本章的内容非常基础，却是我们面对一个全新操作系统时最急于开始做的工作。

3.8 习　　题

1. Linux 系统中 PDF 文件阅读软件是（　　）。
   A. xPDF　　B. adobe　　C. calc　　D. word
2. LibreOffice 软件包括（　　）。
   A. Writer　　B. Calc　　C. Impress　　D. Draw
3. Linux 中最著名的播放软件包括（　　）。
   A. Xine　　B. Gstreamer　　C. Rhythmbox　　D. Amarok
4. Linux 中视频播放器是（　　）。
   A. Writer　　B. Calc　　C. Impress　　D. MPlayer

第 2 部分
Linux 的管理

第4章 基本命令

本章主要介绍 Linux 的基本命令，包括切换目录、查找并查看文件、查看用户信息等。这些基本命令是使用 Linux 的基础，读者务必要熟练掌握，并且能够通过手册寻求帮助。特别是在无法启动图形界面的情况下，使用命令行就是唯一的选择。

本章将介绍：

- 目录与路径
- 文件操作命令
- 查看文件
- 权限操作
- 链接文件
- 管道

4.1 Linux 的目录与路径

目录是文件存放的一个虚拟盒子，其实只是一个名称，但类似一个盒子里放了很多文件。每个盒子都有一个名字，就是目录名。我们通过目录来寻找文件，如果有多层级的目录，寻找文件就需要提供准确的路径，路径一般分为绝对路径和相对路径，本节会介绍它们的不同。如果不知道当前工作目录的路径，我们还可以学习一个命令 pwd。

4.1.1 特殊目录文件介绍

Linux 目录结构的组织形式和 Windows 有很大的不同。首先 Linux 没有“盘符”的概念，也就是说 Linux 下不存在所谓的 C 盘、D 盘等。已建立文件系统的硬盘分区被挂载到某一个目录下，用户通过操作目录来实现磁盘读写——正如读者在安装 Linux 时所注意到的那样。其次，Linux 似乎不存在像 Windows\这样的系统目录。在安装完成后，就有一堆目录出现在根目录下，并且看起来每一个目录中都存放着系统文件。最后一个小小的区别是，Linux 使用正斜杠/而不是反斜杠\来标识目录。

既然 Linux 将文件系统挂载到目录下，那么究竟是先有文件系统还是先有目录？和“先有鸡还是先有蛋”一样，这个问题初看起来有点让人犯晕。正确的说法是，Linux 需要首先建立一个根“/”文件系统，并在这个文件系统中建立一系列空目录，然后将其他硬盘分区（如果有的话）中的文件系统挂载到这些目录中。例如，第 2 章在介绍硬盘分区的时候划分了一个单独的分区，然后把它挂载到/home 目录下。

理论上说，可以为根目录下的每一个目录都单独划分一个硬盘分区，这样根分区的容量就可以设置得很小（因为几乎所有的东西都存放在其他分区中，根分区中的目录只是起到了“映射”的作用），不过这对于普通用户而言没有太大必要。

如果某些目录没有特定的硬盘分区与其挂钩的话，该目录中的所有内容将存放在根分区“/”中。

说了那么多，有一个概念始终没有做解释，究竟什么是文件系统，读者只要简单地把它理解为“磁盘”或者“分区”的同义词就可以了。

要理解 Linux 的文件系统架构，看来的确需要耗费一定的脑力。如果经过努力仍然不明白上面这些文字在说些什么，一个好的建议是：不要管那么多，先使用。没有人会为了上网而首先去学习路由器原理，但一个接触了几年网络的人总能对路由器是什么这个问题说上几句。所以无论如何，首先去实践。

表 4.1 列出了文件系统中主要目录的内容。

表 4.1　　Linux 系统主要目录及其内容

目录	内容
/bin	构建最小系统所需要的命令（最常用的命令）
/boot	内核与启动文件
/dev	各种设备文件
/etc	系统软件的启动和配置文件
/home	用户的主目录
/lib	C 编译器的库
/media	可移动介质的安装点
/opt	可选的应用软件包（很少使用）
/proc	进程的映像
/root	超级用户 root 的主目录
/sbin	和系统操作有关的命令
/tmp	临时文件存放点
/usr	非系统的程序和命令
/var	系统专用的数据和配置文件

目录的特殊表示法：

- . 　表示此层目录。
- .. 　表示上一层目录。
- - 　表示前一个工作目录。
- ～ 　表示当前用户身份所在的家目录。

4.1.2　绝对路径和相对路径

在切换目录之前，必须了解路径，绝对路径和相对路径的概念。

/home/tom 这种写法就是绝对路径，从根目录连续写，不论在任意位置执行该命令都能移动到此路径，例如：cd /home/tom 绝对路径必定由“/”开头。

../mike 这是相对路径写法，cd ../mike，将从/home/tom 切换到 /home/mike。

相对路径（Relative Pathnames）不由“/”开头，使用比较方便。虽然绝对路径写起来比较麻烦，但是能保证正确性。读者想使用哪种路径要根据具体环境灵活运用。

4.1.3 查看当前路径：pwd

pwd 是 Print Working Directory（显示工作目录）的缩写，就是显示当前所在的目录。下面是 pwd 的使用举例：

```
$ cd /usr/local/bin/                              ##进入/usr/local/bin/目录
$ pwd                                             ##显示当前所在位置
/usr/local/bin
```

4.2 目录操作命令

目录本质上也是一种文件，本节介绍几个常见与目录相关的命令，如创建目录、移动目录、删除目录、跳转目录等。

4.2.1 创建目录

mkdir 命令可以一次建立一个或几个目录。下面的命令在用户主目录下建立 document、picture 两个目录。

```
$ cd ~                                  ##进入用户主目录
$ mkdir document picture                ##新建两个目录
```

用户也可以使用绝对路径来新建目录。

```
$ mkdir ~/picture/temp                  ##在主目录下新建名为 temp 的目录
```

由于主目录下 picture 已经存在，因此这条命令是合法的。但是当用户试图运行下面这条命令时，mkdir 将提示错误。

```
$ mkdir ~/tempx/job
mkdir: 无法创建目录 “/home/lewis/tempx/job”: 没有该文件或目录
```

这是因为当前在用户主目录下并没有 tempx 这个目录，自然也无法在 tempx 下创建 job 目录了。为此 mkdir 提供了-p 选项，用于完整地创建一个子目录结构。

```
$ mkdir -p ~/tempx/job
```

在这个例子中，mkdir 会首先创建 tempx 目录，然后创建 job。在需要创建一个完整目录结构的时候，这个选项是非常有用的。

4.2.2 移动目录

正如读者猜想的那样，mv 是 move 的缩写形式。这个命令可以用来移动文件。下面这条命令将 hello 文件移动到 bin 目录下。

```
$ mv hello bin/
```

当然也可以移动目录。下面这条命令把 Photos 目录移动到桌面。

```
$ mv Photos/ 桌面/
```

mv 命令在执行过程中不会有任何信息显示。那么如果目标目录有一个同名文件会怎样呢？下面不妨来做一个小实验。

（1）在主目录下新建一个名为 test 的目录。

```
$ cd ~                                          ##进入用户主目录
$ mkdir test
$ cd test/
```

（2）建立一个名为 hello 的文件。这里使用了重定向新建了一个文件，然后将字符串 Hello 输入这个文件中。关于重定向，将在 4.6 节详细介绍。

```
$ echo "Hello" > hello
$ cat hello
Hello
```

（3）回到主目录中，创建一个名为 hello 的空文件。

```
$ cd ..                                         ##回到上一级目录
$ touch hello
```

（4）把这个空的 hello 文件移动到 test 目录下，记住这个目录下原本已经有了一个内容为 Hello 的同名文件了。最后查看 test 目录下的 hello 文件，发现这是一个空文件。也就是说，mv 命令把 test 目录下的同名文件替换了，但却没有给出任何警告！

```
$ mv hello test/
$ cd test/
$ cat hello
```

问题看上去很严重，用户可能不经意间就把一个重要文件给删除了。为此 mv 命令提供了-i 选项用于发现这样的情况。

```
$ mv -i hello test/
mv: 是否覆盖"test/hello"?
```

回答 y 表示覆盖，回答 n 表示跳过这个文件。

另一个比较有用的选项是-b。这个选项用一种不同的方式来处理刚才这个问题。在移动文件前，首先在目标目录的同名文件的文件名后加一个“~”，从而避免这个文件被覆盖。例如：

```
$ mv -b hello test/
$ cd test/
$ ls
hello           hello~
```

Linux 没有“重命名”这个命令，原因很简单，即没有这个必要。重命名无非就是将一个文件在同一个目录里移动，这是 mv 最擅长的工作。

```
$ mv hello~ hello_bak
$ ls
hello           hello_bak
```

因此对 mv 比较准确的描述是，mv 可以在移动文件和目录的同时对其重命名。

4.2.3 删除目录

rmdir 命令用于删除目录。这个命令的使用非常简单，只需要在后面跟上要删除的目录名作为参数即可。

```
$ mkdir remove                                  ##新建一个名为 remove 的子目录
$ rmdir remove                                  ##删除这个目录
```

但是 rmdir 命令只能删除空目录，使用下面这个命令时会提示错误。

```
$ cd test
$ ls
hello        hello_bak        test.php      test.php~
$ rmdir test/
rmdir: 删除 "test/" 失败: 目录不为空
```

因此在使用 rmdir 删除一个目录之前，首先要将这个目录下的文件和子目录删除。删除文件需要用到 rm 命令。稍后将会看到，rm 同样可以用来删除目录，而且比 rmdir 更为“高效”。由于这个原因，在实际使用中 rmdir 很少被用到。

rm 命令可以一次删除一个或几个文件。下面这条命令删除 test 目录下所有的 php 文件。

```
$ rm test/*.php
```

和 mv 等命令一样，rm 不会对此做任何提示。通过 rm 命令删除的文件将永远地从系统中消失，而不会被放入一个称作“回收站”的临时目录下（尽管某些恢复软件可能找回一些文件，但只是“可能”而已）。一个比较安全的使用 rm 命令的方式是使用-i 选项，这个选项会在删除文件前给出提示，并等待用户确认。

```
$ rm -i test/hello
rm: 是否删除 普通空文件 "test/hello" ?
```

回答 y 表示确认删除，回答 n 表示跳过这个文件。对于只读文件，即便不加上-i 选项，rm 命令也会对此进行提示。

```
$ rm hello_bak
rm: 是否删除有写保护的 普通空文件 "hello_bak" ?
```

可以使用-f 选项来避免这样的交互式操作。rm 会自动对这些问题回答 y。

```
$ rm -f hello_bak
```

带有-r 参数的 rm 命令会递归地删除目录下所有的文件和子目录。例如，下面这个命令会删除 Photos 目录下所有的目录、子目录及子目录下的文件和子目录……最后删除 Photos 目录。也就是说，把 Photos 目录完整地从磁盘上移除了（当然前提是拥有这样操作的权限）。

```
$ rm -r Photos/
```

使用 rm 命令的时候应该格外小心，特别是以 root 身份执行该命令时。

4.2.4 复制目录

cp 命令用来复制文件和目录。下面这条命令将文件 test.php 复制到 test 目录下。

```
$ cp test.php test/
```

和mv命令一样，cp默认情况下会覆盖目标目录中的同名文件。可以使用-i选项对这种情况进行提示，也可以使用-b选项对同名文件改名后再复制。这两个选项的使用和mv命令中一样。

```
$ cp -i test.php test/
cp: 是否覆盖“test/test.php”？
```

回答y表示覆盖，回答n表示跳过这个文件。

```
$ cp -b test.php test/
$ cd test/
$ ls
test.php      test.php~
```

cp命令在执行复制任务的时候会自动跳过目录。例如：

```
$ cp test/ 桌面/
cp: 略过目录“test/”
```

为此，可以使用-r选项，它将子目录连同其中的文件一起复制到另一个子目录下，如：

```
$ cp -r test/ 桌面/
```

4.2.5 跳转目录

cd是Change Directory（改变目录）的缩写，是用来切换工作目录的命令。

输入cd命令，后面跟着一个路径名作为参数，就可以直接进入另外一个子目录。举例来说，使用下面的命令进入/usr/bin子目录。

```
$ cd /usr/bin
```

在/usr/bin子目录中时，可以用以下命令进入/usr子目录。

```
$ cd ..
```

在/usr/bin子目录中还可以使用下面的命令直接进入根目录，即“/”目录。

```
$ cd .. / ..
```

最后，总能够用下面的命令回到自己的用户主目录。

```
$ cd
```

或者：

```
$ cd ~
```

4.3 查看文件

本节将介绍文件的操作命令，这些可能是用户最常用到的命令了。其中的一些前面已经尝试过了，这里将做进一步讲解，详细讨论命令各个常用选项。

4.3.1 查看目录：ls

ls命令是list的简化形式，ls的命令选项非常之多，这里只讨论一些比较常用的选项。ls的基本语法如下：

```
ls [OPTION]... [FILE]...
```

不带任何参数的 ls 命令，用于列出当前目录下的所有文件和子目录。例如：

```
$ cd                                                        ##进入用户主目录
$ ls
bin      Examples  programming  text     公共的  视频  文档  桌面
Desktop  Huawei    share        vmware   模板    图片  音乐
```

在这个列表中，可以方便地区分目录和文件。默认情况下，目录显示为蓝色；普通文件显示为黑色；可执行文件显示为草绿色；淡蓝色则表示这个文件是一个链接文件（相当于 Windows 下的快捷方式）。用户也可以使用带-F 选项的 ls 命令。

```
$ ls -F
bin/      Examples@  programming/  text*     公共的/  视频/  文档/  桌面/
Desktop/  Huawei/    share/        vmware/   模板/    图片/  音乐/
```

可以看到，-F 选项会在每个目录后加上/，在可执行文件后加*，在链接文件后加上@。这个选项在某些无法显示颜色的终端上会比较有用。

但是这些文件就是主目录下所有的文件了吗？尝试一下-a 选项。

```
$ ls -a
.                 .gstreamer-0.10     .sudo_as_admin_successful
..                .gtk-bookmarks      .sudoku
.adobe            .gvfs               .Tencent
.anjuta           Huawei              text
.aptitude         .ICEauthority       .themes
.bash_history     .icons              .thumbnails
.bash_logout      .ies4linux          .tomboy
.bashrc           .kde                .tomboy.log
bin               .local              .update-manager-core
.cache            .macromedia         .update-notifier
.chewing          .metacity           .viminfo
⋮
```

这次看到了很多头部带“.”的文件名。在 Linux 上，这些文件被称作隐含文件，在默认情况下并不会显示。除非指定了-a 选项，用于显示所有文件。命令的选项可以组合使用，指定多个选项只需要使用一个短线。例如：

```
$ ls -aF
./                .gstreamer-0.10/    .sudo_as_admin_successful
../               .gtk-bookmarks      .sudoku/
.adobe/           .gvfs/              .Tencent/
.anjuta/          Huawei/             text*
.aptitude/        .ICEauthority       .themes/
.bash_history     .icons/             .thumbnails/
.bash_logout      .ies4linux/         .tomboy/
.bashrc           .kde/               .tomboy.log
bin/              .local/             .update-manager-core/
.cache/           .macromedia/        .update-notifier/
.chewing/         .metacity/          .viminfo
⋮
```

另一个常用选项是-l 选项。这个选项可以用来查看文件的各种属性。例如：

```
$ cd /etc/fonts/
$ ls -l
总用量 24
drwxr-xr-x 2 root root 4096 2016-08-01 21:25 conf.avail
drwxr-xr-x 2 root root 4096 2016-08-01 21:25 conf.d
-rw-r--r-- 1 root root 5283 2016-02-27 01:22 fonts.conf
-rw-r--r-- 1 root root 6961 2016-02-27 01:22 fonts.dtd
```

总共有 8 个不同的信息栏。从左至右依次表示：

- 文件的权限标志。
- 文件的链接个数。
- 文件所有者的用户名。
- 该用户所在的用户组组名。
- 文件的大小。
- 最后一次被修改时的日期。
- 最后一次被修改时的时间。
- 文件名。

在 ls 命令后跟上路径名可以查看该子目录中的内容。例如：

```
$ ls /etc/init.d/
acpid           hwclock.sh                        reboot
acpi-support    keyboard-setup                    rmnologin
alsa-utils      killprocs                         rsync
anacron         klogd                             samba
apparmor        laptop-mode                       screen-cleanup
apport          linux-restricted-modules-common   sendsigs
⋮
```

4.3.2　查看普通文件：cat

cat 命令用于查看文件内容（通常这是一个文本文件），后跟文件名作为参数。例如：

```
$ cat day
Monday
Tuesday
Wednesday
Thursday
Friday
Saturday
Sunday
```

cat 可以跟多个文件名作为参数。当然也可以使用通配符：

```
$ cat day weather
Monday
Tuesday
Wednesday
Thursday
Friday
Saturday
Sunday
sunny
rainy
```

```
cloudy
windy
```

对于程序员而言，为了调试方便，常常需要显示行号。为此，cat 命令提供了-n 选项，在每一行前显示行号。

```
$ cat -n stack.h
     1	/*Header file of stack */
     2	/* 2016-6-3 */
     3	
     4	#ifndef STACK_H
     5	#define STACK_H
     6	
     7	struct list {
     8	    int data;
     9	    struct list *next;
    10	};
    11	
    12	struct stack {
    13	    int size;     /* the size of the stack */
    14	    struct list *top;
    15	};
    16	
    17	typedef struct list list;
    18	typedef struct stack stack;
    19	
    20	void push( int d, stack *s );
    21	int pop( stack *s );
    22	
    23	int is_empty( stack *s );
    24	
    25	#endif
```

4.3.3 文件内容查找：grep

有时候我们查找文件，并不需要列出文件的所有内容，而只是找到包含某些信息的一行。这时如果使用 more 命令一行一行去找的话，就太费眼了，尤其是当文件特别大的时候。为了在文件中寻找某些信息，可以使用 grep 命令。

```
grep [OPTIONS] PATTERN [FILE...]
```

例如，为了在文件 day 中查找包含 un 的行，可以使用如下命令：

```
$ grep un day
Sunday
```

可以看到，grep 有两个类型不同的参数。第一个是被搜索的模式（关键词），第二个是所搜索的文件。grep 会将文件中出现关键词的行输出。可以指定多个文件来搜索，例如：

```
$ grep un day weather
day:Sunday
weather:sunny
```

如果要查找如 struct list 这样的关键词，那么必须加单引号以把空格包含进去。

```
$ grep 'struct list' stack.h
struct list {
```

```
    struct list *next;
    struct list *top;
typedef struct list list;
```

严格地说，grep 通过“基础正则表达式（basic regular expression）”进行搜索。和 grep 相关的一个工具是 egrep，除了使用“扩展的正则表达式（extended regular expression）”，egrep 和 grep 完全一样。“扩展正则表达式”能够提供比“基础正则表达式”更完整的表达规范。

4.3.4　查看文件开头和结尾：head 和 tail

另两个常用的查看文件的命令是 head 和 tail。分别用于显示文件的开头和结尾。可以使用-n 参数来指定显示的行数。

```
$ head -n 2 day weather
==> day <==
Monday
Tuesday

==> weather <==
sunny
rainy
```

注意　head 命令的默认输出是包括了文件名的（放在==>和<==之间）。tail 的用法和 head 相同。

```
$ tail -n 2 day weather
==> day <==
Saturday
Sunday

==> weather <==
cloudy
windy
```

4.3.5　查看部分内容：more 和 less

cat 命令会一次将所有内容全部显示在屏幕上，这看起来是一个致命的缺陷。因为对于一个长达几页甚至几十页的文件而言，cat 显得毫无用处。为此，Linux 提供 more 命令来一页一页地显示文件内容。

```
$ more fstab
# /etc/fstab: static file system information.
#
# <file system> <mount point>   <type>  <options>       <dump>  <pass>
proc            /proc           proc    defaults        0       0
# /dev/sda5
......
# /dev/sda6
UUID=da9367d2-dabb-4817-8e6a-21c782911ee1 /home          ext3    relatime
  0       2
# /dev/sda9
UUID=3973793e-2390-4c47-b3d6-499db983d463 /labs          ext3    relatime
  0       2
```

```
# /dev/sda10
UUID=3ac7978d-6fb4-4dcf-baa9-bdec0cb51222 /station       ext3    relatime
  0       2
# /dev/sda7
UUID=fc5440b8-5558-4e9f-99c0-e85062083895 /usr           ext3    relatime
  0       2
# /dev/sda8
--More--(75%)
```

可以看到，more 命令会在最后显示一个百分比，表示已显示内容占整个文件的比例。按下空格键向下翻动一页，按 Enter 键向下滚动一行。按 Q 键退出。

less 和 more 非常相似，但其功能更为强大。less 改进了 more 命令的很多细节，并添加了许多的特性。这些特性让 less 看起来更像是一个文本编辑器——只是去掉了文本编辑功能。总体来说，less 命令提供了下面这些增强功能。

- 使用光标键在文本文件中前后（甚至左右）滚屏。
- 用行号或百分比作为书签浏览文件。
- 实现复杂的检索、高亮显示等操作。
- 兼容常用的字处理程序（如 Emacs、Vim）的键盘操作。
- 阅读到文件结束时 less 命令不会退出。
- 屏幕底部的信息提示更容易控制使用，而且提供了更多的信息。

下面简单地介绍 less 命令的使用方法。以/boot/grub/grub.cfg 文件为例，输入下面这条命令。

```
$ less /boot/grub/grub.cfg
```

下面是 less 命令的输出。

```
#
# DO NOT EDIT THIS FILE
#
# It is automatically generated by grub-mkconfig using templates
# from /etc/grub.d and settings from /etc/default/grub
#

### BEGIN /etc/grub.d/00_header ###
if [ -s $prefix/grubenv ]; then
  set have_grubenv=true
  load_env
fi
set default="0"
if [ "${prev_saved_entry}" ]; then
  set saved_entry="${prev_saved_entry}"
  save_env saved_entry
  set prev_saved_entry=
  save_env prev_saved_entry
  set boot_once=true
fi

function savedefault {
  if [ -z "${boot_once}" ]; then
:
```

可以看到，less 在屏幕底部显示一个冒号“:”等待用户输入命令。如果想向下翻一页，可以按下空格键。如果想向上翻一页，按下 B 键。也可以用光标键向前、后甚至左右移动。

如果要在文件中搜索某一个字符串，可以使用正斜杠“/”跟上想要查找的内容，less 会把找到的第一个搜索目标高亮显示。要继续查找相同的内容，只要再次输入正斜杠“/”，并按下回车键就可以了。

使用带参数-M 的 less 命令可以显示更多的文件信息：

```
⋮
default        0

## timeout sec
# Set a timeout, in SEC seconds, before automatically booting the default entry
# (normally the first entry defined).
timeout        10

## hiddenmenu
# Hides the menu by default (press ESC to see the menu)
#hiddenmenu
/boot/grub/menu.lst lines 1-23/172 16%
```

可以看到，less 在输出的底部显示了这个文件的名字、当前页码、总的页码及表示当前位置在整个文件中的位置百分比数值。最后按下 Q 键可以退出 less 程序并返回 Shell 提示符。

4.4 权限操作

Linux 中的一切都被表示成文件的形式。这包括程序进程、硬件设备、通信通道甚至是内核数据结构等。所有文件都有相应的权限，设置正确的权限对于维护系统十分重要，本节介绍文件权限的相关知识。

4.4.1 文件权限介绍

Linux 是一个多用户的操作系统，正确地设置文件权限非常重要。Linux 为 3 种人准备了权限——文件所有者（属主）、文件属组用户和其他人。因为有了“其他人”这样的分类，将世界上所有的人都包含进来了。但读者应该已经敏感地意识到，root 用户其实是不应该被算在“其他人”里面的。root 用户可以查看、修改、删除所有人的文件——不要忘了 root 拥有控制一台计算机的完整权限。

文件所有者通常是文件的创建者，但这也不是一定的。可以中途改变一个文件的属主用户，这必须直接由 root 用户来实施。这句话换一种说法或许更贴切：文件的创建者自动成为文件所有者（属主），文件的所有权可以转让，转让“手续”必须由 root 用户办理。

可以（也必须）把文件交给一个组，这个组就是文件的属组。组是一群用户组成的一个集合，类似于学校里的一个班、公司里的一个部门……文件属组中的用户按照设置对该文件享有特定的权限。通常来说，当某个用户（如 lewis）建立一个文件时，这个文件的属主就是 lewis，文件的属组是只包含一个用户 lewis 的 lewis 组。当然，也可以设置文件的属组是一个不包括文件所有者的组，在文件所有者执行文件操作时，系统只关心属主权限，而组权限对属主是没有影响的。

关于用户和用户组的概念，在第 5 章中将会详细介绍。

最后，“其他人”就是不包括前两类人和 root 用户在内的“其他”用户。通常来说，“其他人”总是享有最低的权限（或者干脆没有权限）。

可以赋予某类用户对文件和目录享有 3 种权限：读取（r）、写入（w）和执行（x）。对于文件而言，拥有读取权限意味着可以打开并查看文件的内容，写入位控制着对文件的修改权限。而是否能够删除和重命名一个文件则是由其父目录的权限设置所控制的。

要让一个文件可执行，必须设置其执行权限。可执行文件有两类，一类是可以直接由 CPU 执行的二进制代码，另一类是 Shell 脚本程序。

对目录而言，所谓的执行权限实际控制了用户能否进入该目录；而读取权限则负责确定能否列出该目录中的内容；写入权限控制着在目录中创建、删除和重命名文件。因此目录的执行权限是其最基本的权限。使用带选项-l 的 ls 命令可以查看一个文件的属性，包括权限。首先来看这样一个例子：

```
$ ls -l /bin/login
-rwxr-xr-x 1 root root 38096 2016-01-13 14:54 /bin/login
```

这条命令列出了/bin/login 文件的主要属性信息。下面逐段分析这一行字符串所代表的含义。

- 第 1 个字段的第 1 个字符表示文件类型，在上例中是“-”，表示这是一个普通文件。
- 接下来的“rwxr-xr-x”就是 3 组权限位。这 9 个字符应该被这样断句：rwx、r-x、r-x，分别表示属主、属组和其他人所拥有的权限。r 表示可读取，w 表示可写，x 表示可执行。如果某个权限被禁用，那么就用一个短画线“-”代替。在这个例子中，属主拥有读、写和执行权限，属组和其他人拥有读和执行权限。
- 第 3 个和第 4 个字段分别表示文件的属主和属组。在这个例子中，login 文件的属主是 root 用户，而属组是 root 组。
- 紧跟着 3 组权限位的数字表示该文件的链接数目。这里是 1，表示该文件只有一个硬链接。
- 最后的 4 个字段分别表示文件大小（38096 字节）、最后修改的日期（2016 年 1 月 13 日）和时间（14:54）及这个文件的完整路径（/bin/login）。

要查看一个目录的属性，应该使用-ld 选项。

```
$ ls -ld /etc/
drwxr-xr-x 135 root root 12288 2016-03-09 12:06 /etc/
```

最后，不带文件名作为参数的 ls -l 命令列出当前目录下所有文件（不包括隐藏文件）的属性。

```
$ ls -l
总用量 27004
drwxr-xr-x 2 lewis lewis  4096     2016-02-03 16:43 account
-rw-r--r-- 1 lewis lewis  15994    2016-01-13 20:14 ask.tar.gz
-rw-r--r-- 1 lewis lewis  57       2016-01-24 17:00 days
drwx------ 2 root  root   4096     2016-01-04 21:39 Desktop
lrwxrwxrwx 1 lewis lewis  26       2016-01-01   23:19   Examples   ->   /usr/share/
example-content
-rw-r--r-- 1 lewis lewis  27504640 2016-01-07 15:50 linux_book_bak.tar
drwx------ 4 lewis lewis  4096     2016-01-08 18:31 programming
-rw-r--r-- 1 lewis lewis  27374    2016-01-12 17:02 question.rar
drwxr-xr-x 2 lewis lewis  4096     2016-01-01 23:22 公共的
drwxr-xr-x 2 lewis lewis  4096     2016-01-01 23:22 模板
...
```

chmod 的助记符尽管意义明确，但有些时候显得太啰嗦了。系统管理员更喜欢用 chmod 的八进制语法来修改文件权限——这样就可以不用麻烦左右手的小指了。为此，管理员至少应该熟练掌握 8 以内的加法运算——能口算是最好的。

首先简单介绍一下八进制记法的来历。每一组权限 rwx 在计算机中实际上占用了 3 位，每一位都有 2 种情况。例如对于写入位，只有“设置（r）”和“没有设置（-）”两种情况。这样计算机就可以使用二进制 0 和 1 来表示每一个权限位，其中 0 表示没有设置，而 1 表示设置。例如 rwx 就被表示为 111，“-w-”表示为 010 等。

由于 3 位二进制数对应于 1 位八进制数，因此可以进一步用一个八进制数字来表示一组权限。表 4.2 显示了八进制、二进制、文件权限之间的对应关系。

表 4.2　　八进制、二进制、文件权限的对应关系

八进制	二进制	权限	八进制	二进制	权限
0	000	---	4	100	r--
1	001	--x	5	101	r-x
2	010	-w-	6	110	rw-
3	011	-wx	7	111	rwx

不必记住上面所有这些数字的排列组合。在实际使用中，只要记住 1 代表 x、2 代表 w、4 代表 r，然后简单地做加法就可以了。举例来说，rwx = 4+2+1 = 7，r-x = 4+0+1 = 5。

这样一来，完整的 9 位权限位就可以用 3 个八进制数表示了，例如“rwxr-x--x”就对应于“751”。下面这条命令将文件 prog 的所有权限赋予属主，而属组用户和其他人仅有执行权限：

```
$ chmod 711 prog                              ##用八进制语法设置文件权限
$ ls -l prog                                  ##查看设置后的文件权限
-rwx--x--x 1 lewis nogroup 57 2016-01-24 17:00 prog
```

4.4.2　更改权限：chmod

chmod 用于改变一个文件的权限，这个命令使用“用户组+/-权限”的表述方式来增加/删除相应的权限。具体来说，用户组包括了文件属主（u）、文件属组（g）、其他人（o）和所有人（a），而权限则包括了读取（r）、写入（w）和执行（x）。例如下面这条命令增加了属主对文件 days 的执行权限。

```
$ chmod u+x days
```

chmod 可以用 a 同时指定所有的三种人。下面这条命令删除所有人（属主、属组和其他人）对 days 的执行权限。

```
$ chmod a-x days
```

还可以通过“用户组=权限”的规则直接设置文件权限。同样应用于文件 days，下面这条命令赋予属主和属组的读取/写入权限，而仅赋予其他用户读取权限。

```
$ chmod ug=rw,o=r days
```

最后一条常用规则是“用户组 1=用户组 2”，用于将用户组 1 的权限和用户组 2 的权限设为完全相同。应用于文件 days 中，下面这条命令将其他人的权限设置为和属主的权限一样。

```
$ chmod o=u days
```

提示

牢记只有文件的属主和 root 用户才有权修改文件的权限。

4.4.3 更改文件所有权：chown 和 chgrp

chown 命令用于改变文件的所有权。chown 命令的基本语法如下：

```
chown [OPTION]... [OWNER][:[GROUP]] FILE...
```

这条命令将文件 FILE 的属主更改为 OWNER，属组更改为 GROUP。下面这条命令将文件 days 的属主更改为 lewis，而把其属组更改为 root 组。

```
$ ls -l days                                        ##查看当前 days 的所有权
-rw-r--r-- 1 guest guest 57 2016-01-24 17:00 days
$ sudo chown lewis:root days                        ##修改 days 的所有权
$ ls -l days                                        ##查看修改后的 days 的所有权
-rw-r--r-- 1 lewis root 57 2016-01-24 17:00 days
```

如果只需要更改文件的属主，那么可以省略参数“:GROUP”。下面这条命令把 days 文件的属主更改为 guest 用户，而保留其属组设置。

```
$ sudo chown guest days
```

相应地，可以省略参数 OWNER，而只改变文件的属组。注意不能省略组名 GROUP 前的那个冒号“:”。下面这条命令把 days 文件的属组更改为 nogroup 组，而保留其属主设置。

```
$ sudo chown :nogroup days
```

chown 命令提供了-R 选项，用于改变一个目录及其下所有文件（和子目录）的所有权设置。下面这条命令将 iso/和其下所有的文件交给用户 lewis。

```
$ sudo chown -R lewis iso/
```

查看这个目录的属性可以看到，所有文件和子目录的属主已经变成 lewis 用户了。

```
$ ls -l iso/                                        ##查看 iso 目录下的文件属性
总用量 9867304
drwxr-xr-x 2 lewis root   4096        2016-01-03 23:51 FreeBSD7_Release/
-rw-r--r-- 1 lewis lewis  16510976    2016-01-01 14:03 http.iso
-rw-r--r-- 1 lewis lewis  687855616   2016-06-15 23:23 office2004.iso
-rw------- 1 lewis root   4602126336  2016-07-07 16:32 openSUSE-11.0-DVD- i386.iso
-rw-r--r-- 1 lewis lewis  728221696   2016-06-09 00:18 ubuntu-8.04.1- desktop-i386.
iso
-rw-r--r-- 1 lewis lewis  732989440   2016-01-03 23:51 ubuntu-8.10-desktop- amd64_us.
iso
-rw-r--r-- 1 lewis lewis  5292032     2016-07-14 21:15 VBoxGuestAdditions_ 1.5.6.iso
-rw-r--r-- 1 lewis root   730095616   2016-05-16 22:41 winxp.iso

$ ls -ld iso/                                           ##查看 iso 目录的属性
drwxr-xr-x 2 lewis root 4096          2016-01-03 23:51 iso/
```

Linux 单独提供了另一个命令 chgrp 用于设置文件的属组。下面这条命令将文件 days 的属组设置为 nogroup 组。

```
$ sudo chgrp nogroup days
```

和 chown 一样，chgrp 也可以使用-R 选项递归地对一个目录实施设置。下面这条命令将 iso/ 和其下所有文件（和子目录）的属组设置为 root 组。

```
$ sudo chgrp root iso/
```

chgrp 命令实际上只是实现了 chown 的一部分功能，但这个命令至少在名字上更直观地告诉人们它要干什么。在实际工作中，是否使用 chgrp 仅仅是个人习惯的问题。

4.5 链 接 文 件

Linux 中一共有 7 种文件类型，本节会介绍有哪 7 种，还会着重介绍一下链接文件的特点和使用方法。

4.5.1 查看文件类型

使用带–l 选项的 ls 命令可以查看文件类型。

```
$ ls -l
总用量 21460
drwxr-xr-x 2 lewis lewis      4096     2016-02-03 16:43  account
-rw-r--r-- 1  lewis lewis     15994    2016-01-13 20:14  ask.tar.gz
-rw-r--r-- 1  lewis lewis     178      2016-02-13 15:19  ati3d
...
```

命令显示的第 1 个字符就是文件类型。在上面这个例子中，account 是目录（用“d”表示），而 ask.tar.gz 和 ati3d 都是普通文件（以“-”表示）。表 4.3 显示了 Linux 所有的 7 种文件类型及其表示符号。

表 4.3　　Linux 中的文件类型

文件类型	符号	文件类型	符号
普通文件	-	本地域套接口	s
目录	d	有名管道	p
字符设备文件	c	符号链接	l
块设备文件	b		

符号链接有点像 Windows 里的快捷方式，用户可以通过别名去访问另一个文件。

4.5.2 创建软链接文件

符号链接（也被称作“软链接”）需要使用带-s 参数的 ln 命令来创建。下面是这个命令最简单的形式，这条命令给目标文件 TARGET 取了一个别名 LINK_NAME。

```
ln -s TARGET LINK_NAME
```

下面的例子具体说明了符号链接的作用。

```
$ ln -s passwd passwd-so         ##建立一个名为 my_days 的符号链接指向文本文件 days
$ ls -l passwd-so                ##查看 my_days 的属性
lrwxrwxrwx 1 lewis lewis 4 2016-02-13 22:15 passwd-so -> passwd
```

从 passwd-so 的属性中可以看到，这个文件被指向 passwd。从此访问 passwd-so 就相当于访问 passwd。

```
$ cat passwd                                    ##查看文件 days 的内容
Monday
Tuesday
Wednesday
Thursday
Friday
Saturday
Sunday
$ cat passwd-so                                 ##查看符号链接 my_days 的内容
Monday
Tuesday
Wednesday
Thursday
Friday
Saturday
Sunday
```

passwd-so 只是文件 passwd 的一个“别名”，因此删除 passwd-so 并不会影响到 passwd。但如果把 passwd 删除了，那么 passwd-so 虽然还保留在那里，但已经没有任何意义了。

符号链接还可用于目录，下面这条命令建立了一个指向/usr/local/share 的符号链接 local_share。

```
$ ln -s /usr/local/share/ local_share
```

查看 local_share 的属性的确可以看到这一点。

```
$ ls -l local_share
lrwxrwxrwx 1 lewis lewis 17 2016-02-13 22:25 local_share -> /usr/local/share/
```

4.5.3 创建硬链接文件

硬链接使用不带-s 参数的 ln 命令来创建。

```
ln TARGET LINK_NAME
```

下面的例子具体说明硬链接的作用。

```
$ ln passwd passwd-hd        ##建立一个名为 passwd-hd 硬链接指向文本文件 passwd
$ ls -il passwd-hd               ##查看 passwd-hd 的属性
-rw-r-r-  2  root  root 1746  Jun 22  01:03 passwd
-rw-r-r-  2  root  root 1746  Jun 22  01:03 passwd-hd
rm  passwd
$ cat passwd-hd                                   ##查看文件 passwd-hd 的内容
```

硬链接用于将两个独立的文件联系在一起。硬链接和符号链接本质的不同在于：硬链接是直接引用，而符号链接是通过名称进行引用。查看两者的属性可以看到，这是两个完全独立的文件，只是被联系在一起了而已。这两个文件拥有相同的内容，对其中一个文件的改动会反映在另一个文件中。

4.6 文件重定向

重定向和管道是 Shell 的一种高级特性，这种特性允许用户人为地改变程序获取输入和产生输出的位置。这个有趣的功能并不是 Linux 的专利，几乎所有的操作系统（包括 Windows）都能支持这样的操作。

4.6.1 什么是重定向

重定向就是将数据传到其他地方。具体地说：将应该出现到屏幕上的数据，传送到其他设备，例如，文件或打印机。Linux I/O 重定向虽然很简单，但在脚本编写、系统管理时却要常常打交道，搞清其中的使用技巧非常有用。

I/O 重定向简单来说就是一个过程，这个过程捕捉一个文件，或者命令、程序、脚本，甚至脚本中的代码块（code block）的输出，然后把捕捉到的输出，作为输入发送给另外一个文件、命令、程序或者脚本。

如果谈到 I/O 重定向，就涉及文件标识符（File Descriptor）的概念，在 Linux 系统中，系统为每一个打开的文件指定一个文件标识符以便对文件进行跟踪，这有些和 C 语言编程里的文件句柄相似，文件标识符是一个数字，不同数字代表不同的含义，默认情况下，系统占用了 3 个，分别是 0 标准输入（stdin）、1 标准输出（stdout）、2 标准错误（stderr），另外 3～9 是保留的标识符，可以把这些标识符指定成标准输入、输出或者错误作为临时连接。通常这样可以解决很多复杂的重定向请求。

4.6.2 输入重定向

和标准输出类似，程序默认情况下接收输入的地方被称为标准输入（stdin）。通常来说，标准输入总是指向键盘。例如，如果使用不带任何参数的 cat 命令，那么 cat 会停在那里，等待从标准输入（也就是键盘）获取数据。

```
$ cat
```

用户的每一行输入会立即显示在屏幕上，直到使用组合键 Ctrl+D 提供给 cat 命令一个文件结束符。

```
Hello
Hello
Bye
Bye
<Ctrl+D>                                              ##这里按下 Ctrl+D 组合键
```

通过使用输入重定向符号“<”可以让程序从一个文件中获取输入。

```
$ cat < days
Monday
Tuesday
Wednesday
Thursday
Friday
Saturday
Sunday
```

上面这条命令将文件 days 作为输入传递给 cat 命令，cat 读取 days 中的每一行，然后输出读到的内容。最后当 cat 遇到文件结束符时，就停止读取操作。整个过程同先前完全一致。

正如读者已经想到的，cat 命令可以通过接受一个参数来显示文件内容，因此“cat < days”完全可以用 cat days 来替代。事实上，大部分命令都能够以参数的形式在命令行上指定输入档的文

件名，因此输入重定向并不经常使用。

另一种输入重定向的例子被称为立即文档（here document），这种重定向方式使用操作符“<<”。立即文档明确告诉 Shell 从键盘接受输入，并传递给程序。现在看下面这个例子：

```
$ cat << EOF
> Hello
> Bye
> EOF
Hello
Bye
```

cat 命令从键盘接受两行输入，并将其送往标准输出。和本节开头的例子不同的是，立即文档指定了一个代表输入结束的分隔符（在这里是单词 EOF），当 Shell 遇到这个单词的时候，即认为输入结束，并把刚才的键盘输入一起传递给命令。所以这次 cat 命令会将用户的输入一块显示，而不是每收到一行就迫不及待地把它打印出来。

用户可以选择任意一个单词作为立即文档的分隔符，像 EOF、END、eof 等都是不错的选择，只要可以确保它不是正文的一部分。

那么，是否可以让输入重定向和输出重定向结合在一起使用？这听起来是一个不错的主意。

```
$ cat << END > hello
> Hello World!
> Bye
> END
```

这条命令首先让 cat 命令以立即文档的方式获取输入，然后再把 cat 的输出重定向到 hello 文件。查看 hello 文件，应该可以看到下面这些内容。

```
Hello World!
Bye
```

4.6.3 输出重定向

程序在默认情况下输出结果的地方被称为标准输出（stdout）。通常来说，标准输出总是指向显示器。例如下面的 ls 命令获取当前目录下的文件列表，并将其输出到标准输出，于是用户在屏幕上看到了这些文件名。

```
$ ls
bin  cdrom etc    initrd        initrd.img.old   lib32    lost+found   mnt  proc
sbin sys   usr
boot dev   home   initrd.img    lib              lib64    media        opt  root
srv  tmp   var
```

输出重定向用于把程序的输出转移到另一个地方去。下面这条命令将 ls 的输出重定向到 ls_out 文件中。

```
$ ls > ~/ls_out
```

这样，ls 的输出就不会在显示器上显示出来，而是出现在用户主目录的 ls_out 文件中，每一行显示一个文件名。

```
$ cat ~/ls_out
bin
boot
cdrom
```

```
dev
etc
home
lib
lib32
...
```

如果 ls_out 文件不存在，那么输出重定向符号“>”会试图建立这个文件。如果 ls_out 文件已经存在了，那么“>”会删除文件中原有的内容，然后用新内容替代。

```
$ uname -r > ls_out
$ cat ls_out
2.6.24 -21-generic
```

可以看到，“>”并不会礼貌地在原来那堆文件名的后面添上版本信息，而是直接覆盖了。如果要保留原来文件中的内容，应该使用输出重定向符号“>>”。

```
$ date > date_out                    ##将 date 命令的输出重定向到 date_out 文件
$ cat date_out                       ##查看 date_out 文件的内容
2016年 02月 10日 星期三 20:43:43 CST
$ uname -r >> date_out               ##将 uname 命令产生的版本信息追加到 date_
                                     out 文件的末尾
$ cat date_out                       ##再次查看 date_out 文件的内容
2016年 02月 10日 星期三 20:43:43 CST
2.6.24 -21-generic
```

4.7　文件查找和定位

Linux 系统中存在大量的文件，如何迅速、准确地找到我们需要的文件十分重要。本节介绍查找文件的方法和主要命令的使用。

4.7.1　文件的查找：find

随着文件增多，使用搜索工具成了顺理成章的事情。find 就是这样一个强大的命令，它能够迅速在指定范围内查找到文件。find 命令的基本语法如下：

```
find [OPTION] [path...] [expression]
```

例如，希望在/usr/bin/目录中查找 zip 命令。

```
$ find /usr/bin/ -name zip -print
/usr/bin/zip
```

从这个例子中可以看到，find 命令需要一个路径名作为查找范围，在这里是/usr/bin/。find 会深入这个路径的每一个子目录去寻找，因此如果指定“/”，那么就查找整个文件系统。-name 选项指定了文件名，在这里是 zip。可以使用通配符来指定文件名，如“find ~/ -name *.c –print”将列出用户主目录下所有的 c 程序文件。-print 表示将结果输出到标准输出（在这里也就是屏幕）。注意 find 命令会打印出文件的绝对路径。

find 命令还能够指定文件的类型。在 Linux 中，包括目录和设备都以文件的形式表现，可以使用-type 选项来定位特殊文件类型。例如在/etc/目录中查找名叫 init.d 的目录。

```
$ find /etc/ -name init.d -type d -print
find: /etc/ssl/private: Permission denied
find: /etc/cups/ssl: Permission denied
/etc/init.d
```

在输出结果中出现了两行 Permission denied。这是由于普通用户并没有进入这两个目录的权限，这样 find 在扫描时将跳过这两个目录。

-type 选项可以使用的参数如表 4.4 所示。

表 4.4　find 命令的-type 选项可供使用的参数

参数	含义	参数	含义
b	块设备文件	f	普通文件
c	字符设备文件	p	命名管道
d	目录文件	l	符号链接

还可以通过指定时间来指导 find 命令查找文件。-atime n 用来查找最后一次使用在 n 天前的文件，-mtime n 则用来查找最后一次修改在 n 天前的文件。但是在实际使用过程中，很少能准确确定 n 的大小。在这种情况下，可以用+n 表示大于 n，用-n 表示小于 n。例如，在/usr/bin/中查找最近 100 天内没有使用过的命令（也就是最后一次使用在 100 天或 100 天以前的命令）。

```
$ find /usr/bin/ -type f -atime +100 -print
/usr/bin/pilconvert.py
/usr/bin/espeak-synthesis-driver.bin
/usr/bin/pildriver.py
/usr/bin/pilfont.py
/usr/bin/gnome-power-bugreport.sh
/usr/bin/gnome-power-cmd.sh
/usr/bin/pilprint.py
/usr/bin/pilfile.py
```

类似地，下面这个命令查找当前目录中，在最近一天内修改过的文件。

```
$ find . -type f -mtime -1 -print
./text1
./day
./weather
```

查找指定时间内修改过的文件。

```
$ find -atime -2
```

按照目录或文件的权限来查找文件。

```
$ find /opt/soft/test/ -perm 777
```

按类型查找。

```
$ find . -type f -name "*.log"
```

查找当前目录大于 1K 的文件。

```
$ find . -size +1000c -print
```

4.7.2　文件的定位：which

which 是在 PATH 变量指定的路径中，搜索某个系统命令的位置，并且返回第一个搜索结果。也就是说，使用 which 命令，就可以看到某个系统命令是否存在，以及执行的到底是哪一个位置的命令。which 的使用方法如下：

```
which lsmod
```

which 的命令参数说明如下。

- -n 指定文件名长度，指定的长度必须大于或等于所有文件中最长的文件名。
- -p 与-n 参数相同，但此处的文件名长度包含了文件的路径。
- -w 指定输出时栏位的宽度。
- -V 显示版本信息。

4.8　管道简介

管道将“重定向”再向前推进了一步。通过一根竖线“|”，将一条命令的输出连接到另一条命令输入。下面这条命令显示了如何在文件列表中查找文件名中包含某个特定字符串的文件。

```
$ ls | grep ay
days
hard_days
mplayer
mplayer~
my_days
```

ls 首先列出当前目录下的所有文件名，管道“|”接收到这些输出，并把它们发送给 grep 命令作为其输入。最后 grep 在这堆文件列表中查找包含字符串 ay 的文件名，并在标准输出（也就是显示器）显示。

可以在一行命令中使用多个管道，从而构造出复杂的 Shell 命令。最初这些命令可能看起来晦涩难懂，但它们的确很高效。合理使用管道是提高工作效率的有效手段，随着使用的深入，读者会逐渐意识到这一点。

4.9　小　　结

本章向读者介绍了 Linux 的基本命令，以及文件权限的概念和链接文件的用法。熟练使用管道和重定向对于提高工作效率也非常重要。在面试网路管理或运维工作的时候，熟悉命令是第一职务要求。

4.10　习　　题

一、填空题

1. 查看当前路径的命令是________。

2. cd～的作用是________。
3. rm–rf 的作用是________。

二、选择题

1. mv 的作用是（　　）。

A. 移动文件　　B. 改名
C. 复制　　D. 删除

2. 查看文件内容的命令有（　　）。

A. Cat　　B. Less
C. More　　D. Head 和 Tail

三、简答题

1. chown 和 chgrp 的作用是什么？
2. chmod　777　tom 这个命令的含义是什么？
3. 软链接文件和硬链接文件的区别是什么？

第 5 章 用户管理

本章介绍 Linux 用户和用户组的管理。作为一种多用户的操作系统，Linux 可以允许多个用户同时登录到系统上，并响应每一个用户的请求。对于系统管理员而言，一个非常重要的工作就是对用户账户进行管理。这些工作包括添加和删除用户、分配用户主目录、限制用户的权限等。

本章将介绍：

- 用户管理基础
- 添加用户
- 删除用户
- 用户分组
- 用户间的切换

5.1 用户管理基础

Linux 识别用户的方式是：用户提供用户名和密码，经过验证后登录到系统。Linux 会为每一个用户启动一个进程，然后由这个进程接受用户的各种请求。

不是每个用户都能做相同的事情，不同的用户有不同的权限，同类用户归纳在一起，称为“用户组”。当我们为“用户组”分配权限时，组里的所有用户就都具备了这些权限。鉴于安全原因，用户也有系统用户和普通用户。

5.1.1 系统用户和普通用户

登录 Linux 主机时，输入的是我们的账号，但是 Linux 并不认识账号名称，仅认识 ID，ID 与账号的对应关系就在/etc/passwd 中，/etc/passwd 每一行都代表一个账号，其中 UID 代表账号的种类，例如，UID=0，是系统管理员，UID=1～499 供系统保留给服务使用，如 bin、adm、nobody 等，普通用户的范围是 UID=500～65535，使用 cat 命令查看到的文件内容大致如下：

```
root:x:0:0:root:/root:/bin/bash
daemon:x:1:1:daemon:/usr/sbin:/bin/sh
bin:x:2:2:bin:/bin:/bin/sh
sys:x:3:3:sys:/dev:/bin/sh
...
```

每一行由 7 个字段组成，字段间使用冒号分隔。下面是各字段的含义。

- ❑ 登录名。

- 口令占位符。
- 用户 ID 号（UID）。
- 默认组 ID 号（GID）。
- 用户的私人信息：包括全名、办公室、工作电话、家庭电话等。
- 用户主目录。
- 登录 Shell。

5.1.2 root 用户

UID 号用于唯一标识系统中的用户，它是一个 32 位无符号整数。Linux 规定 root 用户的 UID 为 0。而其他一些虚拟用户如 bin、daemon 等被分配到一些比较小的 UID 号，这些用户通常被安排在 passwd 文件的开头部分。对于绝大多数的 Linux 发行版而言，安装的最后一步会设置两个用户的口令：一个是 root 用户，另一个是用于登录系统的普通用户。而对于 Debian 和 Ubuntu 而言，事情显得有些古怪——只有一个普通用户，而没有 root!

实际上，这个在安装过程中设置的普通用户账号，在某种程度上充当了 root。平时，这个账号安分守己地做自己分内的事，没有任何特殊权限。在需要 root 的时候，则可以使用 sudo 命令来运行相关程序。sudo 命令运行时会要求输入口令，这个口令就是该普通账号的口令。

那么读者就会有这样的疑问：如果再建立一个用户，那么这个用户是不是也能够使用 sudo“为所欲为”呢？答案是否定的。sudo 通过读取/etc/sudoers 来确定用户是否可以执行相关命令。这个文件默认需要有 root 权限才能够修改。

也可以使用 sudo 的-s 选项将自己提升为 root 用户，使用了-s 选项的 sudo 命令相当于 su。例如在终端下输入：

```
lewis@lewis-laptop:/station/document$ sudo -s
[sudo] password for lewis:
root@lewis-laptop:/station/document#
```

出于安全性考虑，在输入密码时屏幕上并不会有任何显示（包括星号）。

最后，可以使用 exit 命令回到先前的用户状态。

```
root@lewis-laptop:/station/document# exit
exit
lewis@lewis-laptop:/station/document$
```

5.1.3 用户分组

每个登录用户至少会取得两个 ID，一个是用户 ID（UserID，简称 UID），另一个是用户组 ID（Group ID，简称 GID）。GID 用于在用户登录时指定其默认所在的组。和 UID 一样，这是一个 32 位整数。组在/etc/group 文件中定义，其中 root 组的 GID 号为 0。

在确定一个用户对某个文件是否具有访问权限时，系统会考察这个用户所在的所有组（在/etc/group 文件中定义）。默认组 ID 只是在用户创建文件和目录时才有用。举例来说，alice 同时属于 alice、students、workmates 这 3 个组，默认组是 alice。那么对于所有属于这 3 个组的文件和目录，alice 都有权访问。如果 alice 新建了一个文件，那么这个文件所属的组就是 alice。

5.2　添加用户

Linux 系统中存在一些默认用户，但那是系统用户，我们在实际应用中要添加自己的用户，本节向大家介绍添加用户的基本方法。

5.2.1　使用 useradd 添加新用户

如果别人要用我们的 Linux 系统，我们又不想让他们看到计算机上的一些文件，就可以给他添加一个账户，比如给 Alice 添加一个账户。

打开终端，输入：

```
$ sudo useradd -m Alice                ##添加一个用户名为 alice 的用户，并自动建立主目录
```

注意在输入口令的时候，出于安全考虑，屏幕上并不会有任何显示（包括“*”号）。现在，应该把 Alice 叫过来，让他自己输入一个密码。

```
$ sudo passwd alice                    ##更改 alice 的登录密码
输入新的 Unix 口令：
重新输入新的 Unix 口令：
passwd：已成功更新密码
```

现在，Alice 可以使用自己的账号登录到系统了。只要将私人文件设置为他人不可读，那么就不用担心 Alice 会查看到这些文件。接下来将详细讨论 useradd 命令的各个常用选项，以及如何使用图形化的用户管理工具。

在默认情况下，不带-m 参数的 useradd 命令不会为新用户建立主目录。在这种情况下，用户可以登录到系统的 Shell，但不能够登录到图形界面。这是因为桌面环境无论是 KDE 还是 GNOME，需要用到用户主目录中的一些配置文件。例如，以下面的方式使用 useradd 命令添加一个用户 nox。

```
$ useradd nox
$ passwd nox                                  ##设置 nox 用户的口令
输入新的 Unix 口令：
重新输入新的 Unix 口令：
passwd：已成功更新密码
```

当使用 nox 用户账号登录 GNOME 时，系统会提示无法找到用户主目录，并拒绝登录。

如果在字符界面的 2 号控制台（可以使用组合键 Ctrl+Alt+F2 进入）使用 nox 账号登录，系统会引导 nox 用户进入根目录。

useradd 命令中另一个比较常用的参数是-g。该参数用于指定用户所属的组。下面这条命令建立名为 mike 的用户账号，并指定其属于 users 组。

```
$ sudo useradd -g users mike
```

在用户建立的时候为其指定一个组看上去是一个很不错的想法，但遗憾的是，这样的设置增加了用户由于不经意地设置权限而能够彼此读取文件的可能性，尽管这通常不是用户的本意。因此一个好的建议是，在新建用户的时候单独创建一个同名的用户组，然后把用户归入这个组中——这正是不带-g 参数的 useradd 命令的默认行为。

useradd 的-s 参数用于指定用户登录后所使用的 Shell。下面的命令建立名为 mike 的用户账号，并指定其登录后使用 bash 作为 Shell。

```
$ sudo useradd -s /bin/bash mike
```

可以在/bin 目录下找到特定的 Shell。常用的有 BASH、TCSH、ZSH（Z-Shell）、SH（Bourne Shell）等。如果不指定-s 参数，那么默认将使用 sh（在大部分系统中，这是指向 BASH 的符号链接）登录系统。

使用 adduser 命令也可以添加新用户，但它和 useradd 的用法基本一致，所以这里不再赘述。

5.2.2 使用图形化工具添加用户

除了传统的命令行方式，Linux 还提供图形化工具对用户和用户组进行管理。相比较 useradd 等命令而言，图形化工具提供了更为友好的用户接口——当然，这是以牺牲一定灵活性为代价的。下面以 Ubuntu 下的“用户和组”管理工具为例进行介绍。其他的发行版工具可以遵循类似的步骤操作。

（1）单击“系统设置”按钮，弹出“系统设置”对话框。在对话框的系统选项中选择“用户账户”命令可以打开这个工具。初始状态下，所有的功能都被禁用，如图 5.1 所示，直到用户单击“解锁”按钮——此时系统将要求输入管理员口令，并对此进行验证。

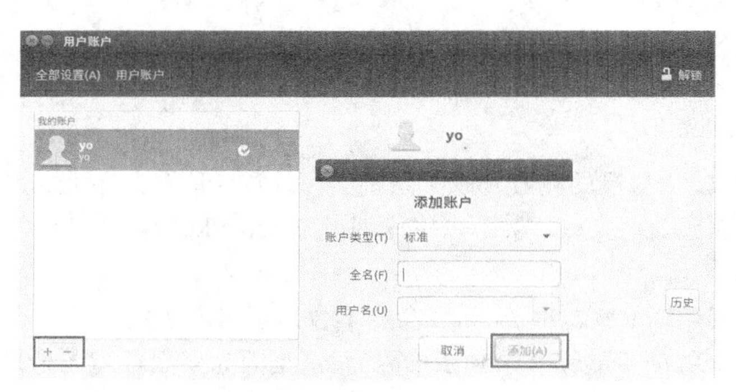

图 5.1　新建用户账户——基本设置

（2）单击“创建用户账户”按钮，打开“添加账户”对话框。

（3）在“全名”文本框中填写用户名，单击“添加”按钮。创建好后就可以给用户设置一个密码。在对应的“登录选项”中单击“密码”命令弹出“更改此用户的密码”对话框。在对话框中输入要设的密码，然后，单击“更改”按钮，给该用户设置密码，如图 5.2 所示。

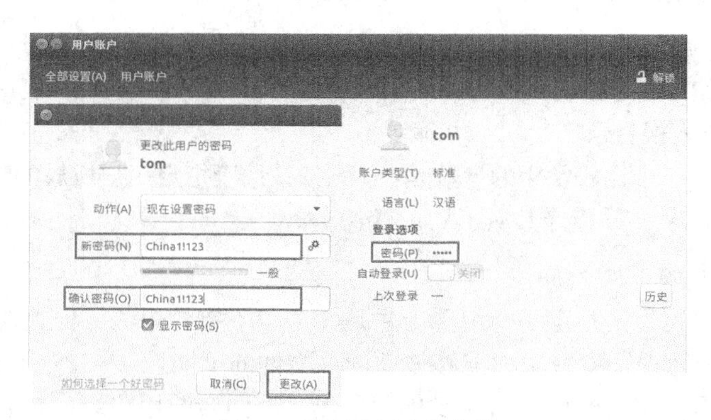

图 5.2　给新建用户设密码

（4）用户在“用户账户”选项卡中对基本个人信息进行设置，还有其他一些设置我们在命令行模式下进行设置（具体设置参考后面所讲的设置）。如设置用户主目录、登录的 Shell、用户所属的组，以及用户 ID。用户 ID 用于唯一标示系统中的用户，在大多数情况下，这并不需要管理员进行设置，使用系统分配的默认值就可以了。

（5）完成用户的添加后，可以看到新用户出现在列表中。单击 yo 所在的行，先给用户解锁。然后，可以对账号类型、语言、密码等选项进行设置，如图 5.3 所示。

完成所有这些工作后，单击“关闭”按钮退出程序。

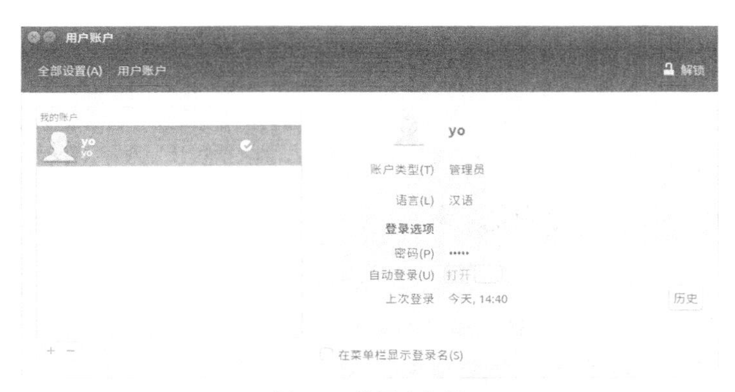

图 5.3　给用户解锁

5.2.3　更改密码

更改密码有两种方法。

（1）命令行方式，使用 root 身份登录，然后输入：passwd username。

（2）图形工具方式，如图 5.4 所示，输入两次新密码。

图 5.4　更改密码

5.3　删 除 用 户

有些用户不再使用系统，此时我们需要将它们从系统中删除，并且释放相应的资源，本节向大家介绍删除用户的基本方法。

5.3.1　使用 userdel 删除用户

userdel 命令用于删除用户账号。下面这条命令将删除 mike 这个账号。

```
$ sudo userdel mike
```

在默认情况下，userdel 并不会删除用户的主目录。除非使用了-r 选项。下面这条命令将 alice 的账号删除，同时删除其主目录。

```
$ sudo userdel -r alice
```

在删除用户的同时删除其主目录，以释放硬盘空间，这看起来无可厚非。但是，在输入-r 选项之前，仍然有一个问题需要问问自己：需要这么着急吗？如果被删除的用户又要恢复，或者用户的某些文件还需要使用（这样的情况在服务器上经常出现），那么有必要暂时保留这些文件。比较妥当的方法是，将被删用户的主目录保留几周，然后再手动删除。在实际的工作环境中，这个做法显得尤为重要。

5.3.2　使用图形工具删除用户

删除用户也可以使用图形工具方式，如图 5.5 所示，删除时需要确认，如图 5.6 和图 5.7 所示。这里要注意的是，出现两次删除确认，第二次是确认删除用户相关的文件。

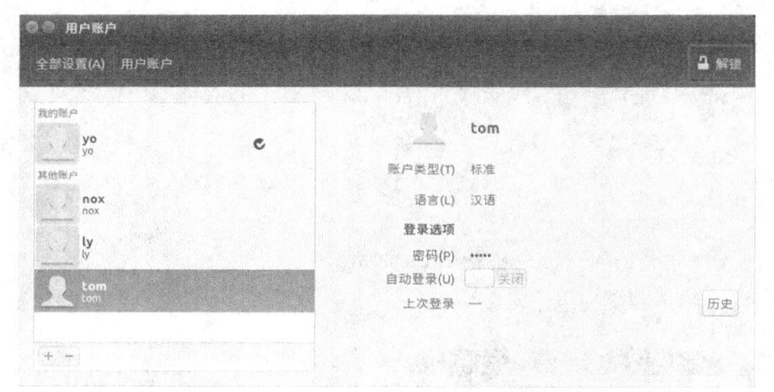

图 5.5　选中要删除的用户

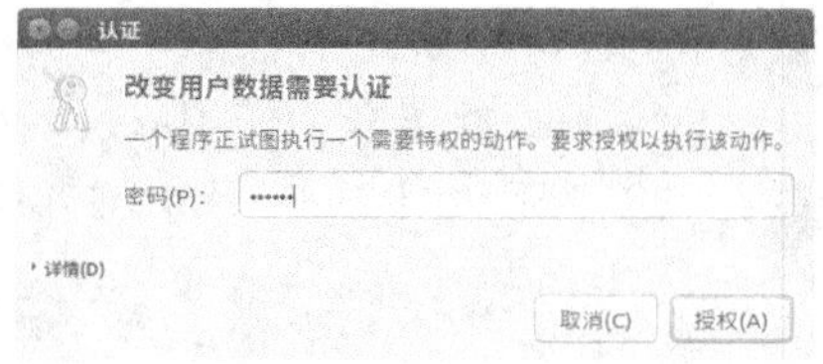

图 5.6　确认删除

图 5.7　同时删除文件

5.4　添加用户分组 groupadd

groupadd 命令用于将新组加入系统，其格式如下：

```
groupadd [-g gid] [-o]] [-r] [-f] groupname
```

下面是主要参数的意义。

- -g gid：指定组 ID 号。
- -o：允许组 ID 号，不必唯一。
- -r：加入组 ID 号，低于 499 系统账号。
- -f：加入已经有的组时，发展程序退出。

建立一个新组，并设置组 ID 加入系统：

```
#groupadd -g 344 cjh
```

此时在/etc/passwd 文件中产生一个组 ID（GID）是 344 的项目。

下面这条命令在系统中添加一个名为 newgroup 的组。

```
$ sudo groupadd newgroup
```

5.5　用户间的切换

每个用户的权限不同，环境变量也不一样，有时需要切换到其他用户，本节向大家介绍切换用户的基本方法。

5.5.1　su 命令

使用 root 账号一个比较好的做法是使用 su 命令。不带任何参数的 su 命令会将用户提升至 root 权限，当然首先需要提供 root 口令。通过 su 命令所获得的特权将一直持续到使用 exit 命令退出为止。

Ubuntu Linux 的限制非常严格。在默认情况下，系统没有合法的 root 口令。这意味着不能使用 su 命令提升至 root 权限，而必须用 sudo 来获得 root 访问权。

也可以使用 su 命令切换到其他用户。下面这个命令将当前身份转变为 alice。

```
$ su alice
```

系统会要求输入 alice 口令。通过验证后，就可以访问 alice 账号了。通过 exit 命令回到之前的账号。

```
$ exit
$ su -c ls root
```

变更账号为 root 并在执行 ls 指令后退出变回原使用者。

1. su 命令与 su –命令区别

su 是切换到其他用户，但是不切换环境变量（比如说那些 export 命令查看一下，就知道两个命令的区别了）。su -是完整地切换到一个用户环境。

2. su 和 sudo 的区别

由于 su 对切换到超级权限用户 root 后，权限的无限制性，所以 su 并不能担任多个管理员所管理的系统。如果用 su 来切换到超级用户来管理系统，也不能明确哪些工作是由哪个管理员进行的操作。特别是对于服务器的管理有多人参与管理时，最好是针对每个管理员的技术特长和管理范围，并且有针对性地下放给权限，并且约定其使用哪些工具来完成与其相关的工作，这时我们就有必要用到 sudo。

通过 sudo，我们能把某些超级权限有针对性地下放，并且不需要普通用户知道 root 密码，所以 sudo 相对于权限无限制性的 su 来说，还是比较安全的，基于此 sudo 也能被称为受限制的 su；另外 sudo 是需要授权许可的，所以也被称为授权许可的 su。

sudo 执行命令的流程是当前用户切换到 root（或其他指定切换到的用户），然后以 root（或其他指定的切换到的用户）身份执行命令，执行完成后，直接退回到当前用户；而这些的前提是要通过 sudo 的配置文件/etc/sudoers 来进行授权。

提示

尽量通过绝对路径使用 su 命令，这个命令通常保存在/bin 目录下。这将在一定程度上防止溜入搜索路径下的名为 su 的程序窃取用户口令。

5.5.2 sudo 命令

使用 su 命令提升权限已经让系统安全得多了，但 root 权限的不可分割让事情变得有些棘手。如果用户 alice 想要运行某个特权命令，那她除了向管理员索取 root 口令外别无他法。仅仅为了一个特权操作而赋予用户控制系统的完整权限，这种做法听起来有点可笑，但这确实存在于某些不规范的管理环境中。最常见的解决方法是使用 sudo 程序。这个程序接受命令行作为参数，并以 root 身份（或者也可以是其他用户）执行它 。在执行命令之前，sudo 会首先要求用户输入自己的口令，口令只需要输入一次。出于安全性的考虑，如果用户在一段时间内（默认是 5 分钟）没有再次使用 sudo，那么此后必须再次输入口令。这样的设置避免了特权用户不经意间将自己的终端留给那些并不受到欢迎的人。

管理员通过配置/etc/sudoers 指定用户可以执行的特权命令，下面是 Ubuntu 中 sudoers 文件的默认设置。

```
# User privilege specification
root    ALL=(ALL) ALL

# Members of the admin group may gain root privileges
%admin ALL=(ALL) ALL
```

按照惯例，"#"开头的行是注释行。以"root   ALL=(ALL) ALL"这句话为例，这段配置指定 root 用户可以使用 sudo 在任何机器上（第 1 个 ALL）以任何用户身份（第 2 个 ALL）执行任何命令（第 3 个 ALL）。最后一行用"%admin"替代了所有属于 admin 组的用户。在 Ubuntu 中，安装时创建的那个用户会自动被加入 admin 组。

总体来说，sudoer 中的每一行权限说明包含了下面这些内容。

- 该权限适用的用户。
- 这一行配置在哪些主机上适用。
- 该用户可以运行的命令。
- 该命令应该以哪个用户身份执行。

下面来看一段稍复杂一些的配置。这段配置涉及 3 个用户，并为他们设置了不同的权限。

```
Host_Alias    STATION = web1, web2, databank

Cmnd_Alias   DUMP = /sbin/dump, /sbin/restore
```

```
lewis        STATION = ALL
mike        ALL = (ALL) ALL
alice        ALL = (operator) DUMP
```

这段配置的开头两行使用关键字 Host_Alias 和 Cmnd_Alias 分别定义了主机组和命令组。后面就可以用 STATION 替代主机 web1、web2 和 databank；用 DUMP 替代命令/sbin/dump 和/sbin/restore。这种设置可以让配置文件更清晰，同时也更容易维护。

sudoers 中的命令应该使用绝对路径来指定，这样可以防止一些人以 root 身份执行自己的脚本程序。

接下来的 3 行配置了用户的权限。第 1 行是关于用户 lewis 的。lewis 可以在 STATION 组的计算机上（web1、web2 和 databank）执行任何命令。由于在代表命令的 ALL 之前没有使用小括号“( )”指定用户，因此 lewis 将以 root 身份执行这些命令。

第 2 行是关于用户 mike 的。mike 可以在所有的计算机上运行任何命令。由于小括号中的用户列表使用了关键字 ALL，因此 mike 可以用 sudo 以任何用户身份执行命令。可以使用带-u 选项的 sudo 命令改变用户身份。例如 mike 可以这样以用户 peter 的身份建立文件。

```
$ sudo -u peter touch new_file
```

最后一行是关于用户 alice 的。alice 可以在所有主机上执行/sbin/dump 和/sbin/restore 这两个命令——但必须以 operator 的身份。为此，alice 必须像这样使用 dump 命令。

```
$ sudo -u operator /sbin/dump backup /dev/sdb1
```

修改 sudoers 文件应该使用 visudo 命令。这个命令依次执行下面这些操作。

（1）检查以确保没有其他人正在编辑这个文件。

（2）调用一个编辑器编辑该文件。

（3）验证并确保编辑后的文件没有语法错误。

（4）安装使 sudoers 文件生效。

现在看起来 sudo 的确要比 su 灵活和有效得多。但没有什么解决方案是十全十美的。使用 sudo 实际上增加了系统中特权用户的数量，如果其中一个用户的口令被人破解了，那么整个系统就面临威胁。保证每个拥有特权的用户保管好自己的口令显然比自己保管一个 root 口令困难得多——尽管除此之外并没有什么好办法。

5.6 配置文件介绍

与用户有紧密关系的就是配置文件，涉及密码和登录问题，本节向大家介绍主要的配置文件和主要字段的含义。

5.6.1 /etc/passwd 文件

/etc/passwd 文件，这是 Linux 中用于存储用户信息的文件。这个文件的每一行代表一个用户，使用 cat 命令查看到的文件内容大致如下：

```
root:x:0:0:root:/root:/bin/bash
daemon:x:1:1:daemon:/usr/sbin:/bin/sh
```

```
bin:x:2:2:bin:/bin:/bin/sh
sys:x:3:3:sys:/dev:/bin/sh
...
```

每一行由 7 个字段组成，字段间使用冒号分隔。下面是各字段的含义。

- 登录名。
- 口令占位符。
- 用户 ID 号（UID）。
- 默认组 ID 号（GID）。
- 用户的私人信息：包括全名、办公室、工作电话、家庭电话等。
- 用户主目录。
- 登录 Shell。

目前在 Linux 上使用最广泛的加密算法是 MD5。MD5 可以对任意长度的口令进行加密，并且不会产生损失，所以一般来说，口令越长越安全。

/etc/shadow 文件用于保存用户的口令，当然是使用加密后的形式。shadow 文件仅对 root 用户可读，这是为了保证用户口令的安全性。

和/etc/passwd 文件类似，/etc/shadow 文件的每一行代表一个用户，并以冒号分隔每一个字段。其中，只有用户名和口令字段是要求非空的。一条典型的记录如下：

```
mike:$1$F60O3P9D$250FhpLPgsJINANs7j93Z0:14166:0:180:7::14974:
```

以下是各个字段的含义。

- 登录名。
- 加密后的口令。
- 上次修改口令的日期。
- 两次修改口令之间的天数（最少）。
- 两次修改口令之间的天数（最多）。
- 提前多少天提醒用户修改口令。
- 在口令过期多少天后禁用该账号。
- 账号过期的日期。
- 保留，目前为空。

以 mike 这个账号为例，mike 上次修改其口令是在 2008 年 10 月 14 日，口令必须在 180 天内再次修改。在口令失效前的 7 天，mike 会接到必须修改口令的警告。该账号将在 2010 年 12 月 31 日过期。

注意到在 shadow 文件中，绝对日期是从 1970 年 1 月 1 日至今的天数，这个时间很难计算，但总是可以使用 usermod 命令来设置过期字段（以 MM/DD/YY 的格式）。下面这条命令设置 mike 用户的过期日期为 2016 年 12 月 31 日。

```
$ sudo usermod -e 12/31/2016
```

5.6.2 /etc/group 文件

/etc/group 文件中保存有系统中所有组的名称，以及每个组中的成员列表。文件中的每一行表示一个组，由 4 个冒号分隔的字段组成。一条典型的记录如下。

```
admin:x:115:lewis,rescuer
```

以下是这 4 个字段的含义。

- 组名。
- 组口令占位符。
- 组 ID（GID）号。
- 成员列表，用逗号分开（不能加空格）。

和 passwd 文件一样，如果口令字段为一个 x 的话，就表示还有一个/etc/gshadow 文件用于存放组口令。但一般来说，组口令很少会用到，因此不必太在意这个字段。即便这个字段为空，也不需要担心安全问题。

GID 用于标识一个组。和 UID 一样，应该保证 GID 的唯一性。如果一个用户属于/etc/passwd 中所指定的某个组，但没有出现在/etc/group 文件相应的组中，那么应该以/etc/passwd 文件中的设置为准。实际上，用户所属的组是 passwd 文件和 group 文件中相应组的并集。但为了管理上的有序性，应该保持两个文件一致。

5.7　记录用户操作：history

Linux，准确地说是 Shell，会记录用户的每一条命令。通过 history 命令，用户可以看到自己曾经执行的操作。

```
$ history
   16  cd /media/fishbox/software/
   17  ls
   18  sudo tar zxvf ies4linux-latest.tar.gz
   19  cd ies4linux-2.99.0.1/
   20  ls
   21  vi README
   22  ./ies4linux
...
```

history 命令仅在 BASH 中适用。

history 会列出所有使用过的命令并加以编号。这些信息被存储在用户主目录的.bash_history 文件中，这个文件默认情况下可以存储 1000 条命令记录。当然，一次列出那么多命令除了让人迷茫外，没有其他什么用途。为此，可以指定让 history 列出最近几次输入的命令。

```
$ history 10                                    ##列出最近使用的 10 条命令
  508  cd /home/alice/
  509  vi .bash_history
  510  sudo vi .bash_history
  511  cd
  512  ls -al
  513  ls -al | grep bash_history
  514  history
  515  history | more
  516  vi .bash_history
  517  history 10
```

但是，history 只能列出当前用户的操作记录。对于管理员而言，有时候需要查看其他用户的操作记录，此时可以读取该用户主目录下的.bash_history 文件。现在看看 alice 都干了些什么。

```
$ cd /home/alice/                          ##进入 alice 的主目录
$ sudo cat .bash_history                   ##查看.bash_history 文件
cd /home/lewis/
ls
cd c_class/
ls
cd ..
ls
cd c_class/
./a.out
exit
```

.bash_history 这个文件对于其他受限用户是不可读的，这也正是使用 sudo 的原因。

5.8 小　　结

本章首先向读者介绍了系统用户和普通用户及 root 用户的概念，然后介绍了如何添加、删除用户及用户分组和用户切换的方法，还介绍了如何使用图形化工具操作用户。本章还介绍了 su 和 sudo 命令，读者要了解它们的区别，新手很容易混淆。

5.9 习　　题

一、填空题

1. root 用户的 UID 是________。
2. Linux 系统中，切换用户的命令是________。
3. 添加用户分组的命令是________。
4. 删除用户的命令是________。

二、选择题

1. 关于进程属性描述错误的是（　　）。
   A. useradd 的-s 参数用于指定用户登录后所使用的 Shell
   B. 在默认情况下，userdel 并不会删除用户的主目录，除非使用了-r 选项
   C. /etc/shadow 文件用于保存用户的口令，当然是使用加密后的形式
   D. Linux 不提供图形化工具对用户和用户组进行管理
2. 关于/etc/passwd 文件的描述错误的是（　　）。
   A. 文件的每一行代表一个用户
   B. 每一行由 7 个字段组成，字段间使用冒号分隔

C. 虚拟用户如 bin、daemon 的 UID 是从 1000 开始分配的

D. 多个用户的 UID 号均为 0，那么这些用户将同时拥有 root 权限

三、简答题

1. 系统用户和普通用户的区别是什么？
2. 简单介绍/etc/passwd、/etc/shadow、/etc/group 三个文件的用途。

第6章 进程管理

目前运维人员最开始要做的工作就是进程管理，也就是监视系统后台的一些运行状况。大概很多读者最熟悉的就是 Windows 系统的“任务管理器”，这里也是显示的后台运行情况，和 Linux 下的进程类似。本章会介绍进程的概念，然后在 Shell 中完成一些进程的操作。

本章将介绍：

- 进程
- 进程的属性
- 进程监控
- 调整进程优先级

6.1 进程概述

在讲解进程之前，我们必须了解进程的概念，本节向读者介绍进程的定义和进程的分类，读者可以对比一下和 Windows 中进程的区别。

6.1.1 什么是进程

进程是操作系统的一种抽象概念，用来表示正在运行的程序。其实，读者可以简单地把进程理解为正在运行的程序。在 Linux 系统中，触发任何一个事件，系统都会将它定义成为一个进程，并且给它一个 ID，称为 PID。

Linux 是一种多用户、多进程的操作系统。在 Linux 的内核中，维护着一张表。这张表记录了当前系统中运行的所有进程的各种信息。Linux 内核会自动完成对进程的控制和调度。当然，这是所有操作系统都必须拥有的基本功能。内核中一些重要的进程信息如下。

- ❑ 进程的内存地址。
- ❑ 进程当前的状态。
- ❑ 进程正在使用的资源。
- ❑ 进程的优先级（谦让度）。
- ❑ 进程的属主。

Linux 提供了让用户可以对进程进行监视和控制的工具。在这方面，Linux 对系统进程和用户进程一视同仁，使用户能够用一套工具控制这两种进程。

6.1.2　进程分类

终止一个失控的应用程序或许是用户最常使用的“进程管理”任务，尽管没有人愿意经常执行这样的“管理”。为了模拟这个情况，本节手动构建了一个程序。这个“恶作剧”程序在 Shell 中不停地创建目录和文件。如果不赶快终止，那么它将在系统中创建一棵很深的目录树。

（1）主目录中用文本编辑器创建一个名为 badpro 的文本文件，包含以下内容。

```
#! /bin/bash
while echo "I'm making files!!"
do
    mkdir adir
    cd adir
    touch afile

    sleep 2s
done
```

这是一个 Shell 脚本。如果读者曾经接触过一门编程语言，应该能够大致看出这个程序做了些什么。为了让这个恶作剧表现得尽可能“温和”，这里让它在每次建完目录和文件后休息 2 秒。

（2）这个文件加上可执行权限，并从后台执行。

运行这个程序存在一些风险。千万不要漏了 sleep 2s 这一行，否则创建的目录树的深度会很快超出系统的允许范围。在这种情况下，读者可能必须要使用 rm -fr adir 来删除这些“垃圾”目录。

```
$ chmod +x badpro
$ ./badpro &
```

为什么要从后台运行？原因只有一个，即迫使自己使用 kill 命令“杀死”这个进程。在前台运行的程序可以简单地使用快捷键 Ctrl+C 终止。

（3）程序已经运行起来了，可以看到它在终端不停地输出 I'm making files!!。打开另一个终端，运行 ps 命令查看这个程序的 PID 号（PID 号用于唯一表示一个进程）。

```
$ ps aux | grep badpro
lewis     12974   0.0    0.0      10916   1616 pts/0     S    10:37    0:00
/bin/bash ./badpro
lewis     13027   0.0    0.0      5380 852        pts/2     R+   10:37    0:00
grep badpro
```

这里为了方便寻找，使用了管道配合 grep 命令。在 ps 命令的输出中，第二个字段就是进程的 PID 号。通过最后一个字段可以判断出 12974 是属于这个失控进程。

（4）用 kill 命令“杀死”这个进程。

```
$ kill 12974
```

（5）到刚才那个运行 badpro 的终端，可以看到这个程序已经被终止了。最后不要忘记把这个程序建立的目录和文件删除（当然，读者如果非常好奇，可以到这个目录中看一看）。

```
$ rm -r adir
```

6.2 进程的属性

一个进程包含有多个属性参数。这些参数决定了进程被处理的先后顺序、能够访问的资源等。这些信息对于系统管理员和程序员都非常重要。下面讨论几个常用的参数，其中的一些参数，读者可能已经有所接触了。

6.2.1 进程标识 PID

系统为每个用户都分配了用于标识其身份的 ID 号（UID）。同样地，进程也有这样一个 ID 号，被称作 PID。用 ID 确定进程的方法是非常有好处的——对于计算机而言，认识数字永远比认识一串字符方便得多，Linux 没有必要去理解那些对人类非常“有意义”的进程名。

Linux 不仅自己使用 PID 来确定进程，还要求用户在管理进程时也提供相应的 PID 号。几乎所有的进程管理工具都接受 PID 号，而不是进程名。

6.2.2 父进程标识 PPID

在 Linux 中，所有的进程都必须由另一个进程创建——除了在系统引导时，由内核自主创建并安装的那几个进程。当一个进程被创建时，创建它的那个进程被称作父进程，而这个进程则相应地被称作子进程。子进程使用 PPID 指出谁是其“父亲”，很容易理解，PPID 就等于其父进程的 PID。

在刚才的叙述中，多次用到了“创建”这个词，这是出于表述和理解上的方便。事实上在 Linux 中，进程是不能被“凭空”创建的。也就是说，Linux 并没有提供一种系统调用让应用程序“创建”一个进程。应用程序只能通过克隆自己来产生新进程。因此，子进程应该是其父进程的克隆体。

6.2.3 群组标识 GID

类似地，进程的 GID 是其创建者所属组的 ID 号。对应于 EUID，进程同样拥有一个 EGID 号，可以通过 setgid 程序来设置。坦率地讲，进程的 GID 号确实没有什么用处。一个进程可以同时属于多个组，如果要考虑权限的话，那么 UID 就足够了。相比较而言，EGID 在确定访问权限方面还发挥了一定的作用。当然，进程的 GID 号也不是一无是处。当进程需要创建一个新文件的时候，这个文件将采用该进程的 GID。

6.2.4 优先级

顾名思义，进程的优先级决定了其受到 CPU“优待”的程度。优先级高的进程能够更早地被处理，并获得更多的处理器时间。Linux 内核会综合考虑一个进程的各种因素来决定其优先级。这些因素包括进程已经消耗的 CPU 时间、进程已经等待的时间等。在绝大多数情况下，决定进程何时被处理是内核的事情，不需要用户插手。

用户可以通过设置进程的“谦让度”来影响内核的想法。“谦让度”和“优先级”刚好是一对相反的概念，高“谦让度”意味着低“优先级”，反之亦然。需要注意的是，进程管理工具让用户设置的总是“谦让度”，而不是“优先级”。如果希望让一个进程更早地被处理，那么应该把它的谦让度设置得低一些，使其变得不那么“谦让”。

6.3 进 程 监 控

在了解了进程的属性和分类之后，我们就要能够监视和控制进程，这样才能运维系统。本节主要介绍监控进程的方法。

6.3.1 静态监控：ps

ps 是最常用的监视进程的命令。这个命令给出了有关进程的所有有用信息。ps 命令有多种不同的使用方法，这常常给初学者带来困惑。在各种 Linux 论坛上，询问 ps 命令语法的帖子屡见不鲜。之所以会出现这样的情况，只能归咎于 Unix“悠久”的历史和庞杂的派系。在不同的 Unix 变体上，ps 命令的语法各不相同。Linux 为此采取了一个折中的处理方式，即融合各种不同的风格，目的只是兼顾那些已经习惯了其他系统上 ps 命令的用户。

幸运的是，普通用户根本不需要理会这些，这是内核开发人员应该考虑的事情。在绝大多数情况下，只需要用一种方式使用 ps 命令就可以了。

```
$ ps aux
USER    PID   %CPU  %MEM   VSZ   RSS   TTY  STAT   START   TIME COMMAND
root     1    0.0   0.0   4020  884    ?    Ss     18:41   0:00 /sbin/init
root     2    0.0   0.0   0      0     ?    S<     18:41   0:00 [kthreadd]
root     3    0.0   0.0   0      0     ?    S<     18:41   0:00 [migration/0]
root     4    0.0   0.0   0      0     ?    S<     18:41   0:00 [ksoftirqd/0]
root     5    0.0   0.0   0      0     ?    S<     18:41   0:00 [watchdog/0]
root     6    0.0   0.0   0      0     ?    S<     18:41   0:00 [migration/1]
root     7    0.0   0.0   0      0     ?    S<     18:41   0:00 [ksoftirqd/1]
root     8    0.0   0.0   0      0     ?    S<     18:41   0:00 [watchdog/1]
...
lewis     7194 3.0  2.7  693656   57480     ?    Sl    18:43   0:43 rhythmbox
lewis     7999 0.3  1.0  259340   20872     ?    Sl    19:06   0:00 gnome-terminal
lewis     8001 0.0  0.0  19348    856       ?    S     19:06   0:00 gnome-pty-helper
lewis     8002 0.0  0.1  20884    3576  pts/0    Ss    19:06   0:00 bash
...
```

ps aux 命令用于显示当前系统上运行的所有进程的信息。出于篇幅考虑，这里只选取了部分行。表 6.1 给出所有这些字段的具体含义。

表 6.1　ps aux 命令产生进程信息的各字段的含义

字段	含义
USER	进程创建者的用户名
PID	进程的 ID 号
%CPU	进程占用的 CPU 百分比
%MEM	进程占用的内存百分比
VSZ	进程占用的虚拟内存大小
RSS	内存中页的数量（页是管理内存的单位，在 PC 上通常为 4K）
TTY	进程所在终端的 ID 号

续表

字段	含义
STAT	进程状态，常用字母代表的含义如下： R 正在运行/可运行　D 睡眠中（不可被唤醒，通常是在等待 I/O 设备） S 睡眠中（可以被唤醒）　T 停止（由于收到信号或被跟踪） Z 僵进程（已经结束而没有释放系统资源的进程）
	常用的附加标志有： < 进程拥有比普通优先级高的优先级 N 进程拥有比普通优先级低的优先级 L 有些页面被锁在内存中 s 会话的先导进程
START	进程启动的时间
TIME	进程已经占用的 CPU 时间
COMMAND	命令和参数

ps 的另一组选项 lax 可以提供父进程 ID（PPID）和谦让度（NI）。ps lax 命令不会显示进程属主的用户名，因此可以提供更快的运行速度（ps aux 需要把 UID 转换为用户名后才输出）。ps lax 命令的输出如下：

```
$ ps lax
F  UID PID PPID  PRI   NI   VSZ   RSS   WCHAN    STAT TTY    TIME COMMAND
4   0   1   0    20    0   4020   884    -       Ss    ?     0:00 /sbin/init
1   0   2   0    15   -5     0     0    kthrea   S<    ?     0:00 [kthreadd]
1   0   3   2   -100   -     0     0    migrat   S     ?     0:00 [migration/0]
1   0   4   2    15   -5     0     0    ksofti   S<    ?     0:01 [ksoftirqd/0]
...
1   0   9   2    15   -5     0     0    worker   S<    ?     0:00 [events/0]
1   0   10  2    15   -5     0     0    worker   S<    ?     0:00 [events/1]
1   0   45  2    15   -5     0     0    worker   S<    ?     0:00 [kblockd/1]
1   0   48  2    15   -5     0     0    worker   S<    ?     0:00 [kacpid]
1   0   5021 2   15   -5     0     0    worker   S<    ?     0:00 [kondemand/0]
1   0   5022 2   15   -5     0     0    worker   S<    ?     0:00 [kondemand/1]
5   102 5078 1   20    0    12296 760 - Ss      ?            0:00 /sbin/syslogd -u syslog
...
```

6.3.2 动态监控：top

ps 命令可以一次性给出当前系统中进程信息的快照，但这样的信息往往缺乏时效性。当管理员需要实时监视进程运行情况时，就必须不停地执行 ps 命令——这显然是缺乏效率的。为此，Linux 提供了 top 命令用于即时跟踪当前系统中进程的情况。

```
$ top

top - 20:02:26 up  1:21,  2 users,  load average: 0.42, 0.43, 0.37
Tasks: 159 total,   1 running, 157 sleeping,   0 stopped,   1 zombie
Cpu(s):  6.1%us,  3.0%sy,  0.0%ni, 91.4%id,  0.2%wa,  0.3%hi,  0.0%si,  0.0%st
Mem:   2061672k total,  1971368k used,    90304k free,    21688k buffers
Swap:  1855468k total,        56k used,  1855412k free,   822884k cached

  PID USER     PR  NI  VIRT  RES   SHR  S %CPU %MEM    TIME+      COMMAND
```

```
 7202 lewis   20   0  496m  277m 17m  S  7   13.8      11:42.03 VirtualBox
 7194 lewis   20   0  751m  63m  25m  S  4    3.2       2:22.71 rhythmbox
 5865 root    20   0  561m  117m 28m  S  2    6.8       5:06.62 Xorg
 6914 lewis   20   0  145m  5156 3784 S  1    0.3       1:03.08 pulseaudio
 9179 lewis   20   0  531m  89m  27m  S  1    4.5       1:06.51 firefox
 9914 lewis   20   0  18992 1304 936  R  1    0.1       0:00.02 top
    1 root    20   0  4020  884  600  S  0    0.0       0:00.84 init
    2 root    15  -5     0    0    0  S  0    0.0       0:00.00 kthreadd
    3 root    RT  -5     0    0    0  S  0    0.0       0:00.02 migration/0
    4 root    15  -5     0    0    0  S  0    0.0       0:01.82 ksoftirqd/0
...
```

top 命令显示的信息会占满一页，并且在默认情况下每 10s 更新一次。那些使用 CPU 最多的程序会排在最前面。用户还可以即时观察到当前系统的 CPU 使用率、内存占有率等各种信息。最后，使用命令 q 退出这个监视程序。

6.4　向进程发送信号：kill

看起来，kill 命令总是用来“杀死”一个进程。但事实上，这个名字或多或少带有一定的误导性。从本质上讲，kill 命令只是用来向进程发送一个信号，至于这个信号是什么，则是由用户指定的。kill 命令的标准语法如下：

```
kill [-signal] pid
```

Linux 定义了几十种不同类型的信号。可以使用 kill -l 命令显示所有信号及其编号。根据硬件体系结构的不同，下面这张列表会有所不同。

```
$ kill -l
 1) SIGHUP        2) SIGINT        3) SIGQUIT       4) SIGILL
 5) SIGTRAP       6) SIGABRT       7) SIGBUS        8) SIGFPE
 9) SIGKILL      10) SIGUSR1      11) SIGSEGV      12) SIGUSR2
13) SIGPIPE      14) SIGALRM      15) SIGTERM      16) SIGSTKFLT
17) SIGCHLD      18) SIGCONT      19) SIGSTOP      20) SIGTSTP
21) SIGTTIN      22) SIGTTOU      23) SIGURG       24) SIGXCPU
25) SIGXFSZ      26) SIGVTALRM    27) SIGPROF      28) SIGWINCH
29) SIGIO        30) SIGPWR       31) SIGSYS       34) SIGRTMIN
35) SIGRTMIN+1   36) SIGRTMIN+2   37) SIGRTMIN+3   38) SIGRTMIN+4
39) SIGRTMIN+5   40) SIGRTMIN+6   41) SIGRTMIN+7   42) SIGRTMIN+8
43) SIGRTMIN+9   44) SIGRTMIN+10  45) SIGRTMIN+11  46) SIGRTMIN+12
47) SIGRTMIN+13  48) SIGRTMIN+14  49) SIGRTMIN+15  50) SIGRTMAX-14
51) SIGRTMAX-13  52) SIGRTMAX-12  53) SIGRTMAX-11  54) SIGRTMAX-10
55) SIGRTMAX-9   56) SIGRTMAX-8   57) SIGRTMAX-7   58) SIGRTMAX-6
59) SIGRTMAX-5   60) SIGRTMAX-4   61) SIGRTMAX-3   62) SIGRTMAX-2
63) SIGRTMAX-1   64) SIGRTMAX
```

千万不要被这一堆字符吓到，在绝大多数情况下，这些信号中的绝大多数都不会被使用。表 6.2 列出了经常会用到的信号名称和意义。

表 6.2　常用的信号

信号编号	信号名	描述	默认情况下执行的操作
0	EXIT	程序退出时收到该信号	终止
1	HUP	挂起	终止

续表

信号编号	信号名	描述	默认情况下执行的操作
2	INT	中断	终止
3	QUIT	退出	终止
9	KILL	杀死	终止
11	SEGV	段错误	终止
15	TERM	软件终止	终止
取决于硬件体系	USR1	用户定义	终止
取决于硬件体系	USR1	用户定义	终止

信号名的前缀 SIG 是可以省略的。也就是说，SIGTERM 和 TERM 这两种写法 kill 命令都可以理解。

在默认情况下，kill 命令向进程发送 TERM 信号，这个信号表示请求终止某项操作。请回忆在“快速上手”环节中使用的命令 kill 12974，这实际上等同于下面这条命令。

```
kill -TERM 12974
```

或者

```
kill -SIGTERM 12974
```

但是，使用 kill 命令是否一定可以终止一个进程？答案是否定的。既然 kill 命令向程序“发送”一个信号，那么这个信号就应该能够被程序“捕捉”。程序可以“封锁”或者干脆“忽略”捕捉到的信号。只有在信号没有被程序捕捉的情况下，系统才会执行默认操作。作为例子，来看一下 bc 程序（一个基于命令行的计算器程序）。

```
$ bc
bc 1.06.94
Copyright 1991-1994, 1997, 1998, 2000, 2004, 2006 Free Software Foundation, Inc.
This is free software with ABSOLUTELY NO WARRANTY.
For details type 'warranty'.
##这里按下快捷键Ctrl+C
(interrupt) use quit to exit.
```

Linux 中，快捷键 Ctrl+C 对应于信号 INT。在这个例子中，bc 程序捕捉并忽略了这个信号，并告诉用户应该使用 quit 命令退出应用程序。

这就意味着，只要本章开头的那个 badpro 程序能够忽略 TERM 信号，那么 kill -TERM 命令将对它不起作用。加入这个“功能”非常容易，只要把程序改成下面这样就可以了。

```
#! /bin/bash

trap "" TERM

while echo "I'm making files!!"
do
    mkdir adir
    cd adir
    touch afile
```

```
    sleep 2s
done
```

读者应该已经猜到了，这里新加入的命令“trap”“TERM”用于忽略TERM信号。建议读者在阅读完下一段之前先不要运行这个程序，否则将可能陷入无法终止它的尴尬境地。

幸运的是，有一个信号永远不能被程序所捕捉，这就是KILL信号。KILL可以在内核级别“杀死”一个进程，在绝大多数情况下，下面这条命令可以确保结束进程号为pid的进程。

```
$ sudo kill -KILL pid
```

或者：

```
$ sudo kill -SIGKILL pid
```

或者：

```
$ sudo kill -9 pid
```

Linux下还提供了一个killall命令，可以直接使用进程的名字而不是进程标识号，例如：

```
# killall -HUP inetd
```

然而，有一些进程的生命力是如此“顽强”，以至于KILL信号都不能影响到它们。这种情况常常是由一些退化的I/O（输入/输出）虚假锁定造成的。此时，重新启动系统是解决问题的唯一方法。

6.5 调整进程优先级：nice 和 renice

nice命令可以在启动程序时设置其谦让度。高谦让度意味着低优先级，因为程序会表现得很“谦让”；反过来，低谦让度（特别是那些谦让度为负）的程序能够占用更多的CPU时间，拥有更高的优先级。谦让度的值应该在–20～+19之间浮动。

nice命令通过接受一个-n参数增加程序的谦让度值。下面以不同的谦让度启动bc程序，并使用ps lax命令观察其谦让度（NI）的值（注意这里ps lax命令的输出只选取了有用的行）。

```
##设置bc以谦让度增量2启动
$ nice -n 2 bc
$ ps lax
F   UID   PID  PPID PRI  NI    VSZ   RSS WCHAN  STAT TTY    TIME COMMAND
0  1000  8233  7645  22   2  10984  1228 -      SN+  pts/0     0:00 bc

##设置bc以谦让度增量-3启动（读者可能不得不用root权限启动，稍后将解释原因）
$ sudo nice -n -3 bc
$ ps lax
F   UID   PID  PPID PRI  NI    VSZ   RSS WCHAN  STAT TTY    TIME COMMAND
0  1000  8233  7645  22  -3  10984  1228 -      SN+  pts/0     0:00 bc

##不带-n参数的nice命令会将程序的谦让度增量设置为10
$ nice bc
$ ps lax
F   UID   PID  PPID PRI  NI    VSZ   RSS WCHAN  STAT TTY    TIME COMMAND
0  1000  8233  7645  22  10  10984  1228 -      SN+  pts/0     0:00 bc
```

与之相对的，renice 命令可以在进程运行时调整其谦让度值。下面这条命令将 bc 程序的谦让度值调整为 12。

```
$ ps lax                                                   ##获得进程的 PID
F   UID   PID  PPID PRI  NI    VSZ   RSS WCHAN  STAT TTY    TIME COMMAND
0  1000  8567  7645  32  10  10984  1228 -      SN+  pts/0     0:00 bc

$ renice +12 -p 8567                                       ##-p 选项指定进程的 PID
8567: old priority 10, new priority 12

$ ps lax                                                   ##观察效果
F   UID   PID  PPID PRI  NI    VSZ   RSS WCHAN  STAT TTY    TIME COMMAND
0  1000  8567  7645  32  12  10984  1228 -      SN+  pts/0     0:00 bc
```

读者应该已经注意到了以上几段在讲解 nice 和 renice 命令时的不同用词。所谓“谦让度增量”指的是，nice 命令将-n 参数后面的数值加上默认谦让度值，作为程序的谦让度值。也就是说，nice 命令调整的是“相对”谦让度值。这一点的确让人困惑，因为 renice 是调整“绝对”谦让度值的！好在通常来说，程序的默认谦让度值总是 0，在这种情况下，就不必考虑“相对”和“绝对”的问题了。保险起见，应该使用不带任何参数的 nice 命令查看这个“默认”谦让度值。

```
$ nice
0                                                              ##默认谦让度值
```

如果用户不采取任何行动，那么新进程将从其父进程那里继承谦让度。进程的属主可以提高其谦让度（降低优先级），但不能降低其谦让度（提高优先级）。这种限制保证了低优先级的进程不会派生出高优先级的子进程。但是 root 用户可以任意设置进程的优先级。这也是为什么在刚才的例子中，需要以 root 身份才能将 bc 程序的进程设置为–3。

如何合理地设置谦让度（或者说优先级）曾经是一件让系统管理员非常费神的事情，但现在已经不是了。如今的 CPU 足够强大，能够合理地对进程进行调度。输入输出设备永远跟不上 CPU 的脚步，在更多的情况下，CPU 总是等待那些缓慢的 I/O（输入/输出）设备（如硬盘）完成数据的读写和传输任务。然而，手动设置进程的谦让度并不能影响 I/O 设备对它的处理。这就意味着那些高谦让度（低优先级）的进程常常不合理地占据着本就低效的 I/O 资源。

6.6 读懂/PROC 文件系统

/PROC 是一个非常特殊的文件系统，或者说，它根本不是什么文件系统。Linux 内核提供了一种在运行时访问内核内部数据结构、改变内核设置的机制，这通过/PROC 完成。/PROC 是一个伪文件系统，它只存在于内存当中，而不占用外存空间。它以文件系统的方式为访问系统内核数据的操作提供接口。用户和应用程序可以通过/PROC 得到系统的信息，并可以改变内核的某些参数。

由于系统的信息，如进程，是动态改变的，所以用户或应用程序读取/PROC 文件时，/PROC 文件系统是动态地从系统内核读出所需信息并提交的。下面列出的这些文件或子文件夹，并不是都是在系统中存在，这取决于内核配置和装载的模块。另外，在/PROC 下还有三个很重要的目录：net、scsi 和 sys。sys 目录是可写的，可以通过它来访问或修改内核的参数，而 net 和 scsi 则依赖于内核配置。例如，如果系统不支持 scsi，则 scsi 目录不存在。

除了以上介绍的这些，还有的是一些以数字命名的目录，它们是进程目录。系统中当前运行的每一个进程都有对应的一个目录在/PROC 下，以进程的 PID 号为目录名，它们是读取进程信息的接口。而 self 目录则是读取进程本身的信息接口，是一个 link。/PROC 目录下存放着内核有关系统状态的各种有意义的信息。在系统运行的时候，内核会随时向这个目录写入数据。ps 和 top 命令就是从这个地方读取数据的。事实上，这是操作系统向用户提供的一条通往内核的通道，用户甚至可以通过向/proc 目录下的文件写入数据来修改操作系统参数。作为概览，来看一看这个目录下都有些什么。

```
$ ls /proc/
1        3143 5022 5705 6418 7002 7218     driver          scsi
10       3997 5078 5734 6570 7003 7223     execdomains     self
10656    3998 5134 5754 6687 7005 7230     fb              slabinfo
11       3999 5136 5764 6794 7015 7235     filesystems     stat
146      4    5158 5765 6797 7038 7270     fs              swaps
1474     44   5174 5785 6798 7055 7642     interrupts      sys
1477     4476 5188 5814 6799 7076 7644     iomem           sysrq-trigger
1578     4478 5201 5824 6800 7077 7645     ioports         sysvipc
1600     4479 5230 5862 6801 7080 7711     irq             timer_list
...
```

那些以数字命名的目录存放着以该数字为 PID 的进程的信息。例如，/proc/1 包含着进程 init 的信息。这个进程是由内核在系统启动时创建的，是除了那个时候同时创建的几个内核进程之外的所有进程的父进程。另一些文件则代表了不同的含义。例如 stat 文件包含了进程的状态信息，ps 命令通过读取这个文件向用户提供输出。/PROC 文件系统在系统开发上有着更多的应用，关于这个文件系统的详细信息，可以参考相关专业书籍。

6.7 小　　结

本章首先向读者介绍了进程的概念及进程的多个属性参数，包括 PID、PPID、UID、GID 等，读者应熟练掌握 ps、op、kill 等命令的使用方法和优先级的设置方法。在网络运维工作中，进程管理是非常关键的技术，希望本章的内容读者都能反复练习，加强记忆。

6.8 习　　题

一、填空题

1. 进程是________。
2. 动态监控命令是________。
3. 调整进程优先级命令是________。

二、选择题

关于进程属性描述错误的是（　　）。

A. 所有的进程都必须由另一个进程创建——除了在系统引导时，由内核自主创建并安装的

那几个进程

B. 进程的优先级决定了其受到 CPU“优待”的程度

C. 进程只能从后台运行

D. 高谦让度意味着低优先级

三、简答题

1. 进程分类是什么？

2. 如何中断一个指定进程？

第 7 章 磁盘管理

我们都知道，在系统中所有文件都是存储在磁盘上的，所以磁盘管理很关键。当然也许随着以后云技术的发展，我们自己的计算机上没有了存储介质，到时候磁盘管理变成了云管理。

本章将介绍：

- 系统的概念和使用
- 硬盘分区及格式化
- 使用外部设备
- 文件归档及备份

7.1 认识 Linux 中的文件系统

操作系统必须用一种特定的方式对磁盘进行操作。例如怎样存储一个文件？怎样表示一个目录？怎样知道某个特定的文件存储在硬盘的哪个位置？这些问题都可以通过文件系统来解决。简单来说，文件系统是一种对物理空间的组织方式，通常在格式化硬盘时创建。在 Windows 下，有 NTFS 和 FAT 两种文件系统。同样地，Linux 也有自己的文件系统并一直在快速演变，下面简要介绍其中最常用的几种。

7.1.1 文件系统介绍

Linux 最早的文件系统是 Minix，但是专门为 Linux 设计的文件系统——扩展文件系统第二版或 EXT2 被设计出来并添加到 Linux 中，这对 Linux 产生了重大影响。EXT2 文件系统功能强大、易扩充、性能上进行了全面优化，也是所有 Linux 发布和安装的标准文件系统类型。每个实际文件系统从操作系统和系统服务中分离出来，它们之间通过一个接口层：虚拟文件系统或 VFS 来通讯。

VFS 使得 Linux 可以支持多个不同的文件系统，每个表示一个 VFS 的通用接口。由于软件将 Linux 文件系统的所有细节进行了转换,所以 Linux 核心的其他部分及系统中运行的程序将看到统一的文件系统。Linux 的虚拟文件系统允许用户同时能透明地安装许多不同的文件系统。在 Linux 文件系统中，作为一种特殊类型/PROC 文件系统只存在内存当中，而不占用外存空间。它以文件系统的方式为访问系统内核数据的操作提供接口。/PROC 文件系统是一个伪文件系统，用户和应用程序可以通过/proc 得到系统的信息，并可以改变内核的某些参数。在 Linux 文件系统中，EXT2 文件系统、虚拟文件系统、/PROC 文件系统是三个具有代表性的文件系统。

通常文件保存在称为块物理设备的磁盘或者磁带上。一套 Linux 系统支持若干物理盘，每个物理盘可定义一个或者多个文件系统（类比于微机磁盘分区）。每个文件系统由逻辑块的序列组成，一个逻辑盘空间一般划分为几个用途各不相同的部分，即引导块、超级块、inode 区以及数据区等。

- 引导块：在文件系统的开头，通常为一个扇区，其中存放引导程序，用于读入并启动操作系统。
- 超级块：用于记录文件系统的管理信息。特定的文件系统定义了特定的超级块。
- inode 区（索引节点）：一个文件或目录占据一个索引节点。第一个索引节点是该文件系统的根节点。利用根节点，可以把一个文件系统挂在另一个文件系统的非叶节点上。
- 数据区：用于存放文件数据或者管理数据。

7.1.2　ext 文件系统介绍

在过去很长一段时间内，ext3fs（Second Extended File System）是 Linux 上主流的文件系统。随着 ext4fs（Third Extended File System）的出现，ext3fs 逐渐被替代。正如名字中所体现出来的那样，ext4fs 是对 ext3fs 的扩展和改善。通过增加日志功能，ext4fs 大大增加了文件系统的可靠性。

ext4fs 文件系统预留了一块专门的区域来保存日志文件，这基于灾难恢复的需求。当对文件进行写操作时，所做的修改将首先写入日志文件，随后再写入一条记录标记日志项的结束。完成以上这些操作后，才会对文件系统做实际的修改。这样，当系统崩溃后，就可以利用日志恢复文件系统，避免数据的丢失。

值得一提的是，所有这些检查都是自动完成的。日志机制检查每个文件系统所需的时间约为 1 秒，这意味着灾难恢复几乎不耽误任何时间。

7.1.3　交换空间介绍

应该说，把这一节放在这里多少显得有一点无奈。swap 是什么文件系统？几乎所有的 Linux 初学者都会问这样的问题。事实上，swap 并不是一种文件系统。出现这样的误解多少来源于在安装时，Linux 把 swap 和 ext3fs 这些文件系统放在一起的缘故。那么，swap 究竟是什么？

swap 被称作交换分区。这是一块特殊的硬盘空间，当实际内存不够用的时候，操作系统会从内存中取出一部分暂时不用的数据，放在交换分区中，从而为当前运行的程序腾出足够的内存空间。这种“拆东墙，补西墙”的方式被应用于几乎所有的操作系统。其显著的优点在于，通过操作系统的调度，应用程序实际可以使用的内存空间将远远超过系统的物理内存。由于硬盘空间的价格比 RAM 低得多，因此这种方式是非常经济和实惠的。当然，频繁地读写硬盘会显著降低系统的运行速度，这是使用交换分区最大的限制。

相比较而言，Windows 不会为 swap 单独划分一个分区，而是使用分页文件实现相同的功能。在概念上，Windows 称其为“虚拟内存”（从某种意义上讲，这个叫法似乎更容易理解）。因此，如果读者对 Windows 熟悉的话，把交换分区理解为虚拟内存也是完全可行的。

具体使用多大的 swap 分区取决于物理内存大小和硬盘的容量。一般来说，swap 分区容量应该要大于物理内存大小，但目前不能超过 2GB。

7.2　磁盘管理常用命令

在工作中，我们经常要了解目录的大小、磁盘空间的大小，甚至于对磁盘重新分割，这些在 Linux 中都可以通过命令来完成。本节就向读者介绍管理磁盘的常用命令。

7.2.1　磁盘监控命令 fdisk

同大部分操作系统一样，Linux 中用于建立分区表的工具也叫作 fdisk。这个工具目前能够支持市面上几乎所有的分区类型。

本节假定当前系统上已经安装了一块 SCSI 硬盘，再增加一块 SCSI 硬盘后，这块硬盘应该被识别为“第 2 块 SCSI 硬盘”。第 1 块 SCSI 硬盘在 Linux 中被表示为 sda，而第 2 块 SCSI 硬盘则叫作 sdb。如果读者的系统正确识别到了这块新增的硬盘，那么应该可以在/dev 目录下看到类似下面的内容。

```
$ ls /dev/ | grep sd                    ##查看 /dev 目录中以“sd”开头的文件
sda
sda1
sda2
sdb
```

可以看到，原来的 SCSI 硬盘 sda 已经有了 2 个主分区 sda1 和 sda2，而增加的那块硬盘还是“一整块”，并没有建立分区表。下面将在 sdb 上建立 3 个分区，并在第 1 个和第 3 个分区上建立 ext3fs 文件系统，把第 2 个分区留作 swap 交换分区。

简便起见，约定下面所有的命令都以 root 身份执行。要切换成 root 用户，可以输入 su 命令（Ubuntu 用户需要使用 sudo -s 命令）并提供正确的 root 用户口令。

```
lewis@linux-dqw4:~> su
口令:
```

现在启动 fdisk 程序，并以目标设备（这里是/dev/sdb）作为参数。

```
# fdisk /dev/sdb
Device contains neither a valid DOS partition table, nor Sun, SGI or OSF disklabel
Building a new DOS disklabel with disk identifier 0x04e762ac.
Changes will remain in memory only, until you decide to write them.
After that, of course, the previous content won't be recoverable.

Warning: invalid flag 0x0000 of partition table 4 will be corrected by w(rite)

Command (m for help):
```

fdisk 是一个交互式的应用程序。在执行完一项操作后，fdisk 会显示一行提示信息，并给出一个冒号“:”等待用户输入命令，就像 Shell 一样。使用命令 m 可以显示 fdisk 所有可用的命令及其简要介绍。

```
Command (m for help): m
Command action
   a   toggle a bootable flag
   b   edit bsd disklabel
```

```
   c   toggle the dos compatibility flag
   d   delete a partition
   l   list known partition types
   m   print this menu
   n   add a new partition
   o   create a new empty DOS partition table
   p   print the partition table
   q   quit without saving changes
   s   create a new empty Sun disklabel
   t   change a partition's system id
   u   change display/entry units
   v   verify the partition table
   w   write table to disk and exit
   x   extra functionality (experts only)
```

fdisk 帮助信息显示的是命令的缩写形式。表 7.1 提供了本节会用到的 4 个命令。

表 7.1　　本节用到的 fdisk 命令

命令全称	缩写形式	含义
new	n	创建一个新分区
print	p	显示当前分区设置
type	t	设置分区类型
write	w	把分区表写入硬盘

只有在使用 write 命令之后，硬盘上的分区信息才会真正被改变。

下面为这块 SCSI 硬盘创建第 1 个分区。为了简便起见，这里所有的分区都被设置为主分区。

```
Command (m for help): new                         ##新建一个分区
Command action
   e   extended
   p   primary partition (1-4)
p                                                 ##设置为主分区
Partition number (1-4): 1                         ##设置为第 1 个主分区
First cylinder (1-652, default 1): 1              ##分区从硬盘的第 1 个柱面开始
Last cylinder or +size or +sizeM or +sizeK (1-652, default 652): +2G
                                                      ##设置分区容量（2GB）
```

现在查看一下分区表的设置，以保证设置正确。

```
Command (m for help): print

Disk /dev/sdb: 5368 MB, 5368709120 bytes
255 heads, 63 sectors/track, 652 cylinders
Units = cylinders of 16065 * 512 = 8225280 bytes
Disk identifier: 0x04e762ac

   Device Boot      Start         End      Blocks   Id  System
/dev/sdb1               1         244     1959898+  83  Linux
```

下面设置第 2 个硬盘分区，这个分区用作 swap 交换。不要忘了 swap 分区最大不能超过 2GB，这里给它划分 1GB 的容量。

```
Command (m for help):  new                          ##新建一个分区
Command action
   e   extended
   p   primary partition (1-4)
p                                                   ##设置为主分区
Partition number (1-4):  2                          ##设置为第 2 个主分区
First cylinder (245-652, default 245):  245         ##紧接着上一个分区结束的
                                                          位置开始
Last cylinder or +size or +sizeM or +sizeK (245-652, default 652): +1G
                                                        ##设置分区容量（1GB）
```

现在需要改变这个分区的类型，使其成为 swap 分区（而不是默认的 Linux 分区）。

```
Command (m for help):  type                         ##修改分区类型
Partition number (1-4):  2                          ##设置需要修改的对象（2 号分区）
Hex code (type L to list codes):  82                ##设置为 82 号（swap）分区类型
Changed system type of partition 2 to 82 (Linux swap / Solaris)
```

分区类型号 82 是 swap 分区类型。如果读者记不住这些数字，那么可以按照提示使用命令 L 查看分区类型及其编号。

```
Hex code (type L to list codes): L

 0  Empty           1e  Hidden W95 FAT1    80  Old Minix          be  Solaris boot
 1  FAT12           24  NEC DOS            81  Minix / old Lin    bf  Solaris
 2  XENIX root      39  Plan 9             82  Linux swap / So    c1  DRDOS/sec (FAT-
 3  XENIX usr       3c  PartitionMagic     83  Linux              c4  DRDOS/sec (FAT-
 4  FAT16 <32M      40  Venix 80286        84  OS/2 hidden C:     c6  DRDOS/sec (FAT-
 5  Extended        41  PPC PReP Boot      85  Linux extended     c7  Syrinx
 6  FAT16           42  SFS                86  NTFS volume set    da  Non-FS data
...
```

最后设置第 3 个分区，这个分区使用剩余的所有硬盘空间。

```
Command (m for help):  new
Command action
   e   extended
   p   primary partition (1-4)
p
Partition number (1-4):  3
First cylinder (368-652, default 368):      ##直接回车使用默认值
Using default value 368
Last cylinder or +size or +sizeM or +sizeK (368-652, default 652):
                                            ##直接回车使用默认值（用尽剩余空间）
Using default value 652
```

完成所有 3 个分区的设置之后，再次调用 print 命令查看当前的分区信息。

```
Command (m for help):  print

Disk /dev/sdb: 5368 MB, 5368709120 bytes
255 heads, 63 sectors/track, 652 cylinders
Units = cylinders of 16065 * 512 = 8225280 bytes
Disk identifier: 0x04e762ac

   Device Boot      Start    End       Blocks    Id  System
```

```
/dev/sdb1          1        244      1959898+     83  Linux
/dev/sdb2        245        367      987997+      82  Linux swap / Solaris
/dev/sdb3        368        652      2289262+     83  Linux
```

尽管 fdisk“煞有介事”地列出了硬盘的分区表信息，但这些设置目前还没有被写入分区表。现在后悔还来得及。删除分区可以使用 delete 命令。

看起来一切都很好，使用 write 命令可以把分区信息写入硬盘。

```
Command (m for help): write
The partition table has been altered!

Calling ioctl() to re-read partition table.
Syncing disks.
```

如果一切顺利，那么查看/dev 目录，可以看到现在磁盘 sdb 上已经有 3 个分区了。

```
# ls /dev/ | grep sd                         ##查看 /dev 目录中以 sd 开头的文件
sda
sda1
sda2
sdb
sdb1
sdb2
sdb3
```

7.2.2 剩余空间 df

df 命令会收集和整理当前已经挂载的全部文件系统的一些重要的统计数据。这个命令使用起来非常简单。

```
$ df
文件系统        1K-块       已用       可用       已用%      挂载点
/dev/sda5     4845056     1728024   2872848     38%      /
varrun        1030836     264       1030572     1%       /var/run
varlock       1030836     0         1030836     0%       /var/lock
udev          1030836     88        1030748     1%       /dev
devshm        1030836     172       1030664     1%       /dev/shm
/dev/sda11    24218368    11019608  11978224    48%      /fishbox
/dev/sda6     4845056     544180    4056692     12%      /home
⋮
/dev/sda8     19380676    16900332  1503596     92%      /virtualM
```

df 命令显示的信息非常完整。除了挂载的设备名及挂载点，df 命令还会显示当前磁盘的使用情况。以上面列表显示的信息为例，/dev/sda5 被挂载到根目录下，其容量为 4.8GB，其中 1.7GB 已用，占总容量的 38%，剩余空间为 2.8GB。

细心的读者会发现，df 命令的输出中包含了很多“无用”的信息。像 varrun 这样的文件系统，是系统出于特殊用途而挂载的，而这些信息对普通用户而言往往没有太大价值（用户比较关心的一般是磁盘空间的使用量）。df 命令提供了-t 参数用于显示特定的文件系统。

```
$ df -t ext4                                    ##显示所有已挂载的 ext4 文件系统
文件系统        1K-块        已用          可用        已用%       挂载点
/dev/sda5     4845056      1728024      2872848     38%        /
```

```
/dev/sda11    24218368      11019608      11978224   48%      /fishbox
/dev/sda6     4845056       544188        4056684    12%      /home
...
/dev/sda8     19380676      16900332      1503596    92%      /virtualM
```

上面的命令告诉 df 命令只须显示已经挂装的 ext3 文件系统的信息。这样的信息显然更具有针对性。

7.2.3　空间使用量 du

使用 Ubuntu 的时候，经常会遇到查看当前系统容量的情况。这时就需要使用 du 命令查看文件和目录大小：

```
du  -sh  ./  查看当前目录大小
du  -sh  directory_name  查看某一指定目录大小
du  -a   将每一个文件大小都列出来
```

其中需要用到的主要参数如下：

- ❑ -a　列出所有文件与目录容量。
- ❑ -h　以易读的容量格式显示。
- ❑ -s　列出总量，不列出每个目录容量。
- ❑ -k　以 KB 列出容量内容。
- ❑ -m 以 MB 列出容量内容。

7.3　文件系统的挂载

本节首先要求读者复习前面学过的“文件系统”的概念，了解了它，接下来才能学习“挂载”。Linux 虽然可以自动为用户配置整个文件系统，但有时我们需要手动挂载一些设备，尤其是在服务器的运维上。首先来看一个具体的例子。

7.3.1　何为挂载

为了演示一下设备挂载，这里笔者打算手动对光盘进行挂载。打开终端，键入命令：

```
$ sudo mkdir /mnt/cdrom                         ##/新建一个目录
$ sudo mount /dev/cdrom /mnt/cdrom/             ##挂载光盘至这个新建的目录
mount: 块设备 /dev/scd0 写保护，以只读方式挂载
```

现在，可以通过目录/mnt/cdrom 访问这个光盘了。

```
$ cd /mnt/cdrom/
$ ls                                            ##查看光盘内容
autorun.inf  dists   isolinux   pics  preseed         ubuntu    wubi.exe
casper      install  md5sum.txt  pool  README.diskdefines  umenu.exe
```

使用完成后，需要取出光盘，可以运行如下命令。

```
$ cd /                                          ##退出/mnt/cdrom 目录
$ sudo umount /dev/cdrom                        ##卸载光盘
```

卸载光盘前必须先退出光盘所挂载到的那个目录（这里是/mnt/cdrom），否则系统会提示设备忙并拒绝卸载。

Linux 下所有的设备都被当作文件，所以对那些刚从 Windows 转来的用户来说，使用软驱、光驱、打印机这些外部设备简直一团糟。因为 Linux 没有设备管理器，也没有资源管理器，这都是可以让用户轻松定位到代表软驱和光驱的盘符。

在 Linux 中，每个设备都被映射为一个特殊文件，这个文件被称作“设备文件”。对于上层应用程序而言，所有对这个设备的操作都是通过读写这个文件实现的。通过文件来操作硬件，这在程序员听来绝对是一个天才的创意。Linux 把所有的设备文件都放在/dev 目录下。

```
$ cd /dev/
$ ls
audio        ptyd4    ptysd    ptyy6    tty25    ttycb    ttys2    ttyx9
bus          ptyd5    ptyse    ptyy7    tty26    ttycc    ttyS2    ttyxa
cdrom        ptyd6    ptysf    ptyy8    tty27    ttycd    ttys3    ttyxb
cdrwptyd7    ptyt0    ptyy9    tty28    ttyce    ttyS3    ttyxc
console      ptyd8    ptyt1    ptyya    tty29    ttycf    ttys4    ttyxd
coreptyd9    ptyt2    ptyyb    tty3     ttyd0    ttys5    ttyxe
diskptyda    ptyt3    ptyyc    tty30    ttyd1    ttys6    ttyxf
```

这些文件中大部分是块设备文件和字符设备文件。块设备（例如磁盘）可以随机读写，/dev/hda1、/dev/sda2 等就是典型的块设备文件；而字符设备只能按顺序接受“字符流”，常见的有打印机等。

硬盘在 Linux 中遵循一种特定的命名规则，如 sda1 表示第 1 块硬盘上的第 1 个主分区，sdb6 表示第 2 块硬盘上的第 2 个逻辑分区。用户不能直接通过设备文件访问存储设备，所有的存储设备（包括硬盘、光盘等）在使用之前必须首先被挂载到一个目录下，然后就可以像操作目录一样使用这个存储设备了。

7.3.2 挂载实际操作 mount

通过 mount 命令可以挂载文件系统。这个命令非常有用，几乎在使用所有的存储设备前都要用到它。在大部分情况下，需要以 root 身份执行这个命令。

```
$ sudo mkdir /mnt/vista                  ##新建一个目录
$ sudo mount /dev/sda3 /mnt/vista/       ##将 Windows 所在的分区挂载到这个目录中
$ cd /mnt/vista/
$ ls
autoexec.bat DELL                        IO.SYS       ProgramData
Boot         dell.sdr                    MSDOS.SYS    Program Files
bootfont.bin doctemp                     MSOCache     $Recycle.Bin
boot.ini     Documents and Settings      NTDETECT.COM System Volume
Information
bootmgr      Drivers                     ntldr        Users
config.sys   hiberfil.sys                pagefile.sys Windows
```

在这台计算机上，Windows 被安装在第 1 块硬盘的第 3 个主分区上，即 sda3。对于读者而言，实际情况将有所不同。

也可以使用-t 选项明确指明设备所使用的文件系统类型。表 7.2 是常用文件系统的表示方法。

表 7.2　常用文件系统的表示方法

表示方法	描述
ext2	Linux 的 ext2 文件系统
ext3	Linux 的 ext3 文件系统
ext4	Linux 的 ext4 文件系统
vfat	Windows 的 FAT16/FAT32 文件系统
ntfs	Windows 的 NTFS 文件系统
iso9660	CD-ROM 光盘的标准文件系统

如果不指明类型，mount 会自动检测设备上的文件系统，并以相应的类型进行挂载。因此在大多数情况下，-t 选项不是必要的。

另外两个常用的选项是-r 和-w，分别指定以只读模式和可读写模式挂载设备。其中，-w 选项是默认值。当用户出于安全性的考虑，不希望被挂载设备上的数据能够改写时，那么-r 选项是非常有用的。

```
$ sudo mount -r /dev/sda3 /mnt/vista/                ##以只读方式挂载硬盘分区
$ cd /mnt/vista/
$ touch new_file                                     ##试图建立一个新文件
touch: 无法 touch “new_file”: 只读文件系统
```

了解了 mount 命令后，读者可能会问：系统如何在开机时挂载硬盘？系统又是怎样知道哪些分区是需要挂载的？Linux 通过配置文件/etc/fstab 来确定这些信息，这个配置文件对于所有用户可读，但只有 root 用户有权修改该文件。首先来看一下这个文件中究竟写了些什么。

```
$ cd /etc/                                           ##进入/etc 目录
$ cat fstab                                          ##显示 fstab 的内容
# /etc/fstab: static file system information.
#
# <file system> <mount point>    <type>  <options>     <dump>  <pass>
proc            /proc            proc    defaults        0       0
# /dev/sda5
UUID=23656c06-e5a7-4349-9a6a-176a8389b2e3 / ext3     relatime,errors= remount-ro  0
1
# /dev/sda11
UUID=5497c538-d9a2-49d9-a844-af8172d59b1a /fishbox    ext3  relatime  0   2
# /dev/sda6
UUID=da9367d2-dabb-4817-8e6a-21c782911ee1 /home     ext3  relatime  0   2
...
# /dev/sda12
UUID=b96e0446-d61d-4bf9-95ce-01c9e2b85aff none        swap  sw       0   0
/dev/scd0      /media/cdrom0                       udf,iso9660 user,noauto, exec,utf8
0      0
```

上面显示的 fstab 表的各个纵列依次表示：

- 用来挂装每个文件系统的 UUID（用于指代设备名）。
- 挂载点。
- 文件系统的类型。
- 各种挂装参数。

- ❑ 备份频度。
- ❑ 在重启动过程中文件系统的检查顺序。

另外，“#”表示这是一个注释行。顾名思义，注释行用来解释文件内容，而不会被系统所理睬。值得注意的是，Ubuntu 使用 UUID 来标识文件系统，而 openSUSE 等发行版本则直接使用设备文件的路径作为每一行的第 1 个字段。例如：

```
/dev/sda2          /                    ext3     acl,user_xattr       1 1
```

提示

什么是 UUID？UUID（Universally Unique Identifier），即通用唯一标识符，是一个 128 位字节的数字。这个标识符用于唯一确定互联网上的“一件东西”，由于其“唯一性”而被广泛使用。在本例中，UUID 由系统自动生成和管理。

从这个文件中可以看到，根目录实际挂载的是第 1 块硬盘的第 1 个逻辑分区，即 sda5（笔者以此作为系统分区），而用户主目录被单独划分给了一个分区，即 sda6。另外，笔者将额外划分的一个数据分区挂载到了/fishbox 目录下。注意到这些分区都是 ext3 格式。根据分区方式，读者的 fstab 文件会有很大不同。

注意到最后一行的 exec 参数。这个参数允许任何人运行该设备上的程序。这对于 CD-ROM 设备非常重要，否则用户将不得不一次次地求助于管理员，原因可能只是无法启动自己光盘上的程序。

表 7.3 列出了几个常用选项的含义。这些选项也可以紧跟在 mount 的-o 参数后面使用。

表 7.3　　挂载设备的常用参数

参数	含义
auto	开机自动挂载
default, noauto	开机不自动挂载
nouser	只有 root 可挂载
ro	只读挂载
rw	可读可写挂载
user	任何用户都可以挂载

联想到 Linux 自动识别并挂装插入的光盘特性，就能理解最后一行使用 user 选项的必要性了。

7.3.3　卸载操作

umount 命令用于卸载文件系统。这个命令非常简单，只需要在后面跟上一个设备名即可。一个可能会用到的参数是-r，这个参数指导 umount 在无法卸载文件系统的情况下，尝试以只读方式重新载入。

```
$ sudo umount -r /dev/sda1
umount: /dev/sda1 正忙 - 已用只读方式重新挂载
```

文件系统只有在没有被使用的情况下才可以被卸载（这一点非常容易理解，考虑一下 Windows 中卸载 U 盘的情况）。在当前目录是被挂载设备所在目录时，即便没有对该设备做任何读写，卸载也是不允许的。这也正是在使用 umount 之前要切换到根目录的原因。当然读者也可以选择切换到其他目录。

7.4 系统备份

在运维 Linux 系统时，备份是经常性的工作，小到备份日志文件，大到备份整个硬盘，因此，掌握系统备份的方法十分重要，本节将介绍备份的主要命令。

7.4.1 打包文件 tar

Linux 中最著名的文件打包工具是 tar，这个程序读取多个文件和目录，并将它们打包成一个文件。下面这条命令将 Shell 目录连同其下的文件一同打包成文件 shell.tar。

```
$ tar -cvf shell.tar shell/
shell/
shell/display_para
shell/trap_INT
shell/badpro
shell/quote
shell/pause
shell/export_varible
...
```

这里用到了 tar 命令的 3 个选项。其中，c 指导 tar 创建归档文件，v 用于显示命令的执行过程，而 f 则用于指定归档文件的文件名，在这里把它设置为“shell.tar”。最后一个参数指定了需要打包的文件和目录（在这里是 shell 目录）。和 gzip 不同的是，tar 不会删除原来的文件。

要解开.tar 文件，只要简单地把**-c** 选项改成-x（表示解开归档文件）就可以了。

```
$ tar -xvf shell.tar
shell/
shell/display_para
shell/trap_INT
shell/badpro
shell/quote
shell/pause
shell/export_varible
...
```

tar 命令提供了-w 选项，用于每次将单个文件加入（或者抽出）归档文件时征求用户的意见。回答 y 表示同意，n 表示拒绝。例如：

```
$ tar -cvwf shell.tar shell/
add "shell"? y                                      ##同意
shell/
add "shell/display_para"? n                         ##拒绝
add "shell/trap_INT"? n                             ##拒绝
add "shell/badpro"? y                               ##同意
shell/badpro
...
```

解开.tar 文件时也可以遵循相同的方法使用-w 选项。

```
$ tar -xvwf shell.tar
extract "shell"? y                                     ##同意
```

```
shell/
extract "shell/display_para"? y                                  ##同意
shell/display_para
extract "shell/trap_INT"? n                                      ##拒绝
extract "shell/badpro"? y                                        ##同意
shell/badpro
extract "shell/quote"? n                                         ##拒绝
...
```

tar 程序另一个非常有用的选项是-z，使用了这个选项的 tar 命令会自动调用 gzip 程序完成相关操作。创建归档文件时，tar 程序在最后调用 gzip 压缩归档文件；解开归档文件时，tar 程序先调用 gzip 解压缩，然后再解开被 gzip 处理过的.tar 文件。下面这个例子中，tar 命令将 Shell 目录打包，并调用 gzip 程序处理打包后的文件。

```
$ tar -czvf shell.tar.gz shell/
shell/
shell/display_para
shell/trap_INT
shell/badpro
shell/quote
shell/pause
shell/export_varible
...
```

这条命令相当于下面两条命令的组合。

```
$ tar -cvf shell.tar shell/
$ gzip shell.tar
```

类似地，下面的命令首先调用 gunzip 解压 shell.tar.gz，然后再解开 shell.tar（注意这里省略了-v 选项，这样 tar 只是默默地完成工作，不会有任何输出）。

```
$ tar -xzf shell.tar.gz
```

同样，这条命令相当于下面两条命令的组合。

```
$ gunzip shell.tar.gz
$ tar -xf shell.tar
```

tar 命令的-j 参数用于调用 bzip2 程序，这个参数的用法同-z 完全一致。下面这条命令用于解开 shell.tar.bz2。

```
$ tar -xjf shell.tar.bz2
```

tar 命令选项前的短画线“–”是可以省略的。因此像 tar –xvf shell.tar 和 tar xvf shell.tar 这样的写法都是可以接受的。

7.4.2 压缩文件 zip

gzip 是目前 Linux 下使用最广泛的压缩工具，尽管它的地位正持续受到 bzip2 的威胁。gzip 的使用非常方便，只要简单地在 gzip 命令后跟上一个想要压缩的文件作为参数就可以了。

```
$ gzip linux_book_bak.tar
```

在默认情况下，gzip 命令会给被压缩的文件加上一个“gz”扩展名。经过这番处理后，文件 linux_book_bak.tar 就变成了 linux_book_bak.tar.gz。

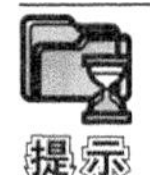

“.tar.gz”可能是 Linux 世界中最流行的压缩文件格式。这种格式的文件是首先经过 tar 打包程序的处理，然后用 gzip 压缩的成果。

要解压缩.gz 文件，可以使用 gunzip 命令或者带“-d”选项的 gzip 命令。

```
$ gunzip linux_book_bak.tar.gz
```

或者

```
$ gzip -d linux_book_bak.tar.gz
```

应该保证需要解压的文件有合适的扩展名。gzip（或者 gunzip）支持的扩展名有.gz、.Z、-gz、.z、-z 和 z。

gzip 提供了-l 选项用于查看压缩效果，文件的大小以字节为单位。

```
$ gzip -l linux_book_bak.tar.gz
        compressed       uncompressed  ratio    uncompressed_name
         21511412          27504640  21.8%   linux_book_bak.tar
```

可以看到，文件 linux_book_bak.tar 在压缩前后的大小分别为 27504640 字节（约 27 MB）和 21511412 字节（约 21 MB），压缩率为 21.8%。

最后，gzip 命令的-t 选项可以用来测试压缩文件的完整性。如果文件正常，gzip 命令不会给出任何显示。如果一定要让 gzip 说点什么，可以使用-tv 选项。

```
$ gzip -tv linux_book_bak.tar.gz
linux_book_bak.tar.gz:      OK
```

7.4.3　备份文件系统

这里介绍两款“专业”的备份工具 dump 和 restore。在一些情况下，它们会比 tar 更有效一些。

1．备份文件系统：dump

dump（还有配套的 restore）默认并没有安装在本书列举的两个 Linux 发行版本中（Ubuntu 和 openSUSE），用户不得不自己去下载和安装。好在从 Ubuntu 的安装源中就可以找到这个工具，使用 openSUSE 的用户也可以找到相应的 RPM 软件包来安装。相对而言，RedHat 和 Fedora 的用户则幸运得多，这两套系统在安装的时候就提供了这个备份工具。

dump 命令使用“备份级别”来实现增量备份，每次级别为 N 的备份会对从上次级别小于 N 的备份以来，修改过的文件执行备份。这句话听上去有点绕口，那么来看下面这一条命令（简便起见，约定下面所有的命令都以 root 身份执行）。

```
# dump -0u -f /dev/nst0 /web            ##执行从/web 到/dev/nst0 的 0 级备份
  DUMP: Date of this level 0 dump: Sun Dec 14 18:43:30 2015
  DUMP: Dumping /dev/sdb1 (/web) to /dev/nst0
  DUMP: Label: none
  DUMP: Writing 10 Kilobyte records
  DUMP: mapping (Pass I) [regular files]
  DUMP: mapping (Pass II) [directories]
  DUMP: estimated 208244 blocks.
```

```
  DUMP: Volume 1 started with block 1 at: Sun Dec 14 18:43:30 2015
  DUMP: dumping (Pass III) [directories]
  DUMP: dumping (Pass IV) [regular files]
  DUMP: Closing /dev/nst0
  DUMP: Volume 1 completed at: Sun Dec 14 18:43:51 2015
  DUMP: Volume 1 207100 blocks (202.25MB)
  DUMP: Volume 1 took 0:00:21
  DUMP: Volume 1 transfer rate: 9861 kB/s
  DUMP: 207100 blocks (202.25MB) on 1 volume(s)
  DUMP: finished in 20 seconds, throughput 10355 kBytes/sec
  DUMP: Date of this level 0 dump: Sun Dec 14 18:43:30 2015
  DUMP: Date this dump completed:  Sun Dec 14 18:43:51 2015
  DUMP: Average transfer rate: 9861 kB/s
  DUMP: DUMP IS DONE
```

选项-0 指定 dump 执行级别为 0 的备份。备份级别总共有 10 个（从 0 到 9），级别 0 表示完整备份，也就是把文件系统上的所有内容全部备份下来，包括那些平时看不到的内容（如分区表）。

选项-u 指定 dump 更新/etc/dumpdates 文件。这个文件中记录了历次备份的时间、备份级别和实施备份的文件系统，dump 命令在实施增量备份的时候需要依据这个文件决定哪些文件应该备份。现在，这个文件看起来像下面这个样子。

```
# cat /etc/dumpdates                              ##查看 /etc/dumpdates 文件内容
/dev/sdb1 0 Sun Dec 14 18:43:30 2015 +0800
```

选项-f 指定了用于存放备份的设备，在这里是/dev/nst0，表示磁带设备。最后一个参数是需要备份的文件系统。

-u 选项要求备份的必须是一个完整的文件系统，这里指定了/web，对应于/dev/sdb1。如果备份的是一个文件系统中的一个目录，则带有-u 选项的 dump 会报错，并拒绝执行备份操作。

下面在/web 下增加一个文件，这个文件的内容是根目录下的文件列表。

```
# ls / > /web/ls_out
```

现在对/web 执行一次 3 级备份。

```
# dump -3u -f /dev/nst0 /web                ##执行从/web 到/dev/nst0 的 3 级备份
  DUMP: Date of this level 3 dump: Sun Dec 14 18:46:07 2015
  DUMP: Date of last level 0 dump: Sun Dec 14 18:43:30 2015
  DUMP: Dumping /dev/sdb1 (/web) to /dev/nst0
  DUMP: Label: none
  DUMP: Writing 10 Kilobyte records
  DUMP: mapping (Pass I) [regular files]
  DUMP: mapping (Pass II) [directories]
  DUMP: estimated 51 blocks.
  DUMP: Volume 1 started with block 1 at: Sun Dec 14 18:46:08 2015
  DUMP: dumping (Pass III) [directories]
  DUMP: dumping (Pass IV) [regular files]
  DUMP: Closing /dev/nst0
  DUMP: Volume 1 completed at: Sun Dec 14 18:46:08 2015
  DUMP: Volume 1 50 blocks (0.05MB)
  DUMP: 50 blocks (0.05MB) on 1 volume(s)
```

```
  DUMP: finished in less than a second
  DUMP: Date of this level 3 dump: Sun Dec 14 18:46:07 2015
  DUMP: Date this dump completed:  Sun Dec 14 18:46:08 2015
  DUMP: Average transfer rate: 0 kB/s
  DUMP: DUMP IS DONE
```

从 dump 命令的输出中可以看到，这次备份用了不到 1 秒的时间（而上一次是 20 秒！）。这是因为 dump 通过查看/etc/dumpdates 文件得知，只需要备份上回 0 级备份以来修改过的文件就可以了——而“修改”过的也就是一个 ls_out 文件而已。现在查看/etc/dumpdates 可以看到多了一条 3 级备份的记录。

```
# cat /etc/dumpdates                          ##查看 /etc/dumpdates 文件内容
/dev/sdb1 0 Sun Dec 14 18:43:30 2015 +0800
/dev/sdb1 3 Sun Dec 14 18:46:07 2015 +0800
```

根据实际情况，管理员可以安排不同的备份策略。例如每周安排 3 次增量备份，备份级别分别为 0、3、9（或者 0、1、3，0、4、8……都是一样的）；也可以每天安排 9 次增量备份等，视具体情况不同而不同。

注意 使用 dump 进行增量备份时，只能在像磁带这样的字符设备（顺序访问设备）上进行。参考下面的内容。

dump 命令只是简单地把需要备份的内容直接输出到目标设备上，而不会婆婆妈妈地询问这个设备上已有的文件该如何处理。如果是磁带的话，那么必须确保当前磁头所在位置没有数据（或者本来就打算销毁这些数据），否则 dump 命令将毫不客气地把这些数据覆盖掉。这也就是不能选择块设备（如硬盘）作为增量备份的目标设备的原因。在上面这个例子中，如果试图在另一块硬盘上储存备份文件的话，那么在第二次执行 3 级备份的时候，dump 会把 ls_out 文件直接输出到这个硬盘上，而 0 级备份中储存的所有数据则被覆盖了。

如果一定要使用硬盘做备份的话，那么只能进行 0 级（完整）备份。下面这条命令将选择/dev/sdb3 作为备份的目标设备（注意此时也就没有必要使用-u 选项了）：

```
# dump -0 -f /dev/sdb3 /web                        ##在块设备上执行 0 级备份
  DUMP: Date of this level 0 dump: Sun Dec 14 17:53:31 2015
  DUMP: Dumping /dev/sdb1 (/web) to /dev/sdb3
  DUMP: Label: none
  DUMP: Writing 10 Kilobyte records
  DUMP: mapping (Pass I) [regular files]
  DUMP: mapping (Pass II) [directories]
  DUMP: estimated 39442 blocks.
  DUMP: Volume 1 started with block 1 at: Sun Dec 14 17:53:33 2015
  DUMP: dumping (Pass III) [directories]
  DUMP: dumping (Pass IV) [regular files]
  DUMP: Closing /dev/sdb3
  DUMP: Volume 1 completed at: Sun Dec 14 17:53:40 2015
  DUMP: Volume 1 39190 blocks (38.27MB)
  DUMP: Volume 1 took 0:00:07
  DUMP: Volume 1 transfer rate: 5598 kB/s
  DUMP: 39190 blocks (38.27MB) on 1 volume(s)
  DUMP: finished in 7 seconds, throughput 5598 kBytes/sec
  DUMP: Date of this level 0 dump: Sun Dec 14 17:53:31 2015
  DUMP: Date this dump completed:  Sun Dec 14 17:53:40 2015
```

```
DUMP: Average transfer rate: 5598 kB/s
DUMP: DUMP IS DONE
```

dump 工具有一个配套的 rdump 命令，用于将备份转储到远程主机上。为此需要指定远程主机的主机名或者 IP 地址。

```
# rdump -0u -f backup:/dev/nst0 /web
```

rdump 通过 SSH 通道传输，读者可参考 11.6 小节了解 SSH 的详细信息。

2. 从灾难中恢复：restore

restore 是 dump 的配套工具，用于从备份设备中提取数据。在使用 restore 恢复数据之前，首先需要建立一个临时目录，这个目录用于存放备份设备中的目录层次，用 restore 恢复的文件也会存放在这个目录下。

```
# mkdir /var/restore                              ##建立用于恢复文件的目录/var/restore
# cd /var/restore/                                ##进入这个目录
```

restore 的-i 选项用于交互式地恢复单个文件和目录，-f 选项用于指定存放备份的设备。下面从/dev/sdb3 恢复文件 ls_out 和 login.defs。

```
# restore -i -f /dev/sdb3
```

执行完这条命令后，restore 将用户带至一个交互式的命令行界面。用户可以使用 ls 和 cd 命令在备份的文件系统中到处浏览，碰到需要恢复的文件，就用 add 命令标记它。最后使用 extract 命令提取所有做过标记的文件和目录。

```
/usr/local/sbin/restore > ls                      ##显示备份设备上的文件列表
:
etc/      home/      lost+found/ ls_out

/usr/local/sbin/restore > add ls_out              ##标记 ls_out 文件
/usr/local/sbin/restore > ls                      ##ls_out 已经被打上星号
:
 etc/      home/      lost+found/     *ls_out

/usr/local/sbin/restore > cd etc/                 ##切换目录
/usr/local/sbin/restore > ls
./etc:
.pwd.lock                    libaudit.conf
ConsoleKit/                  localtime
DIR_COLORS                   login.defs
HOSTNAME                     logrotate.conf
:
/usr/local/sbin/restore > add login.defs          ##标记 login.defs 文件
/usr/local/sbin/restore > extract                 ##提取做过标记的所有文件
You have not read any volumes yet.
Unless you know which volume your file(s) are on you should start
with the last volume and work towards the first.
```

```
Specify next volume # (none if no more volumes): 1        ##指定下一卷，对于单
                                                            一设备指定 1 即可
set owner/mode for '.'? [yn] n                       ##不需要设置当前目录（这里是
                                                        /var/restore）的属主和模式
```

文件提取完成后，就可以使用 quit 命令退出 restore。

```
/usr/local/sbin/restore > quit
```

现在查看当前目录（/var/restore）下的文件列表，可以看到恢复的文件。尽管刚才并没有恢复 etc 目录，但 restore 只是为了还原完整的目录结构，事实上现在 etc 目录下只有一个 login.defs 文件。

```
# ls -F
etc/  ls_out
```

如果用户不幸把整个文件系统都丢失了，那么可以使用带-r 选项的 restore 命令恢复整个文件系统。

```
# cd /web/                                              ##进入需要要恢复的目录

# restore -r -f /dev/sdb3                          ##从 /dev/sdb3 恢复文件系统
```

类似地，rrestore 命令从远程主机提取备份信息。下面的命令以交互的方式从主机 backup 恢复由 rdump 转储的文件系统。

```
# rrestore -i -f backup:/dev/nst0
```

3. 让备份定时自动完成：cron

通常来说，服务器在白天总是处于繁忙状态，如果选择在这个时候备份系统，那么消耗的时间和性能可能是不值得的。因此让备份在夜间完成是一个不错的想法——为此应该使用一个能够定时执行命令的软件，否则管理员将不得不半夜三更起来手动解决这个问题。并且像备份这样重复性的体力劳动，让人而不是计算机来完成显然不是一个好主意。

cron 就是这样一个能够定时执行命令的软件，应该尽可能多地使用 cron 来完成那些需要定期重复的工作。

7.5 小　　结

本章首先向读者介绍了 Linux 中的文件系统，以及 swap 和文件系统的挂载概念。读者应掌握 du、df、fdisk 命令的使用方法和使用 mount 挂载的方法。如何使用 tar 打包压缩文件目录是本章的重点，当然最后的系统备份也帮助我们了解如何让系统更安全。

7.6 习　　题

一、填空题

1. swap 被称作________。

2. Linux 下所有的设备都被当作________来操作。

3. Linux 中用于建立分区表的工具是________。

4. ________命令用于卸载文件系统。

5. ________查看当前目录大小。

6. ________命令显示当前磁盘的使用情况。

二、选择题

关于 swap 描述错误的是（　　）。

A. Windows 为 swap 单独划分一个分区

B. swap 被称作交换分区。这是一块特殊的硬盘空间

C. swap 分区容量应该要大于物理内存大小

D. 当实际内存不够用的时候，操作系统会从内存中取出一部分暂时不用的数据，放在交换分区中

三、简答题

1. 解释命令 tar -czvf shell.tar.gz shell/的用途。

2. Linux 中的文件系统包括哪几种？

第 8 章 软件包管理

软件包就是将应用程序、配置文件和管理数据打包。软件包管理系统可以方便地安装和卸载软件包。几乎所有的 Linux 发行版都采用了软件包系统，常用的软件包格式有两种：RPM 和 DEB。

本章将介绍：

- DEB 软件包管理机制
- RPM 软件包管理机制
- APT 软件包管理机制

8.1 软件包管理概述

开源软件一般提供给我们的是源代码，我们获取后，需要先进行编译，当然有些还需要在编译前修订代码。这种以源代码形式发布的软件增强了用户定制的自由度，却也给新手增加了入门的难度。于是，软件包的概念便应运而生了。

软件包使安装软件成为一系列不可分割的原子操作。一旦发生错误，可以卸载软件包，也可以重新安装它们。不过，使用软件包系统安装软件要考虑依赖性问题。只有应用软件依赖的所有库和支持都已经正确安装了，软件才能正确安装。一些高级软件包管理工具如 APT 和 yum，解决了依赖性问题，它们可以自动搜寻依赖关系并执行安装。

常用的软件包格式有两种：RPM 和 DEB。RPM 即 Red Hat Package Manager（Red Hat 软件包管理器），最初由 Red Hat 公司开发并部署在其发行版中，如今已被大多数 Linux 发行版使用。另一种则是 Debian 和 Ubuntu 上使用的 DEB。这两种格式功能相似。

高级软件包管理系统基于这样几个理念和目标。

- ❑ 简化定位和下载软件包的过程。
- ❑ 自动进行系统更新和升级。
- ❑ 方便管理软件包间的依赖关系。

8.2 DEB 软件包管理机制

DEB 软件包工具主要用于 Debian 和 Ubuntu 版本。在开始学习前，读者可以通过 dpkg –help 查看该命令的完整信息。

8.2.1 安装软件包

使用 DEB 格式的软件包通常以.deb 结尾，在安装时使用 dpkg --install 选项安装软件，这个选项也可以简写为-i。

--install 或-i 选项会在安装软件包之前把系统上原有的旧版本删除。一般来说，这也正是用户需要的。

所有的软件包在安装前都必须保证其所依赖的库和支持构造已经安装在系统中。不过，可以使用--force-选项强制安装软件包。此时，系统将忽略一切依赖和兼容问题直到软件包“安装完毕”。看起来这是一个不错的想法，但如果真的可以这样，为什么它还要作为一个“选项”出现呢？在大部分情况下，--force-的最大贡献是让事情变得更糟。没有什么比让一个系统管理员花费一个下午的时间检查软件运行问题，结果却发现只是当初不负责任地无视依赖关系更能让他恼火的了。

8.2.2 卸载软件包

使用 dpkg 的--remove（简写为-r）选项可以方便地卸载已经安装的软件包。下面的命令删除安装在系统中的 Opera 浏览器。

```
$ dpkg -l | grep opera                          ##查看 Opera 浏览器的软件包信息
ii  opera 9.62.2466.gcc4.qt3 The Opera Web Browser
$ sudo dpkg --remove opera                      ##删除 Opera 浏览器
(正在读取数据库 ... 系统当前总共安装有 184216 个文件和目录。)
正在删除 opera ...
```

所卸载的软件包可能包含有其他软件所依赖的库和数据文件。在这种情况下，卸载将可能导致不可预计的后果。因此，在卸载前请确定已经解决了所有的依赖关系，或者使用后文将要介绍的高级软件包工具 APT。

8.3 RPM 软件包管理机制

RPM 工具用于管理.rpm 格式的软件包，它用于绝大多数的 Linux 发行版本，如 Red Hat、openSUSE 等。本节介绍 RPM 的使用方法及相关注意事项。

8.3.1 安装软件包

使用 rpm -i 命令安装一个软件包。尽管安装工作只需要一个-i 就够了，但人们通常还习惯加上-v 和-h 这两个选项。-v 选项用于显示 rpm 当前正在执行的工作，-h 选项通过打印一系列的“#”提醒用户当前的安装进度。

```
$ sudo rpm -i -v -h dump-0.4b41-1.src.rpm
   1:dump                   warning: user tiniou does not exist - using root
warning: group tiniou does not exist - using root
warning: user tiniou does not exist - using root%)
warning: group tiniou does not exist - using root
########################################### [100%]
```

可以把多个选项合并在一起，而省略前面的短画线“-”。因此，下面这两条命令是等价的。

```
$ sudo rpm -i -v -h dump-0.4b41-1.src.rpm
```

和

```
$ sudo rpm -ivh dump-0.4b41-1.src.rpm
```

rpm -i 同样提供了--force 选项，用于忽略一切依赖和兼容问题，强行安装软件包。和 dpkg 一样，除非万不得已，不要随便使用这个看似“方便”的选项。

另外，当正在安装的软件包在其他一些软件包的支持下才能正常工作时，就会发生软件包相关性冲突。利用--nodeps 选项可以使 RPM 忽略这些错误继续安装软件包，但这种忽略软件包相关性问题的方法同样不值得提倡。

8.3.2 卸载软件包

使用“rpm -e”命令可卸载软件包。这个命令接收软件包的名字作为参数。下面这条命令从系统中删除了软件包 tcpdump。

```
$ sudo rpm -e tcpdump
```

有些时候卸载可能产生问题，由于软件包之间存在相互依赖的关系，所以很有可能出现某个软件包卸载后导致其他软件无法运行的情况。例如：

```
$ sudo rpm -e xorg-x11-devel                        ##卸载软件包 xorg-x11-devel
error: Failed dependencies:
       xorg-x11-devel is needed by (installed) Mesa-devel-8.0.3-35.1.i586
       xorg-x11-devel is needed by (installed) glitz-devel-0.5.6-144.1.i586
       xorg-x11-devel is needed by (installed) cairo-devel-1.4.14-32.1.i586
       xorg-x11-devel is needed by (installed) pango-devel-1.20.1-20.1.i586
       xorg-x11-devel is needed by (installed) gtk2-devel-2.12.9-38.1.i586
```

可见，由于软件包 xorg-x11-devel 被多个软件包所依赖，所以 RPM 谨慎地拒绝了这一卸载请求。用户可以明确指定--nodeps 选项继续这一卸载操作。不过在按下 Enter 键之前，请务必犹豫一下，问问自己是否真的知道将要做什么。

一个十分有用的卸装选项是--test 选项，它要求 RPM 模拟删除软件包的全过程，但并不真的执行删除操作。针对软件包 xorg-x11-devel 执行带--test 选项的卸载命令，选项-vv（注意是两个 v，而不是一个 w）要求 RPM 输出完整的调试信息。

```
$ sudo rpm -e -vv --test xorg-x11-devel

D: opening  db environment /var/lib/rpm/Packages create:cdb:mpool:private
D: opening  db index       /var/lib/rpm/Packages rdonly mode=0x0
D: locked   db index       /var/lib/rpm/Packages
D: opening  db index       /var/lib/rpm/Name rdonly:nofsync mode=0x0
D: opening  db index       /var/lib/rpm/Pubkeys rdonly:nofsync mode=0x0
D:  read h#     503 Header sanity check: OK
D: ========== DSA pubkey id a84edae8 9c800aca (h#503)
D:  read h#    1035 Header V3 DSA signature: OK, key ID 9c800aca
D: ========== --- xorg-x11-devel-8.3-64.1 i586/linux 0x0
D: opening  db index       /var/lib/rpm/Requirename rdonly:nofsync mode=0x0
D:  read h#    1051 Header V3 DSA signature: OK, key ID 9c800aca
D: opening  db index       /var/lib/rpm/Depends create:nofsync mode=0x0
D: opening  db index       /var/lib/rpm/Providename rdonly:nofsync mode=0x0
```

```
D:  Requires: xorg-x11-devel                          NO
D: package Mesa-devel-8.0.3-35.1.i586 has unsatisfied Requires: xorg-x11-devel
D:  read h#    1053 Header V3 DSA signature: OK, key ID 9c800aca
D:  Requires: xorg-x11-devel                          NO  (cached)
D: package glitz-devel-0.5.6-144.1.i586 has unsatisfied Requires: xorg-x11-devel
D:  read h#    1060 Header V3 DSA signature: OK, key ID 9c800aca
D:  Requires: xorg-x11-devel                          NO  (cached)
D: package cairo-devel-1.4.14-32.1.i586 has unsatisfied Requires: xorg-x11-devel
D:  read h#    1061 Header V3 DSA signature: OK, key ID 9c800aca
D:  Requires: xorg-x11-devel                          NO  (cached)
D: package pango-devel-1.20.1-20.1.i586 has unsatisfied Requires: xorg-x11-devel
D:  read h#    1067 Header V3 DSA signature: OK, key ID 9c800aca
D:  Requires: xorg-x11-devel                          NO  (cached)
D: package gtk2-devel-2.12.9-38.1.i586 has unsatisfied Requires: xorg-x11-devel
D: closed   db index      /var/lib/rpm/Depends
error: Failed dependencies:
        xorg-x11-devel is needed by (installed) Mesa-devel-8.0.3-35.1.i586
        xorg-x11-devel is needed by (installed) glitz-devel-0.5.6-144.1.i586
        xorg-x11-devel is needed by (installed) cairo-devel-1.4.14-32.1.i586
        xorg-x11-devel is needed by (installed) pango-devel-1.20.1-20.1.i586
        xorg-x11-devel is needed by (installed) gtk2-devel-2.12.9-38.1.i586
D: closed   db index       /var/lib/rpm/Pubkeys
D: closed   db index       /var/lib/rpm/Providename
D: closed   db index       /var/lib/rpm/Requirename
D: closed   db index       /var/lib/rpm/Name
D: closed   db index       /var/lib/rpm/Packages
D: closed   db environment /var/lib/rpm/Packages
D: May free Score board((nil))
```

8.3.3 更新软件包

rpm -U 命令用于升级一个软件包。这个命令的使用方法和 rpm -i 基本相同，用户也可以为其指定通用的安装选项-v 和-h。如果系统上已经安装了 dump 较早的版本，那么下面这条命令将其升级为版本 0.4b41-1。

```
$ sudo rpm -Uvh dump-0.4b41-1.src.rpm
```

升级操作实际是卸载和安装的组合。在升级软件时，RPM 首先卸装老版本的软件包，然后再安装新版本的软件包。如果旧版本的软件包不存在，那么 RPM 只需对所请求的软件包进行安装。RPM 的升级操作可以保留软件的配置文件，这样用户就不必担心会被升级后的软件带到一个完全陌生的环境中了。

8.4 APT 软件包管理工具

DEB 和 RPM 这类软件包管理器的出现，减少了安装软件的工作量。但为了安装某个软件，管理员常常不得不陷入“A 依赖 B，B 依赖 C，C 依赖 D……”这类无休止的纠缠中。最终，以 APT、yum 等为代表的高级软件包管理工具应运而生了，本章重点介绍 APT。

8.4.1 APT 简介

高级软件包工具（Advanced Package Tool，APT）是目前最成熟的软件包管理系统。它可以自动检测软件依赖问题、自动下载和安装所有文件、自动更新整个系统上所有的软件包。

APT 工具最常用的有两个命令：apt-get 和 apt-cache。前者用于执行和软件包安装有关的所有操作；后者主要用于查找软件包的相关信息。在大部分情况下，用户也可以使用图形化的 ATP 工具。本节以 Ubuntu 上的“新立得软件包管理器”工具为例，介绍图形化 APT 的基本使用，其他的图形化 APT 工具提供基本类似的用户界面和使用方法。

8.4.2　配置 apt-get

几乎所有的初学者都会问这样的问题：apt-get 从哪里下载这些软件？这些软件安全吗？事实上，所有 apt-get 用于下载软件的地址——通常称之为安装源，都被放在/etc/apt/ sources.list 中。这是一个文本文件，可以使用任何文本编辑器打开并编辑。一个典型的 sources.list 文件如下：

```
    #deb cdrom:[Ubuntu 12.04.1 LTS _Precise Pangolin_ - Release i386 (20120818.3)]/ precise
main restricted

    # See http://help.ubuntu.com/community/UpgradeNotes for how to upgrade to
    # newer versions of the distribution.
    deb http://cn.archive.ubuntu.com/ubuntu/ precise main restricted
    deb-src http://cn.archive.ubuntu.com/ubuntu/ precise main restricted

    ## Major bug fix updates produced after the final release of the
    ## distribution.
    deb http://cn.archive.ubuntu.com/ubuntu/ precise-updates main restricted
    deb-src http://cn.archive.ubuntu.com/ubuntu/ precise-updates main restricted
    ⋮
```

下面简单解释一下各字段的含义。

- deb 和 deb-src：表示软件包的类型。Debian 类型的软件包使用 deb 或 deb-src。如果是 RPM 的软件包，则应该使用 rpm 或 rpm-src。其中 src 表示源代码。
- URL：表示指向 CD-ROM、HTTP 或者 FTP 服务器的地址，从哪里可以获得所需的软件包。
- hardy 等：表示软件包的发行版本和分类，用于帮助 apt-get 遍历软件库。

还应该能看到一些以“#”开头的行。“#”表示这一行是注释，在 apt-get 看来，注释就等于空行。因此，如果需要暂时禁止一个安装源，可以考虑在这一行的头部加一个“#”，而不是鲁莽地删除——谁知道什么时候还会重新用到呢？

同时，应该确保将 http://security.ubuntu.com/ubuntu 作为一个源来列出（如果正在使用 Ubuntu 的话），以保证能访问到最新的安全补丁。

8.4.3　下载和安装软件包

系统第一次启动时，运行 apt-get update 更新当前 apt-get 缓存中的软件包信息。然后使用 apt-get install 命令安装软件包了。现在动手安装一款在 Linux 下很流行的战棋类游戏 Wesnoth。

```
$ sudo apt-get update                                  ##更新软件包信息
获取：1 http://ubuntu.cn99.com feisty Release.gpg [191B]
忽略 http://ubuntu.cn99.com feisty/main Translation-zh_CN
忽略 http://ubuntu.cn99.com feisty/restricted Translation-zh_CN
命中 http://ubuntu.cn99.com feisty/universe Translation-zh_CN
```

```
...
$ sudo apt-get wesnoth                                              ##安装 Wesnoth
正在读取软件包列表... 完成
正在分析软件包的依赖关系树
读取状态信息... 完成
已经不需要下列自动安装的软件包:
  debhelper kbuild po-debconf intltool-debian gettext module-assistant
  html2text dpatch
使用 'apt-get autoremove' 来删除它们。
将会安装下列额外的软件包:
  libboost-iostreams1.34.1 libsdl-image1.2 libsdl-mixer1.2 libsdl-net1.2
  wesnoth-data
建议安装的软件包:
  wesnoth-all ttf-sazanami-gothic
推荐安装的软件包:
  wesnoth-music
下列【新】软件包将被安装:
  libboost-iostreams1.34.1 libsdl-image1.2 libsdl-mixer1.2 libsdl-net1.2
  wesnoth wesnoth-data
共升级了 0 个软件包，新安装了 6 个软件包，要卸载 0 个软件包，有 95 个软件未被升级。
需要下载 38.3MB 的软件包。
操作完成后，会消耗掉 68.5MB 的额外磁盘空间。
您希望继续执行吗? [Y/n]
```

可以看到，APT 提供了大量信息，并自动解决了包的依赖问题。按回车键执行下载和安装，回答 n 表示中止安装过程。现在可以泡上一杯咖啡，耐心地等待下载和安装过程自动完成。

apt-get 还有其他一些命令，可以完成诸如升级、删除软件包等操作。表 8.1 列出了 apt-get 的常用命令。

表 8.1 apt-get 的常用命令

命令	描述
apt-get install	下载并安装软件包
apt-get upgrade	下载并安装在本系统上已有的软件包的最新版本
apt-get remove	卸载特定的软件包
apt-get source	下载特定的软件源代码
apt-get clean	删除所有已下载的包文件

举例来说，下面的命令删除软件包 tremulous。在删除的过程中，APT 照例要求用户确认该操作，直接回车或者回答 y，将删除该软件包；回答 n 将放弃删除操作。

```
$ sudo apt-get remove tremulous                             ##删除软件包 tremulous
正在读取软件包列表... 完成
正在分析软件包的依赖关系树
读取状态信息... 完成
已经不需要下列自动安装的软件包:
  tremulous-data
使用 'apt-get autoremove' 来删除它们。
```

```
下列软件包将被【卸载】:
  tremulous
共升级了 0 个软件包，新安装了 0 个软件包，要卸载 1 个软件包，有 6 个软件未被升级。
操作完成后，会释放 1774kB 的磁盘空间。
您希望继续执行吗? [Y/n]                                        ##确认该操作
(正在读取数据库 ... 系统当前总共安装有 183910 个文件和目录。)
正在删除 tremulous ...
```

使用 apt-get -h 可以列出 apt-get 的完整用法。APT 的翻译团队喜欢玩一些小幽默：

```
$ apt-get -h
apt0.8.9ubuntu18.1 for amd64，编译于 Oct 27 2015 18:11:10
用法： apt-get [选项] 命令
       apt-get [选项] install|remove 包甲 [包乙 ...]
       apt-get [选项] source 包甲 [包乙 ...]

apt-get 提供了一个用于下载和安装软件包的简易命令行界面。
最常用命令是 update 和 install。
⋮
请查阅 apt-get(8)、sources.list(5) 和 apt.conf(5)的参考手册
以获取更多信息和选项。
                    本 APT 有着超级牛力。
```

用户也可以使用 man apt-get 获得更多的信息。总之，系统的帮助手册非常完整清晰，在出现问题的时候，求助于这些文档总是一个正确的选择。

8.4.4　图形化操作方式

同 Linux 下众多其他系统管理工具一样，各 Linux 发行商也开发了 APT 的图形化界面。从用户友好的角度来讲，图形化的 APT 无疑更具优势，特别是对于初学者而言。下面简要介绍 Ubuntu 附带的“新立得软件包管理器”工具的使用和配置。

Ubuntu 用户首先在 Ubuntu 软件中心安装好“新立得软件包管理器”（默认没有安装），然后单击“新立得软件包管理器”按钮找到这个图形化的 APT 工具。出于安全考虑，必须首先提供系统管理员密码。该管理器的界面如图 8.1 所示。

大部分的功能都是显而易见的。以安装一个软件包为例，假设现在希望安装一个 IRC 的客户端程序 xchat，可以遵循下面的步骤。

（1）单击“搜索”按钮，在弹出的对话框中输入“xchat”。再次单击“搜索”按钮，此时界面如图 8.2 所示。

（2）找到 xchat-gonme 选项，双击进行标记。系统将弹出对话框提示该软件的依赖关系，并指出应该同时标记 xchat 所依赖的组件。单击“标记”按钮，可以看到 xchat-gnome 和 xchat-gnome 已被标记并等待安装。

（3）单击“应用”按钮，系统会弹出“摘要”对话框，要求用户确认该操作，如图 8.2 所示，再次单击“应用”按钮，系统将进入软件包的下载环节。下载速度取决于网速和文件大小，这需要花费一定时间。

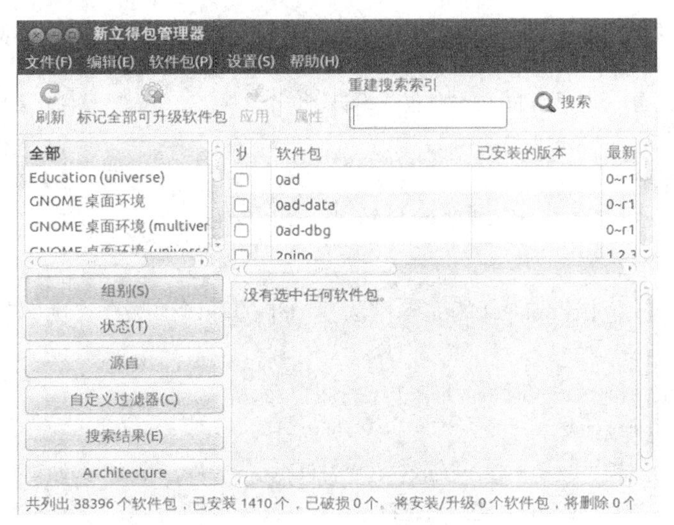

图 8.1 新立得软件包管理器

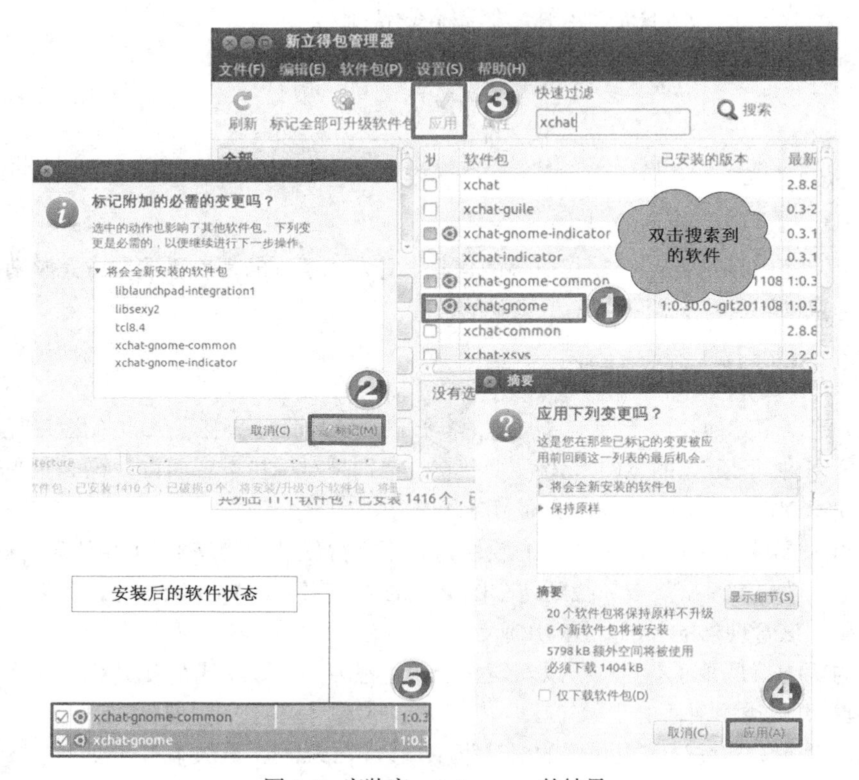

图 8.2 安装完 xchat-gonme 的结果

（4）软件包下载完成后，系统将自动安装和配置该软件，如图 8.3 所示，并在结束时弹出对话框进行告知。现在，单击“Dash 页”按钮，在搜索栏中输入 Xch 会在应用程序中显示该图标。然后，单击该图标弹出“XChat-GNOME 设置”对话框。在对话框中输入用户名单击“确定”按钮，即可打开 xchat 并登录 IRC 频道。没错，一切就是这么简单。

对于已经安装的软件包，在其条目上右键单击，在弹出的快捷菜单中可以选择升级、删除等操作。这一部分内容比较简单，读者可以自己尝试。

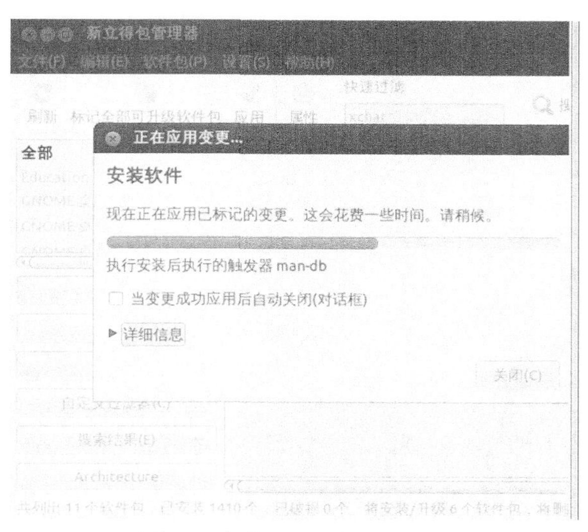

图 8.3 安装和配置所选软件包

8.5 小 结

本章首先向读者介绍了 Linux 软件包管理的基本概念，然后重点介绍了 DEB、RPM 两种软件包，然后又介绍了 APT 软件包工具。本章的知识点只是软件包的管理，但因为 Linux 默认安装的软件不多，我们经常需要自己安装软件包，所以本章的内容几乎每天都会碰到。

8.6 习 题

一、填空题

1. 常用的软件包格式有________和________两种。
2. ________和________使用 dpkg 管理软件包。
3. rpm 工具用于________、________等。

二、选择题

APT 工具最常用的两个命令是（ ）。

A. apt-get　　B. apt-cache

C. swap　　D. wall

三、简答题

软件包管理系统的意义是什么?

第 9 章 任务计划

本章开始介绍 Linux 上的任务计划。之所以到现在才开始介绍这项功能，是考虑到读者至此已经掌握了足够多的系统管理知识。任务计划可以有效地把这些知识融合在一起，使系统更高效地运转。从运维角度来说，有效管理系统的关键就在于让尽可能多的任务自动完成。这样不仅解放了网络管理员，也减少了出错概率。

本章将介绍：

- at 命令
- crontab 命令
- 任务配置文件

9.1 简单的定时 at 命令

工作任务的分配有例行性的，也有单一执行一次的，本节我们介绍执行一次的任务的分配命令 at 的用法。

9.1.1 at 命令的使用

at 命令适合于那些一次性的任务。下面的例子要求系统在 16:00 时响铃。为此使用 Mplayer 播放铃声文件/usr/share/sounds/phone.wav，当然用户也可以选择使用其他播放器。

```
$ at 16:00
warning: commands will be executed using /bin/sh
at> mplayer /usr/share/sounds/phone.wav      ##输入需要执行的命令
at> <EOT>                                    ##使用快捷键 Ctrl+D 结束输入
job 7 at Sun Jan 18 16:00:00 2015
```

at 会逐条执行用户输入的命令，使用快捷键 Ctrl+D 输入文件结束符 EOT 结束输入。at 命令的-f 选项接受文件路径作为参数，在指定的时间执行这个脚本。

```
$ at 17:00 -f ~/alarm                        ##17:00 时执行脚本~/alarm
warning: commands will be executed using /bin/sh
job 9 at Sun Jan 18 17:00:00 2015
```

可以使用 at 命令提前几分钟、几小时、几天、几星期甚至几年来安排某个任务，在 at 中日期的写法是 MM/DD/YY（月/日/年）。下面的例子设定在 2017 年 2 月 1 日凌晨 3 点响铃（可能是为了起床去排队买火车票）。

```
$ at 3:00 02/01/2017
warning: commands will be executed using /bin/sh
at> mplayer /usr/share/sounds/phone.wav
at> <EOT>
job 10 at Mon Feb  1 03:00:00 2016
```

使用 atq 命令可以看到当前已经设置的任务。

```
$ atq
9    Sun Jan 18 17:00:00 2015 a lewis
8    Mon Feb  1 03:00:00 2016 a lewis
7    Sun Jan 18 16:00:00 2015 a lewis
```

可以看到，2015 年 1 月 18 日有两个任务，分别安排在 16:00 和 17:00；2016 年 2 月 1 日有一个任务，安排在 3:00。每个任务占据一行，以该任务的编号开头。使用 atrm 命令可以删除任务，该命令接受任务的编号作为参数。下面删除编号为 8 的任务。

```
$ atrm 8
```

过 5 分钟后，将/root/.bashrc 寄给 tom 用户：

```
$ at now +5 minutes
At> /bin/mail  tom -s "testing at job" <  /root/.bashrc
At> <EOT>
Job 8 at 2016/07/26  10:44
```

at 命令将程序的输出通过 sendmail 邮寄给用户，而不是显示在标准输出上。本书并没有涉及 sendmail 服务器的配置，有兴趣的读者请参考其他 Linux 服务器配置类的书籍。

at 的优点是能进行后台执行，进行工作任务分配，系统会将 at 工作独立出 bash 环境中，直接交给系统的 atd 程序来接管。因此，当执行了 at 的工作后，就可以立刻离线，剩下的工作就完全交给 Linux 管理即可。另外，使用 at 可以让你免除网络断线后的困扰。

9.1.2　定时备份系统文件

由于工作的关系，作为系统管理员的 Mike 每天都要备份/etc/passwd 文件。Mike 感到每次手动输入备份命令不是一个好方法。这样费时费力，还容易忘记。于是他求助于 cron 帮助他自动完成这一操作。以 root 身份打开/etc/crontab 文件，在其中添加下面这一行：

```
0  17   * * *   root    ( tar czf /media/disk/passwd.tar.gz /etc/passwd)
```

下面从左至右简单解释一下各字段的含义。

- 分钟，0 表示整点。
- 小时，17 表示下午 5 点。
- 日期，星号“*”表示一个月中的每一天。
- 月份，星号“*”表示一年中的每个月。
- 星期，星号“*”表示一星期中的每一天。
- 以哪个用户身份执行命令，这里是 root。
- 需要执行的命令，在本例中两端的圆括号可以省略。

因此上面这句话连起来说就是，每天下午 5 点（差不多刚好是下班的时间）以 root 身份将/etc/passwd 文件打包成 passwd.tar.gz，并且存放在闪存/media/disk 中。最后保存文件并退出编辑器，该配置会自动生效。

为了得到更好的备份效果，可以选择将备份文件存放在另一台主机上。

9.2　控制计划任务的命令 crontab

相对 at 执行一次工作，循环执行的例行性命令，则是由 cron 系统服务来控制，本节介绍 crontab 命令的用法。

9.2.1　crontab 的原理

Linux 周期性任务通常由 cron 守护进程来完成。cron 随系统启动而启动，通常不需要用户干预。当 cron 启动时，它读取配置文件，把信息保存在内存中。每过一分钟，cron 重新检查配置文件，并执行这一分钟内安排的任务。因此 cron 执行命令的最短周期是 1 分钟。

如果要手动运行 cron，可以在/etc/init.d 中找到它的启动脚本 cron。如果 cron 出了问题，执行下面这条命令重新启动 cron 即可。

```
$ sudo /etc/init.d/cron restart
Rather than invoking init scripts through /etc/init.d, use the service(8)
utility, e.g. service cron restart

Since the script you are attempting to invoke has been converted to an
Upstart job, you may also use the stop(8) and then start(8) utilities,
e.g. stop cron ; start cron. The restart(8) utility is also available.
cron stop/waiting
cron start/running, process 2917
```

cron 的配置文件叫作 crontab。和其他服务器不太一样，总共可以在 3 个地方找到 cron 的配置文件，这些文件对 cron 而言都是有用的。此外，管理员可以控制普通用户提交 crontab 的行为，并赋予某些用户特定的权限。

1. 系统的全局 cron 配置文件

和系统维护有关的全局任务计划一般都存放在/etc/crontab 中，这个配置文件由系统管理员手动制定。通常来说，不应该把同管理无关的任务放在这个文件中，这样会使任务计划变得缺乏条理、杂乱而难以维护。普通用户可以有自己的 cron 配置文件。

另一个存放系统 crontab 的地方是/etc/cron.d 目录。在实际工作中，这个目录中的文件和/etc/crontab 的地位是相等的。通常/etc/cron.d 目录中的文件并不需要管理员手动配置。某些应用软件需要设置自己的任务计划，/etc/cron.d 提供了这样一个地方让这些软件包安装 crontab 项。下面显示了/etc/cron.d 目录中的两个 cron 配置文件。

```
$ cd /etc/cron.d
$ ls
anacron  php5
```

很容易可以知道这两个 crontab 分别是属于 anacron 和 php5 的。特别提供这样一个目录的意义在于：将系统管理员的想法和应用软件的想法分开，保证它们不至于混杂在一个文件（/etc/crontab）中。这样的处理方式是高效而便于管理的。

除了/etc/cron.d 目录，cron 还提供了/etc/cron.hourly、/etc/cron.daily、/etc/cron.weekly、

/etc/cron.monthly 这些目录。分别用于存放每小时、每天、每星期、每月需要执行的脚本文件。这种机制使得应用程序的配置更为简便，也更清晰一些。

2. 普通用户的配置文件

普通用户在获得管理员的批准后（稍后将会介绍）也可以定制自己的任务计划。每个用户的 cron 配置文件保存在/var/spool/cron 目录下（SUSE 在/var/spool/cron/tabs 目录下），这个配置文件以用户的登录名作为文件名。例如 lewis 用户的 crontab 文件就叫作 lewis。cron 依据这些文件名来判断到时候以哪个用户身份执行命令。

和系统的 crontab 不同，编辑用户自己的 cron 配置文件应该使用 crontab 命令。crontab 命令的基本用法如表 9.1 所示。

表 9.1　　crontab 命令的基本用法

命令	说明
crontab *filename*	将文件 filename 安装为用户的 crontab 文件（并替换原来的版本）
crontab -e	调用编辑器打开用户的 crontab 文件，在用户完成编辑后保存并提交
crontab -l	列出用户 crontab 文件（如果存在的话）中的内容
crontab -r	删除用户自己的 crontab 文件

root 用户也可以有自己的 crontab 文件，但通常很少用到。需要 root 权限的系统管理命令一般集中存放在/etc/crontab 文件中。

9.2.2　crontab 的使用

用户提交自己的 crontab 文件需要得到系统管理员的许可。为此，管理员需要建立/etc/cron.allow 和/etc/cron.deny 文件（通常只要建立其中一个就可以了）。/etc/cron.allow 列出了那些可以提交 crontab 的用户，与此相反/etc/cron.deny 则指定了哪些用户不能提交 crontab。这两个文件的“语法”非常简单：包含若干行，每行一个用户。下面是 openSUSE 默认的/etc/cron.deny 中包含的内容。

```
$ cat /etc/cron.deny
guest
gast
```

这个文件指定了 guest 和 gast 这两个用户不能提交 crontab 文件。在实际工作中，cron 会首先查找/etc/cron.allow。这个文件中列出的用户可以提交 crontab，而其他用户则没有这个权利。如果没有/etc/cron.allow 这个文件，cron 就继续寻找/etc/cron.deny。这个文件的作用刚好相反，除了被列出的用户之外，其他人都能够提交 crontab 文件。如果这两个文件都不存在，那么在大部分情况下，只有 root 用户有权提交 crontab。Debian 和 Ubuntu 有些不同，这两个发行版本默认允许所有用户提交他们的 crontab 文件。

root 用户的 crontab 命令多了一个-u 选项，用于指定这条命令对哪个用户生效。下面这两条命令首先将 mike_cron 文件安装为用户 Mike 的 crontab 文件，然后将 John 用户的 crontab 文件删除。

```
$ sudo crontab -u mike mike_cron
$ sudo crontab -u john -r
```

9.2.3　任务配置文件介绍

每个系统在安装完成后都会在/etc/crontab 中写入一些东西，执行必要的任务计划。因此在开始之前，首先打开一个现成的 crontab 文件看一下，下面是 Ubuntu 中默认安装的 crontab 文件。

```
# /etc/crontab: system-wide crontab
# Unlike any other crontab you don't have to run the `crontab'
# command to install the new version when you edit this file
# and files in /etc/cron.d. These files also have username fields,
# that none of the other crontabs do.

SHELL=/bin/sh
PATH=/usr/local/sbin:/usr/local/bin:/sbin:/bin:/usr/sbin:/usr/bin

# m h dom mon dow user  command
17 *    * * *  root   cd / && run-parts --report /etc/cron.hourly
25 6    * * *   root    test -x /usr/sbin/anacron || ( cd / && run-parts --report
/etc/cron.daily )
47 6    * * 7   root    test -x /usr/sbin/anacron || ( cd / && run-parts --report
/etc/cron.weekly )
52 6    1 * *   root    test -x /usr/sbin/anacron || ( cd / && run-parts --report
/etc/cron.monthly )
#
```

所有以“#”开头的行都是注释行。可以看到，crontab 文件在开头首先自我介绍了一番。在对某个配置文件进行修改之前，查看一下开头的注释行是有帮助的。这些注释不会花费管理员太多的时间，但总能切中要害。例如注释的 2、3 行提到。

```
# Unlike any other crontab you don't have to run the `crontab'
# command to install the new version when you edit this file
```

这意味着为了使改动生效，只需要修改并保存这个文件就可以了，而不必运行 crontab 命令通知 cron 重新载入配置文件。不同系统上的 cron 可能有不同的行为，尽管它们同名同姓。因此保持阅读注释的习惯很有用。

接下来的两行设置了用于运行命令的 Shell 和命令搜索路径。在 Linux 中，/bin/sh 实际上是一个符号链接。指向系统默认使用的 Shell，通常是 BASH。

提示

不过 Ubuntu 和 Debian 已经把默认的 Shell 改成 dash（Debian ash）了，这是一种对 BASH 的改进版本。Ubuntu 的解释是“这样可以提供更快的脚本执行速度”。

最后一部分是管理员定制任务计划的地方。每一行代表一条任务计划，其基本语法格式如下：

```
minute    hour    day    month    weekday    username    command
```

前 5 个字段告诉 cron 应该在什么时候运行 command 字段指定的命令。这些字段所代表的具体含义如表 9.2 所示。

表 9.2　　cron 的时间设置

字段名	含义	范围
minite	分钟	0～59
hour	小时	0～23
Day	日期	1～31
month	月份	1～12
weekday	星期几	0～6（0 代表星期日）

表示时间的字段应该是下面这 4 种形式之一。

- 星号“*”：用于匹配所有合法的时间。
- 整数：精确匹配一个时间单位。
- 用短画线“-”隔开的两个整数，匹配两个整数之间代表的时间范围。
- 用逗号“,”分隔的一系列整数，匹配这些整数所代表的时间单位。

举例来说，如果希望在每月 20 日的下午 3:40 执行某项任务的话，那么时间格式应该这样写：

```
40   15   20   *   *
```

同时设置 day 字段和 weekday 字段意味着“匹配其中任意一项”。下面的时间设置表示“每周的周一至周三，以及每月的 25 号，每隔半个小时（执行某项命令）”。

```
0,30   *   25   *   1-3
```

如果记不住时间字段依次表示什么，那么 crontab 文件中通常会有注释给出一定的提示。

```
# m h dom mon dow user  command
```

username 字段指定以哪个用户的身份执行 command 字段的命令。这是 root 用户特有的权利，并且只应该在/etc/crontab 和/etc/cron.d 下的相关文件中出现。普通用户的 crontab 文件不应该也没有权利包含这个字段。

command 字段可以是任何有效的 Shell 命令，并且不应该加引号。command 一直延续到行尾，中间可以夹杂空格和制表符。

可以使用圆括号“( )”括起多条命令，命令之间用分号“;”隔开。下面的这条 crontab 配置在每周五的凌晨 2:00 进入/opt/project 目录，并以用户 Mike 的身份执行编译任务。

```
0   2   *   *   5   mike   (cd /opt/project; make)
```

需要注意的是，使用 cron 执行的任何命令都不会在终端产生输出。通常来说，应用程序的输出会以系统邮件的方式寄给 crontab 文件的属主用户。

9.3 小 结

本章向读者介绍了计划任务的概念和配置文件的构成及 at、crontab 命令的使用方法。网络管理员或运维人员经常需要夜间执行一些任务，此时可能所有人都下班了，让服务器自动执行任务就是我们必须学习的一招，所以这两个命令经常出现在系统运维工作的面试中。

9.4 习 题

一、填空题

1. 系统在安装完成后都会在________中写入一些东西，执行必要的任务计划。
2. Linux 上的周期性任务通常都是由________这个守护进程来完成的。
3. /etc/cron.allow 作用是________。
4. /etc/cron.deny 作用是________。

二、选择题

关于任务计划描述错误的是（　　）。

A. cron 执行命令的最短周期是 2 分钟

B. cron 的配置文件叫作 crontab

C. 用户提交自己的 crontab 文件需要得到系统管理员的许可

D. at 命令适合于那些一次性的任务

三、简答题

1. at 命令和 crontab 命令的区别。

2. 每周五的凌晨 2:00 进入/opt/project 目录，并以用户 Mike 的身份执行编译任务，如何写计划任务？

第 10 章 网络管理

当下有一则笑话：如果把你关在一个房间里，没有下列哪一样你会觉得活不下去？

A. 面包　　B. 水　　C. Wi-Fi　　D. 书

90%以上的人选择了 C，没有网，大部分人都觉得活不下去。网络就是互联网中的水电，缺不得。网络管理也是 Linux 系统管理员最重要的工作。

本章将介绍：

- 网络的基本配置
- 网络监控
- 其他上网方式

10.1 网络的基本配置

Linux 的上网配置可不像我们连接 Wi-Fi 那样简单，各个发行版的管理界面各不相同，甚至还有不同的命令和配置文件。本节以图形化工具的讲解为主，说说网络的基本配置。

10.1.1 IP 地址

IP 地址的配置方式有两种：动态主机配置协议（DHCP）和静态 IP。

1. DHCP

当前大部分局域网使用的是 DHCP，它让用户几乎是彻底摆脱了网络配置的困扰。只需要将网线插上计算机，Linux 就会自动向 DHCP 服务器租用各种网络和管理参数，包括 IP 地址、网络掩码、默认网关和域名服务器等。要配置当前网卡使用 DHCP 方式，可以遵循下面的步骤。

（1）单击“系统设置”按钮，选择“网络”命令，如图 10.1 所示。

图 10.1 “网络设置”对话框

（2）选择“有线”选项，然后单击“选项”按钮，弹出“正在编辑有线连接 1”对话框。在弹出的对话框中选择“IPv4”选项卡，如图 10.2 所示。

（3）在“方法”下拉列表框中选择自动配置（DHCP）选项，单击“保存”按钮。

2. 静态 IP

静态 IP 的配置方式略微复杂一些。在“方法”下拉列表框中选择“手动”选项，然后单击“添加”按钮并依次填写“IP 地址”“子网掩码”“网关地址”字段，填完后单击“保存”按钮，如图 10.3 所示。这些信息都可以从网络管理员那里得到。

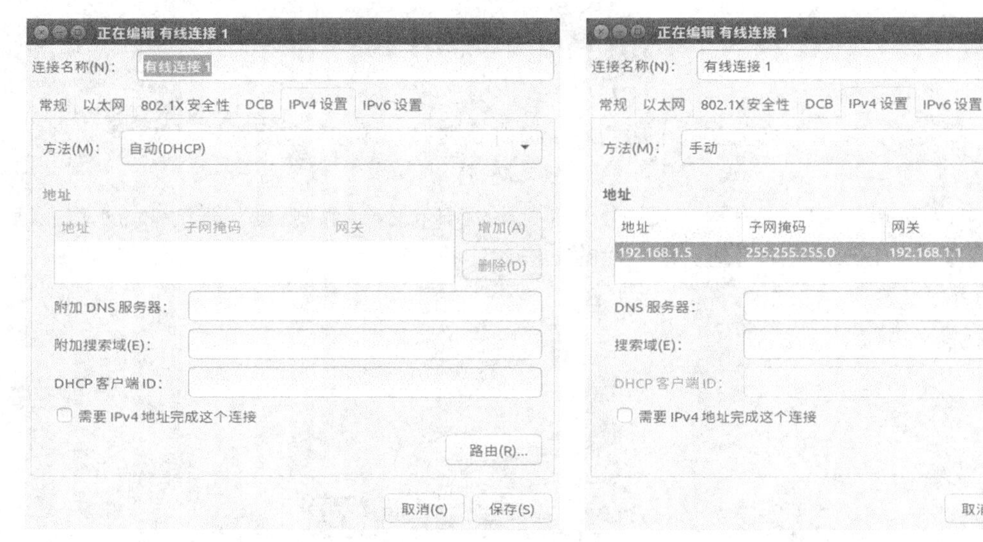

图 10.2 “IPv4 设置”对话框　　　　图 10.3 设置静态 IP 地址

连接到局域网后，下一个问题是怎样进一步连接到 Internet。在这一点上，不同的单位往往使用不尽相同的方法。有些企业直接提供了 Internet 出口，另一些则使用了诸如 VPN 这样的技术。

10.1.2 网关配置

如果是 DHCP 动态配置，只需要将网线插上计算机，Linux 就会自动向 DHCP 服务器租用各种网络和管理参数，包括 IP 地址、网络掩码、默认网关和域名服务器等。

（1）单击“系统设置”按钮，选择“网络”命令，如图 10.4 所示。

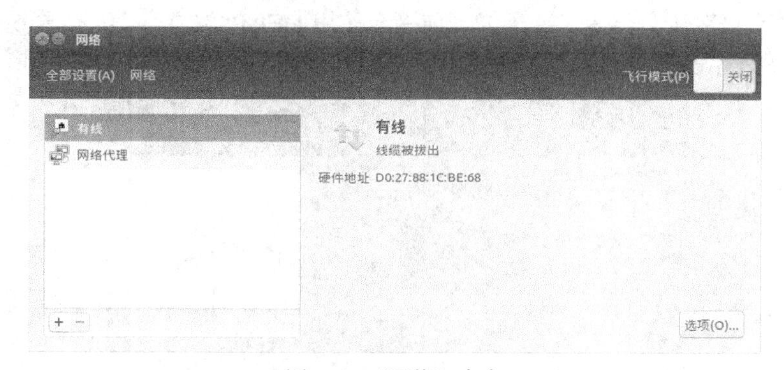

图 10.4 “网络”命令

（2）选择“有线”选项，然后单击“选项”按钮，弹出“正在编辑有线连接 1”对话框。在弹出的对话框中选择“IPv4”选项卡，如图 10.5 所示。

如果是静态 IP 地址，在“方法”下拉列表框中选择“手动”选项，然后单击“添加”按钮并依次填写“IP 地址”“子网掩码”“网关地址”字段，填完后单击“保存”按钮，如图 10.6 所示。

图 10.5　设置静态 IP 地址

图 10.6　设置静态 IP 地址

10.1.3　路由配置

路由是定义网络上两台主机间如何通信的一种机制。为了实现与目的主机的通信，需要告诉本地主机遵循怎样一条线路才能够到达目的地。Linux 内核中维护着一张路由表，每当一个数据包需要被发送时，Linux 会把这个包的目标 IP 地址和路由表中的路由信息比较。如果找到了匹配的表项，那么这个包就会被发送到这条路由所对应的网关。网关会负责把这个包转发到目的地。

使用 netstat -r 命令可以看到当前系统中的路由信息。

```
$ netstat -r
内核 IP 路由表
Destination  Gateway       Genmask         Flags  MSS Window  irtt Iface
10.71.84.0   *             255.255.255.0   U      0   0       0    eth0
10.250.20.0  *             255.255.255.0   U      0   0       0    wlan0
link-local   *             255.255.0.0     U      0   0       0    eth0
default      10.250.20.254 0.0.0.0         UG     0   0       0    wlan0
default      10.71.84.254  0.0.0.0         UG     0   0       0    eth0
```

在上面这张路由表中，地址 10.71.84.0 和 10.250.20.0 不需要网关即可到达——这意味着这两个地址和本地主机同处一个网络（事实上，最后一个字节为 0 的 IP 地址就是该网络的网络地址）。default 表示一条默认路由，当所有的表项都不能被匹配的时候，Linux 就会把包发送到默认路由所指定的网关上。这个例子中，默认路由的网关被设置为 10.250.20.254（对应于 wlan，即无线网络接口）和 10.71.84.254（对应于 eth0，即以太网接口）。

route 命令用于增加或者删除一条路由。下面这条命令增加了一条默认路由。

```
$ sudo route add default gw 10.71.84.2
```

其中，关键字 add 表示增加路由表项，关键字 default 指定了这是一条默认路由。关键字 gw 告诉 Linux 后面紧跟的参数 10.71.84.2 是包应该被转发到的那台主机（也就是网关）。注意网关必须处在当前可以直接连接到的网络上（这一点的原因是显而易见的）。

可以手动配置路由信息，使主机能够访问到某个网络。例如，现在希望连接到一个网络地址为 10.62.74.0/24 的网络，在本地网络中有一台 IP 地址为 10.71.84.51 的主机可作为网关。那么，可以运行下面这条命令增加一条路由。

```
$ sudo route add -net 10.62.74.0/24 gw 10.71.84.51
```

这条命令看起来跟之前有一些不同。首先，-net 取代了关键字 default，表示后面紧跟的是一个网络地址，也就是目的网络。关键字 gw 指示 Linux 把所有发送到 10.62.74.0 这个网络中的主机的包，全部转发到 10.71.84.51 上，这个网关主机知道怎样连接到目的网络。

其次，10.62.74.0/24 这个 IP 地址看上去有一点奇怪。通过子网掩码可以提取一个 IP 地址的网络部分。那么，route 命令应该要知道某个特定网络的子网掩码是什么。/XX 是一种简便的表示子网掩码的方式，这里的 24 表示 IP 地址的网络部分占据 24 位，对应的子网掩码为 255.255.255.0。

也可以使用-host 关键字指定紧跟的 IP 地址是一个主机地址。下面这条命令指定将所有发送到主机 10.62.74.4 的包，转发到网关 10.71.84.51 上。

```
$ sudo route add -host 10.62.74.4 gw 10.71.84.51
```

一个 IP 地址一般表示一台主机，但有两个地址是例外的。全 0 和全 1 的主机地址被保留作为网络地址和广播地址。网络地址代表整个网络，而发送到广播地址的包会被转发到这个网络的所有主机上。

可以指定对某个特定的网络接口配置路由表。

```
$ sudo route add -host 10.62.74.4 gw 10.71.84.51 dev eth0
```

其中，关键字 dev 是可有可无的。route 命令也可以理解下面这种写法。

```
$ sudo route add -host 10.62.74.4 gw 10.71.84.51 eth0
```

最后，使用 del 关键字可以删除一条路由。下面这条命令删除了当前的默认路由。

```
$ sudo route del default
```

基于和使用 ifconfig 命令同样的原因，在远程登录的情况下删除路由表项应该格外小心。

10.1.4 在命令行下配置网络

图形界面下能完成的系统设置其实都可以在命令行下实现。本节主要讲述 ifconfig 和 route 这两个命令。对于配置一台拥有静态 IP 的服务器，本节非常有用。

ifconfig 命令用于启动或禁用一个网络接口，同时设置其 IP 地址、子网掩码以及其他网络选项。通常，ifconfig 在系统启动时通过接受相关配置文件中的参数完成网络设置。用户也可以随时使用这个命令改变当前网络接口的设置。

首先来看一个例子。下面这条命令将网络接口 eth0 的 IP 地址设置为 192.168.1.14，子网掩码为 255.255.255.0，同时启动这个网络接口。

```
$ sudo ifconfig eth0 192.168.1.14 netmask 255.255.255.0 up
```

eth0 这个名字标识了一个网络硬件接口。其中的 eth 代表 Ethernet，即以太网。第 1 个以太网接口为 eth0，第 2 个以太网接口为 eth1……依此类推。无线网络接口往往以 wlan 开头，遵循和以太网接口相同的命名法则。

eth0 后面紧跟着 IP 地址。这里将 eth0 这个接口的 IP 地址设置为 192.168.1.14。netmask 选项指导 ifconfig 命令设置网络接口的子网掩码。

什么是子网掩码？这个问题说来话长。IP 地址是一个长达 4 字节的二进制数，用于唯一标识网络上的主机。在日常使用中，通常每个字节被转换成一个十进制数，各数字之间用点号隔开。这样就形成了诸如 192.168.1.14 这样的 IP 地址的表示形式。这个地址的表示分为网络部分和主机部分，其中网络部分标识地址所指的逻辑网络，而主机部分则标识该网络中的一台计算机。

这样问题就产生了：即便将前 3 个字节都作为网络部分使用（即 N.N.N.H 的形式），仍然有多达 254 个主机号可供这个网络分配。如果网络部分采用 2 个字节（N.N.H.H）和 1 个字节（N.H.H.H），那么这个数字将分别达到 65534 和 16777214。对于一个逻辑网络而言，主机数通常不会超过 100 台，预留这么多主机号显然是一种浪费。这样，子网掩码就应运而生了。通过对 IP 地址和子网掩码实施“与”运算，可以将网络号分离出来，从而实现利用有限的 IP 地址划分更多逻辑网络的目的。

最后的关键字 up 用于启动网络接口。与之相反的是关键字 down，用于关闭该网络接口，例如：

```
$ sudo ifconfig eth0 down
```

可以使用不带任何参数的 ifconfig 命令显示当前系统上所有网络接口的配置。

```
$ ifconfig
eth0      Link encap:以太网  硬件地址 00:21:70:6e:94:2c
          inet 地址:10.71.84.124  广播:10.71.84.255  掩码:255.255.255.0
          inet6 地址: fe80::221:70ff:fe6e:942c/64 Scope:Link
          UP BROADCAST RUNNING MULTICAST  MTU:1500  跃点数:1
          接收数据包:720 错误:0 丢弃:0 过载:0 帧数:0
          发送数据包:47 错误:0 丢弃:0 过载:0 载波:0
          碰撞:0 发送队列长度:1000
          接收字节:63221 (61.7 KB)  发送字节:7425 (7.2 KB)
          中断:17

lo        Link encap:本地环回
          inet 地址:127.0.0.1  掩码:255.0.0.0
          inet6 地址: ::1/128 Scope:Host
          UP LOOPBACK RUNNING  MTU:16436  跃点数:1
          接收数据包:3928 错误:0 丢弃:0 过载:0 帧数:0
          发送数据包:3928 错误:0 丢弃:0 过载:0 载波:0
          碰撞:0 发送队列长度:0
          接收字节:196400 (191.7 KB)  发送字节:196400 (191.7 KB)

wlan0     Link encap:以太网  硬件地址 00:16:44:db:34:b2
          inet 地址:10.250.20.44  广播:10.250.20.255  掩码:255.255.255.0
          inet6 地址: fe80::216:44ff:fedb:34b2/64 Scope:Link
          UP BROADCAST RUNNING MULTICAST  MTU:1500  跃点数:1
          接收数据包:1125 错误:0 丢弃:0 过载:0 帧数:0
```

```
发送数据包:686 错误:0 丢弃:0 过载:0 载波:0
碰撞:0 发送队列长度:1000
接收字节:221103 (215.9 KB)  发送字节:92686 (90.5 KB)
中断:17 Memory:f6cfc000-f6d00000
```

注意其中名为 lo 的网络接口。lo 表示“环回网络”，这是一个没有实际硬件接口的虚拟网络。127.0.0.1 这个环回地址始终指向当前主机，也可以使用 localhost 表示当前主机。

如果正在远程服务器上使用 ifconfig 命令，那么应该随时提防因为操作不慎而把自己断开了。万一真的发生了这样的事情，那么唯一的解决方法就是坐到这台服务器前面，纠正自己犯下的错误，即便这台服务器可能在这个城市的另一头。

10.2 网络监控

网络配置完成后，就要对网络的连通状态进行测试、疏通，了解网络常用命令的用法就十分必要了。本节向读者介绍网络监控时常用命令的用法。

10.2.1 检测网络是否通畅 ping

ping 命令通过发送 Internet 控制消息协议（ICMP）回响请求消息来验证与另一台 TCP/IP 计算机的 IP 级连接。

原理：网络上的机器都有唯一确定的 IP 地址，我们给目标 IP 地址发送一个数据包，对方就要返回一个同样大小的数据包，根据返回的数据包我们可以确定目标主机的存在，可以初步判断目标主机的操作系统等。

当用“ping 主机”命令 ping 一台机器时，ping 自己无法停止，必须按下 Ctrl+C 强行退出，或者可以用-c (count)选项指定发送包的数量。

Ping 常用的方式如下：

```
ping  -c 5  IP  (请求 5 次)
ping  -I 2  IP  (间隔 2s)
```

10.2.2 检测端口 netstat

netstat 主要用于 Linux 查看自身的网络状况，如开启的端口、在为哪些用户服务及服务的状态等。此外，它还显示系统路由表、网络接口状态等。netstat 是一个综合性的网络状态的查看工具，其常用参数如下：

```
netstat -a  列出所有当前的连接
netstat -at  列出 TCP 协议的连接
netstat -au  列出 UDP 协议的连接
netstat -nr  列出路由表
```

10.2.3 流量监控

1. NetHogs

Nethogs 是一个终端下的网络流量监控工具，它的特别之处在于可以显示每个进程的带宽占用情况，这样可以更直观获取网络使用情况。它支持 IPv4 和 IPv6 协议、支持本地网卡及 PPP 链接。

Ubuntu 官方源中就有这个程序，所以安装方法非常简单：

```
sudo apt-get install nethogs
```

Nethogs 的使用方式：

```
sudo nethogs eth0
```

该程序使用时需要 root 权限，默认是监控 eth0 网卡，所以直接输入 sudo nethogs 也可以，如果有多网卡的话就必须进行指定。

2. Ifstat

Ifstat 工具是个网络接口监测工具，监控 I/O 状态和 CPU 状态。我们可以定义一个或者多个网络接口，并增加选项，使结果更容易观察。

Ubuntu 下安装的方法也很简单：

```
sudo apt-get install ifstat
```

Ifstat 的使用方法如下：

```
ifstat -l
```

10.3　其他上网方式

除了办公室中通过有线上互联网的方法外，还有一些其他的上网方式，本节向读者一一介绍。

10.3.1　拨号上网

ADSL（Asymmetric Digital Subscriber Line，非对称数字用户线路）是普通用户使用最多的互联网接入方式。使用 ADSL 宽带接入应该首先到国家指定的几家公司申请并安装相应的设备。

1. Ubuntu 中的设置

ADSL 使用以太网 PPPoE 调制解调器设置实现连接。这是一种被称作“点对点”的拨号方式。要配置 Ubuntu 使用 ADSL 上网，可以简单地遵循下面这些步骤。

（1）打开终端模拟器，输入命令 sudo pppoeconf，打开“点对点”连接配置工具。这是一个基于文本的菜单程序，首先应该保证检测到了所有的以太网设备，如图 10.7 所示。

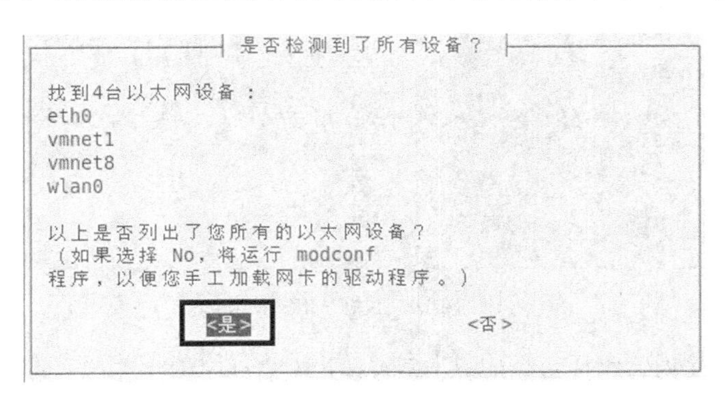

图 10.7　基于文本的 PPP 连接程序

（2）如果没有问题，使用方向键将光标定位到“是”按钮，按下 Enter 键进入下一步。pppoeconf 会要求用户确认和配置文件有关的信息，简单地回答“是”即可。接下来需要输入用户名和口令，如图 10.8 和图 10.9 所示。注意此时口令是以明文形式显示的。

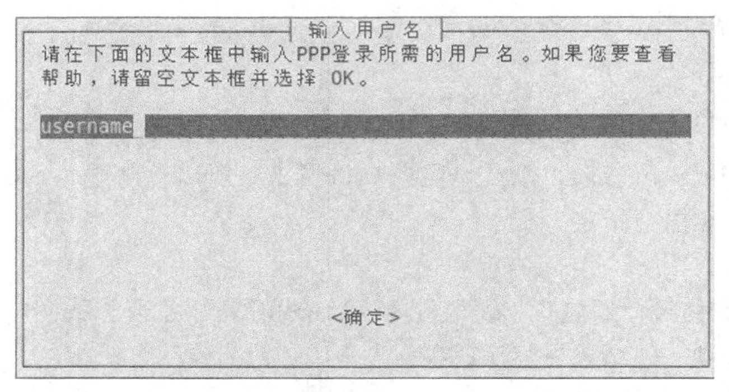

图 10.8　输入用户名

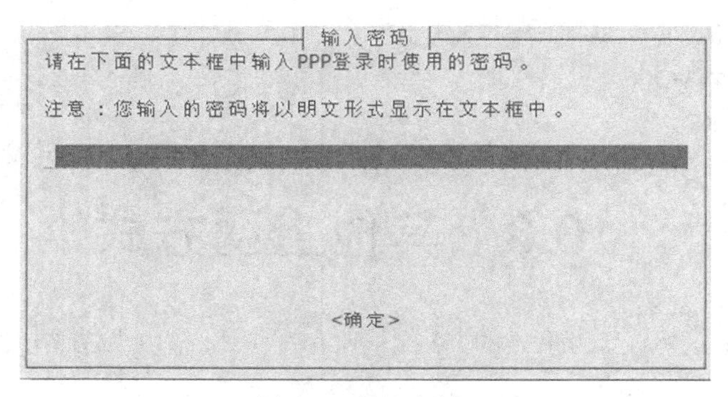

图 10.9　输入密码

（3）随后 pppoeconf 会询问用户是否要将获取的 DNS 信息加入本地列表中。回答“是”即可。并对接下来的“MSS 限制错误”对话框同样回答“是”，如图 10.10 所示。

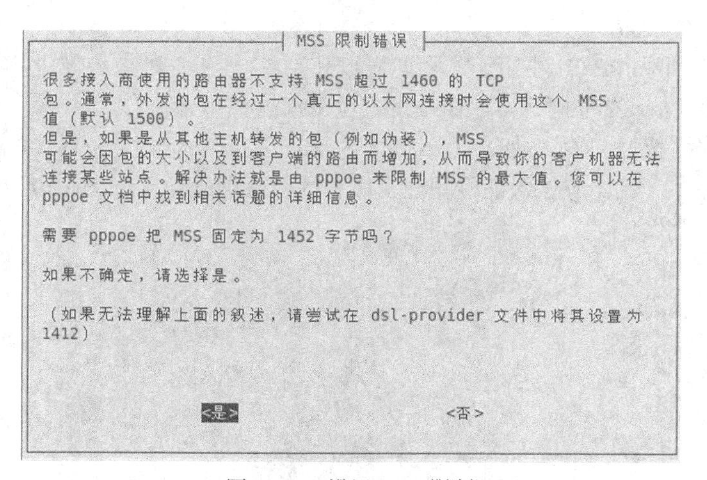

图 10.10　设置 MSS 限制

（4）至此就完成了对宽带连接的配置，是否在每次启动时建立连接（见图 10.11）和是否立即建立连接（见图 10.12）完全取决于用户自己的想法。

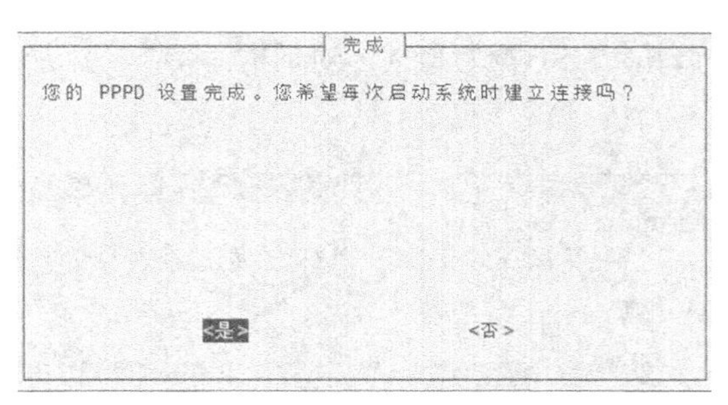

图 10.11　询问是否在每次启动时建立连接

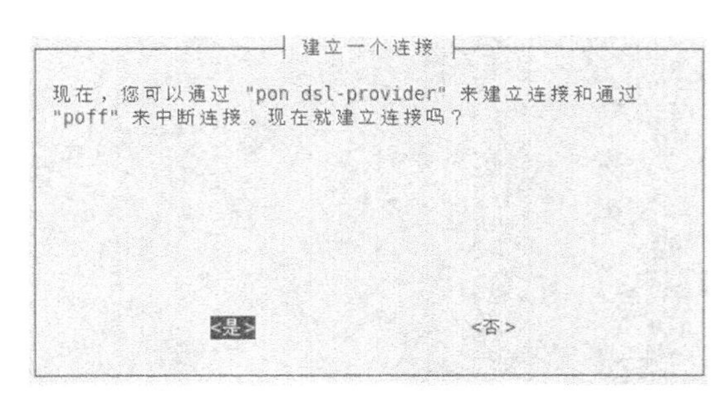

图 10.12　询问是否立即建立连接

以后可以使用下面这条命令建立连接。

```
$ sudo pon dsl-provider
```

相应地，下面这条命令关闭该 PPP 连接。

```
$ sudo poff dsl-provider
```

2. openSUSE 中的设置

openSUSE 用户可以使用 YAST2 配置工具设置 ADSL 连接。

（1）通过选择桌面左下角的“K 菜单”|“计算机”|“YaST2”命令，打开 YaST2 控制中心，定位到“网络设备”标签，如图 10.13 所示。

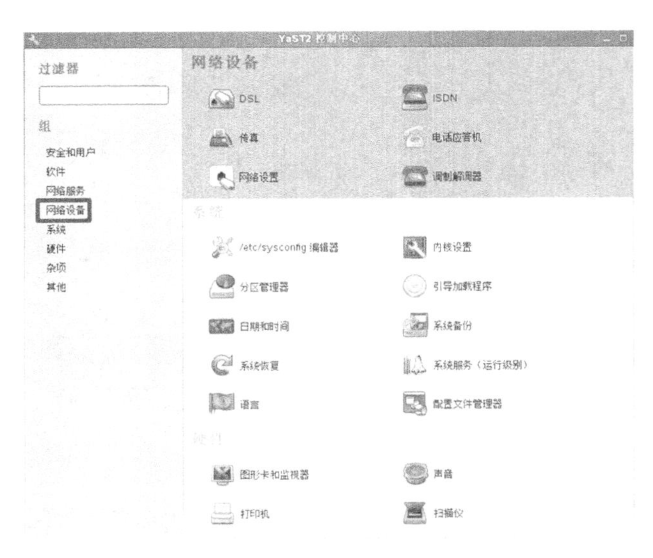

图 10.13　在 YAST2 中定位到“网络设备”标签

（2）单击 DSL 图标，弹出“DSL 配置概述”对话框。单击“添加”按钮，打开“DSL 配置”对话框，如图 10.14 所示。

图 10.14　DSL 基本配置

（3）在“PPP 方式”下拉列表框中选择“基于以太网的 ppp”选项，单击“下一步”按钮。此时系统弹出“选择因特网服务提供商（ISP）”对话框，要求用户选择服务提供商，如图 10.15 所示。这里并没有列出合适的服务提供商，单击“新建”按钮手动添加。

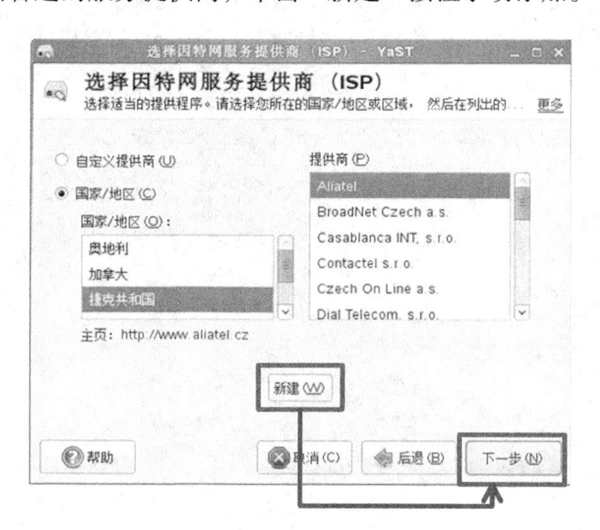

图 10.15　选择服务提供商

（4）在弹出的“提供程序参数”对话框中依次填写“提供商名称”（可以任意取名）、“用户名”和“密码”字段，如图 10.16 所示。

图 10.16　设置用户名和密码

（5）单击“下一步”按钮设置连接参数，通常只要保持默认值就可以了。

（6）最后 YAST2 会显示汇总信息，单击“完成”按钮结束配置。YAST2 会替用户完成所有的设置，如图 10.17 所示。在这个过程中，如果缺少某个软件包，YAST2 会自动提示用户安装。

（7）右键单击桌面右下角的图标，在弹出的快捷菜单中选择“拨入”命令即可建立连接，如图 10.18 所示。如果找不到这个图标，可以选择桌面左下角的“K 菜单”|“因特网”|“因特网拨号”命令打开这个拨号软件。

图 10.17　自动执行配置

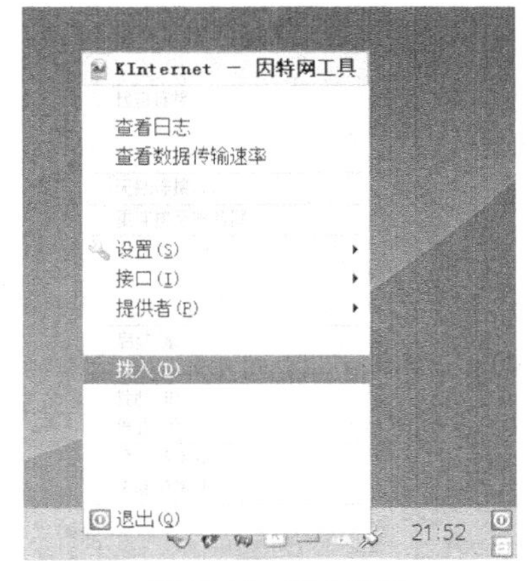

图 10.18　建立连接

10.3.2　无线上网

如今手机和笔记本基本上都使用无线上网技术。要在 Linux 下使用无线网络，首先应该安装无线网卡的驱动程序。Ubuntu 用户可以直接使用 apt-get 安装。安装无线网卡具体步骤如下。

（1）将无线网卡自带的光盘插入光驱中。

（2）找到该光盘手动运行安装程序（该光盘在 Linux 下是压缩文件，我们将它解压就可以了）。

（3）安装完成后，单击“设置”按钮，在弹出的“系统设置对话框”中选择“网络”命令打开这个软件（在该界面中有无线选项进行设置）。打开后的界面如图 10.19 所示。

安装完成后，应该可以看到主机面板上的 Wi-Fi 灯亮起，表示无线网卡工作正常。通常来说，无线网络只要使用默认配置就可以了。Linux 会自动捕捉当前所在区域的无线接口。如果无线接口不止一个，那么用户可以从网络图标（这个图标通常出现在桌面状态栏的右侧）的下拉列表框中选择一个，如图 10.19 所示。

加密的无线网络还需要用户提供用户名和密码——如果不知道，那么应该向网络管理员咨询。建立连接后，网络图标看起来应该像图 10.20 这样。

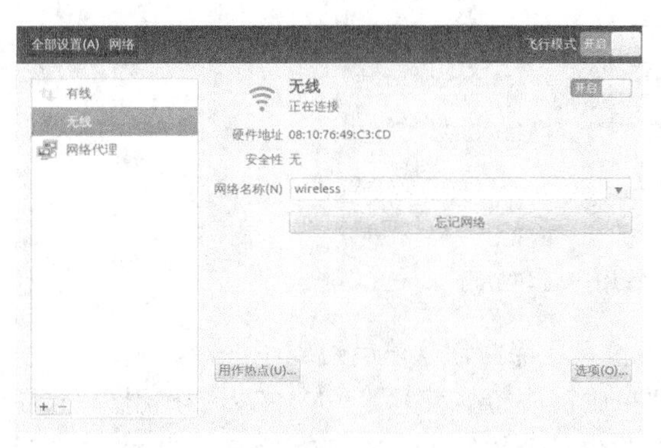

图 10.19 在下拉列表框中选择无线网络连接

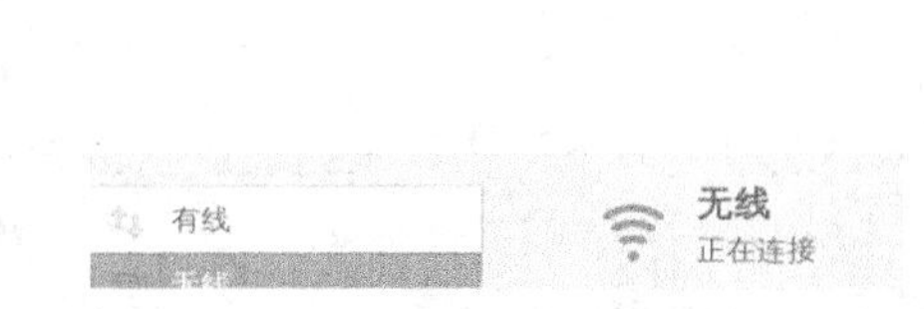

图 10.20 完成无线网络的连接

10.3.3 局域网连接

在一座或一群建筑物间存在的网络通常被称为“局域网”。常见的英文缩写 LAN（代表 Local Area Network）表达的是同一个意思。这是在写字楼内实现计算机互联的最常见的方法。事实上，互联网（Internet）正是由世界各地的各类连网终端和网络“互联”而成的。因此，通过局域网接入 Internet 非常方便——前提是这个局域网提供了这样的出口。

目前，几乎所有的局域网都使用了以太网技术。“以太网”这个词对于读者而言应该并不陌生。PC 中安装的网卡总是标榜自己为“以太网网卡”。以太网是一种基于载波侦听、多路访问和冲突检测的连网协议。尽管存在有多种形式的以太网，但其基本原理是一致的。普通用户并不需要了解其中艰深晦涩的原理——这是网络管理员需要知道的事情，直接使用就可以了。对于普通的有线局域网接入而言，只需要一台带有网卡的计算机和一根网线就足够了。

10.4 小　结

本章向读者介绍了 Linux 网络的基本配置，包括 IP、网关配置及网络监控命令的使用方法。在当今这个网络社会，拨号上网、无线上网也是读者应该掌握的，当然无线是真正的重头戏。

10.5 习　题

一、填空题

1. IP 地址的配置包括________和________。
2. ________是定义网络上两台主机间如何通信的一种机制。
3. ________命令通过发送 Internet 控制消息协议（ICMP）回响请求消息来验证与另一台

TCP/IP 计算机的 IP 级连接。

4. ________主要用于查看自身的网络状况，如开启的端口、服务态等。

二、选择题

关于任务计划描述错误的是（　　）。

A. ping 自己无法停止

B. 使用 netstat -r 命令可以看到当前系统中的路由信息

C. Ubuntu 不支持无线上网

D. netstat –a 列出所有当前的连接

三、简答题

请解释这个命令的含义：

```
ping  -I 2  -c 5  IP
```

第 3 部分

Linux 下的网络服务与编程

- 第 11 章　搭建网络服务
- 第 12 章　安全设置
- 第 13 章　编程开发

第 11 章 搭建网络服务

Linux 操作系统的一个主要应用就是作为服务器，为其他电脑提供各种应用，本章将为读者介绍 Linux 系统中主要服务器的搭建步骤。

本章将介绍：

- FTP 服务器
- NFS 服务器
- Samba 服务器
- Apache 服务器

11.1 服务器基础知识

在讲解如何搭建服务器之前，读者必须了解服务器的基本知识，本节将为读者介绍 Linux 的启动过程和服务的相关知识。

11.1.1 Linux 启动的基本步骤

当我们按下 PC 电源开关的那一刻，PC 引导的第一步是执行存储在 ROM（只读存储器）中的代码，这种引导代码被称为基本输入输出系统（Basic Input/Ouput System，BIOS）。BIOS 知道和引导有关的硬件设备的信息，包括磁盘、键盘、串行口、并行口等，并根据设置选择从哪一个设备引导。

确定引导设备后，系统首先加载该设备开头的 512 个字节，包含这些字节的段被称作主引导记录（Master Boot Record，MBR），它的主要任务是确定从什么地方加载下一个引导程序，下一个引导程序被称为“引导加载器（Boot Loader）”。引导加载器负责加载操作系统的内核，Grub 和 LILO 就是 Linux 上最著名的两个引导加载器。

接下来发生的事情就随操作系统的不同而不同了。对于 Linux 而言，基本的引导步骤包括以下 6 个阶段。

（1）加载并初始化 Linux 内核。

（2）设置硬件设备。

（3）内核创建自发进程。

（4）由用户决定是否进入手工引导模式。

（5）执行系统启动脚本（init 进程）。

（6）进入多用户模式。

可见，Linux 内核总是第一个被加载的东西。内核执行包括硬件检测在内的一切基础操作，然后创建几个进程。这些内核级别的进程被称作“自发”进程。本章（或许也是整个系统）最重要的 init 进程就是在这个阶段创建的。

事情到这里还没有完。内核创建的进程只能执行最基本的硬件操作和调度，而那些执行用户级操作的进程（诸如接受登录）还没有创建。这些任务最后都被内核“下放”给 init 进程来完成，因此，init 进程是系统上除了几个内核自发进程之外所有进程的祖先。

11.1.2　init 和运行级

init 定义了 “运行级”，这里的“级”用一些整数表示。进入某一个运行级意味着使用某种特定的系统资源组合。由于几乎所有的进程都是由 init 创建的，因此由它控制在某个运行级下应该运行哪些进程。

Linux 的 init 进程总共支持 10 个运行级，但实际定义的运行级只有 7 个。表 11.1 显示了这些运行级及其对应的系统状态。

表 11.1　运行级及其对应的系统状态

运行级	系统状态
0	系统关闭
1 或 S	单用户模式
2	功能受限的多用户模式
3	完整的多用户模式
4	一般不用，留作用户自己定义
5	多用户模式，运行 X 窗口系统
6	重新启动

目前绝大部分的 Linux 发行版本默认都启动计算机至运行级 5，也就是带有 X 窗口系统的多用户模式。服务器通常不需要运行 X，因此常常被设置进入运行级 3。运行级 4 被保留，方便管理员根据实际情况定义特殊的系统状态。

单用户模式是关于系统救援的。在这个运行级下，所有的多用户进程都被关闭，系统保留最小软件组合。引导系统进入单用户模式后，系统会要求用户以 root 身份登录到系统中。

0 和 6 是两个比较特殊的运行级，系统实际上并不能停留在这两个运行级中。进入这两个运行级别意味着关机和重启。使用 telinit 命令可以强制系统进入某个运行级。运行下面这条命令后，系统就进入运行级 6，也就是关闭计算机，然后再启动。

```
sudo telinit 6
```

尽管表 11.1 明确地列出了所有 7 个运行级代表的系统状态，但事实上这只代表了大部分系统的习惯做法。在某一台特定的计算机上，管理员可能会根据实际情况调整配置。例如让运行级 3 也能启动 X 窗口系统。init 的配置文件是/etc/inittab，这个文件中定义了每个运行级上需要做的事情。下面是 openSUSE Linux 中 inittab 文件的一部分。

```
# runlevel 0  is  System halt   (Do not use this for initdefault!)
# runlevel 1  is  Single user mode
# runlevel 2  is  Local multiuser without remote network (e.g. NFS)
```

```
# runlevel 3  is  Full multiuser with network
# runlevel 4  is  Not used
# runlevel 5  is  Full multiuser with network and xdm
# runlevel 6  is  System reboot (Do not use this for initdefault!)
#
l0:0:wait:/etc/init.d/rc 0
l1:1:wait:/etc/init.d/rc 1
l2:2:wait:/etc/init.d/rc 2
l3:3:wait:/etc/init.d/rc 3
#l4:4:wait:/etc/init.d/rc 4
l5:5:wait:/etc/init.d/rc 5
l6:6:wait:/etc/init.d/rc 6
```

以“#”开头的行是注释行，紧跟在后面的这些行定义了在每个运行级下应该做的事情。inittab 文件通常并不会一一列出所有应该执行的脚本，而是调用 rc 脚本（通常是/etc/init.d/rc）改变运行级。rc 脚本随后根据传给它的参数查找与运行级有关的目录，并执行其中的脚本。

这些“与运行级有关”的目录总是以.rclevel.d 的形式出现，其中 level 就是运行级编号。例如所有要在运行级 1 下执行的脚本都保存在 rc1.d 目录下，而为了进入运行级 3，那么就执行位于 rc3.d 目录下的脚本。通常，这些目录不是在/etc 目录下，就是在/etc/init.d 目录下。

```
$ ls -d /etc/rc*                         ##列出/etc 目录下所有以 rc 开头的目录
/etc/rc0.d  /etc/rc1.d  /etc/rc2.d  /etc/rc3.d  /etc/rc4.d  /etc/rc5.d  /etc/rc6.d
/etc/rcS.d
```

很显然，为了改变某个运行级所使用的系统资源组合，可以在这些目录下添加/删除相应的脚本。rclevel.d 目录下的脚本文件有自己一套独特的命名和实现方法，这里不再讨论。

我们也能很容易地改变 Linux 的默认运行级。在/etc/inittab 文件中找到下面这一行：

```
id:5:initdefault:
```

这一行设置将 Linux 默认启动到运行级 5。如果要让 Linux 默认启动到运行级 3，可以把它改成下面这样：

```
id:3:initdefault:
```

11.1.3 服务器启动脚本

启动服务器应用程序的脚本位于/etc/init.d 目录下，每个脚本各控制一个特定的守护进程。所有的脚本都有 start 和 stop 参数，表示启动和停止服务器守护进程。下面这条命令启动了 SSH 服务器的守护进程。

```
$ sudo /etc/init.d/sshd start
Starting SSH daemon                                                done
```

与此相对的，下面这条命令停止 SSH 服务器的守护进程。

```
$ sudo /etc/init.d/sshd stop
Shutting down SSH daemon                                           done
```

大部分启动脚本还认识 restart 参数。顾名思义，接收到这个参数的脚本首先关闭服务器守护进程，然后再启动它。

```
$ sudo /etc/init.d/sshd restart
Shutting down SSH daemon                                           done
Starting SSH daemon                                                done
```

在改变运行级（包括系统启动和关闭）的时候，系统执行的是 rclevel.d 目录下的脚本文件。仍然以 SSH 为例，使用 ls -l 命令可以清楚地看到 init.d 和 rclevel.d 这两个目录下脚本文件之间的关系。

```
$ ls -l /etc/init.d/rc5.d/ | grep sshd
lrwxrwxrwx 1 root root  7 11-09 17:55 K12sshd -> ../sshd
lrwxrwxrwx 1 root root  7 11-09 17:55 S10sshd -> ../sshd
```

/etc/init.d/rc5.d 目录下的两个脚本文件 K12sshd 和 S10sshd，实际上都是指向/etc/init.d/sshd 的符号链接。init 在执行脚本的时候，会给以字母 S 开头的脚本文件传递 start 参数，而给以字母 K 开头的脚本文件传递 stop 参数。例如 init 运行 K12sshd 时，实际执行的是下面这条命令。

```
/etc/init.d/rc5.d/K12sshd stop
```

由于 K12sshd 脚本是/etc/init.d/sshd 的符号链接，因此又等价于下面这条命令。

```
/etc/init.d/sshd stop
```

脚本文件名中的数字描述了脚本运行的先后顺序，数字较小的脚本首先被执行。下面的例子反映了这一点。当进入运行级 5 的时候，S05network 在 S10sshd 之前执行（因为 5<10）；类似地，当退出运行级 5 的时候，K12sshd 在 K17network 之前执行（因为 12<17）。

```
$ ls -l /etc/init.d/rc5.d/ | egrep 'ssh|network'
lrwxrwxrwx 1 root root  7 11-09 17:55 K12sshd -> ../sshd
lrwxrwxrwx 1 root root 10 11-09 17:50 K17network -> ../network
lrwxrwxrwx 1 root root 10 11-09 17:50 S05network -> ../network
lrwxrwxrwx 1 root root  7 11-09 17:55 S10sshd -> ../sshd
```

这样安排的用意很明显，供远程登录使用的 SSH 服务器不应该在网络接口启动之前运行。在向 rclevel.d 目录下手动添加脚本的时候应该格外注意这些依赖关系。下面列出了在笔者的 openSUSE 系统上启动服务器脚本的顺序。

```
$ ls -l /etc/init.d/rc5.d/
...
lrwxrwxrwx 1 root root    8   11-09 17:50 S01acpid -> ../acpid
lrwxrwxrwx 1 root root    7   11-09 17:50 S01dbus -> ../dbus
lrwxrwxrwx 1 root root    14  11-09 17:50 S01earlysyslog -> ../earlysyslog
lrwxrwxrwx 1 root root    8   11-09 17:50 S01fbset -> ../fbset
lrwxrwxrwx 1 root root    16  11-09 17:50 S01microcode.ctl -> ../microcode.ctl
lrwxrwxrwx 1 root root    9   11-09 17:50 S01random -> ../random
lrwxrwxrwx 1 root root    9   11-09 17:50 S01resmgr -> ../resmgr
lrwxrwxrwx 1 root root    21  11-09 18:10 S01SuSEfirewall2_init -> ../SuSEf-irewall2_
init
lrwxrwxrwx 1 root root    13  11-09 17:50 S02consolekit -> ../consolekit
lrwxrwxrwx 1 root root    12  11-09 17:50 S03haldaemon -> ../haldaemon
lrwxrwxrwx 1 root root    11  11-09 17:50 S04earlyxdm -> ../earlyxdm
lrwxrwxrwx 1 root root    10  11-09 17:50 S05network -> ../network
lrwxrwxrwx 1 root root    9   11-09 17:50 S06syslog -> ../syslog
lrwxrwxrwx 1 root root    9   11-09 17:55 S07auditd -> ../auditd
lrwxrwxrwx 1 root root    10  11-09 17:55 S07portmap -> ../portmap
lrwxrwxrwx 1 root root    8   11-27 13:06 S07smbfs -> ../smbfs
lrwxrwxrwx 1 root root    15  11-09 17:55 S07splash_early -> ../splash_early
lrwxrwxrwx 1 root root    12  11-09 17:55 S10alsasound -> ../alsasound
lrwxrwxrwx 1 root root    15  11-09 17:55 S10avahi-daemon -> ../avahi-daemon
lrwxrwxrwx 1 root root    7   11-09 17:55 S10cups -> ../cups
lrwxrwxrwx 1 root root    19  11-09 17:55 S10java.binfmt_misc -> ../java.binfmt_misc
```

```
lrwxrwxrwx 1 root root    6    11-09 17:55 S10kbd -> ../kbd
lrwxrwxrwx 1 root root    7    11-09 17:55 S10nscd -> ../nscd
lrwxrwxrwx 1 root root    13   11-09 17:56 S10powersaved -> ../powersaved
lrwxrwxrwx 1 root root    9    11-09 17:55 S10splash -> ../splash
lrwxrwxrwx 1 root root    7    11-09 17:55 S10sshd -> ../sshd
lrwxrwxrwx 1 root root    15   11-09 17:56 S10vmware-guest -> ../vmware-guest
lrwxrwxrwx 1 root root    17   11-09 17:55 S11avahi-dnsconfd -> ../avahi-dnsconfd
lrwxrwxrwx 1 root root    12   12-21 05:25 S11nfsserver -> ../nfsserver
lrwxrwxrwx 1 root root    10   11-09 17:55 S11postfix -> ../postfix
lrwxrwxrwx 1 root root    6    11-09 17:55 S11xdm -> ../xdm
lrwxrwxrwx 1 root root    7    11-09 17:55 S12cron -> ../cron
lrwxrwxrwx 1 root root    9    11-09 17:57 S12smartd -> ../smartd
lrwxrwxrwx 1 root root    9    11-09 14:15 S12xinetd -> ../xinetd
lrwxrwxrwx 1 root root    15   11-09 17:50 S21stopblktrace -> ../stopblktrace
lrwxrwxrwx 1 root root    22   11-09 18:10 S21SuSEfirewall2_setup -> ../S-
uSEfirewall2_setup
```

11.1.4 Ubuntu 和 Debian 的 init 配置

Ubuntu 和 Debian 这两个发行版使用 upstart（非 init）来管理启动脚本。Ubuntu 和 Debian 默认没有 inittab 文件，而是使用/etc/event.d/rc-default 来确定启动的默认运行级。不过，rc-default 脚本依然会试图寻找/etc/inittab。如果找到了，它就按照 inittab 文件的配置来设置运行级；如果没有找到，它就把系统启动到运行级 2。

为什么是运行级 2 而不是 5？Debian 的 FAQ（常见问题）回答了这个问题，如表 11.2 所示。

表 11.2　Ubuntu 和 Debian 的运行级默认设置

运行级	系统状态
0	关闭系统
1	单用户模式
2～5	完整的多用户模式
6	重新启动

也就是说，Ubuntu 和 Debian 默认情况下并没有区分运行级 2～5。这意味着用户必须手动定制每个运行级应该包含的启动脚本。举例来说，如果想要启动到不包含图形界面的多用户模式，应该依次执行下面这些步骤。

（1）选择一个运行级来完成这个任务，假设是运行级 3。

（2）新建/etc/inittab，内容为“id:3:initdefault:”。

（3）把/etc/rc3.d/S30gdm（KDE 是 S30kdm）移动到其他地方备份起来。

（4）重新启动系统。

当然，如果愿意使用运行级 4 或 5 来表示“不包含图形界面的多用户模式”也没有问题，只是不太符合习惯。

S30gdm（S30kdm）中字母 S 后紧跟的数字随系统实际安装的软件不同而不同。

11.1.5 管理守护进程

守护进程（daemon）是一类在后台运行的特殊进程，用于执行特定的系统任务。很多守护进程在系统引导的时候启动，并且一直运行直到系统关闭。另一些只在需要的时候才启动，完成任务后就自动结束。举例来说，/etc/sbin/sshd（注意，不是/etc/init.d/sshd）就是 SSH 服务的守护进程。这个进程启动后会一直运行，在后台监听 22 号端口，等待并响应来自客户机的 SSH 连接请求。

init 是系统中第一个启动，也是最重要的守护进程。init 会持续工作，保证启动和登录的顺利进行，并且适时地“杀死”那些没有响应的进程。只要系统在运行，就一定能看到 init 守护进程。

```
$ ps aux | grep init                                  ##在进程列表中搜索 init 进程
root         1  0.0  0.0   4020   888 ?        Ss   13:17   0:00 /sbin/init
```

xinetd 和 inetd 是管理其他守护进程（例如 sshd）的守护进程。

11.1.6 服务器守护进程的运行方式

运行一个服务的办法是让它的守护进程在引导时启动，然后一直运行、监听并处理来自客户机的请求。这样大量消耗系统资源，因为这个服务一天内可能没被管理员用过几次。inetd 和 xinetd 可以解决这种矛盾。

像 FTP 这类平时常用的服务可以配置为使用 inetd，这样可以把监听端口的任务交给 inetd。当出现一条 FTP 连接时，inetd 就启动 FTP 服务的守护进程。同样，当管理员有事找 SSH 的时候，inetd 就把 sshd 唤醒。

inetd 是从 Unix 系统移植到 Linux 上的。目前绝大多数 Linux 已经使用了更优秀的 xinetd，它具备以下优点。

- 更多的安全特性。
- 针对拒绝服务攻击的更好的解决方案。
- 更强大的日志管理功能。
- 更灵活清晰的配置语法。

服务器守护进程的运行方式有两种：一种是随系统启动而启动，并持续在后台监听；另一种是在需要的时候启动，完成任务后把监听任务交给 inetd/xinetd。通常，前者被称为 standalone 模式，后者被称为 inetd/xinetd 模式。

对大型 Web 站点而言，不应该使用 inetd/xinetd 模式运行 Apache（当前最流行的 Web 服务器软件），因为这些服务器访问量巨大。每分每秒都会有新的连接请求，让 inetd/xinetd 如此频繁地启动和关闭 Apache 守护进程，效果将会一团糟。

对于桌面版本的 Linux 而言，inetd 和 xinetd 通常都需要手动安装。Ubuntu Linux 在其安装源中提供了 inetd 和 xinetd，而 openSUSE 只提供了 xinetd。

11.1.7 配置 xinetd

xinetd 守护进程依赖于/etc/xinetd.conf 的配置，用户应该为每个服务单独开辟一个文件，存放在/etc/xinetd.d 目录下。查看 xinetd.conf 可以看到这一点：

```
$ cat /etc/xinetd.conf                                ##查看/etc/xinetd.conf
# Simple configuration file for xinetd
#
# Some defaults, and include /etc/xinetd.d/

defaults
```

```
{

# Please note that you need a log_type line to be able to use log_on_success
# and log_on_failure. The default is the following :
log_type = SYSLOG daemon info

}

includedir /etc/xinetd.d
```

最后一行使用 includedir 命令把目录/etc/xinetd.d 下的文件包含进来。如果有很多服务需要依靠 xinetd，那么把它们全部写入 xinetd.conf 势必会让整个结构看起来一团糟。

xinetd.conf 中的 defaults 配置段设置了 xinetd 一些参数的默认值。在上面的例子中，log_type 的值被设置为 SYSLOG deamon info，该变量的含义将在后文解释。

安装 xinetd 后会在/etc/xinetd.d 中自动生成一些服务的配置文件。作为例子，下面显示了 time 服务的配置信息（在/etc/xinetd.d/time 文件中配置）。

```
service time
{
        disable         = yes
        type            = INTERNAL
        id              = time-stream
        socket_type     = stream
        protocol        = tcp
        user            = root
        wait            = no
}
```

每个服务总是以关键字 service 开头，后面跟着服务名。对该服务的配置包含在一对花括号中，以“参数=值”的形式，每个参数占一行。表 11.3 列出了 xinetd 配置的常用参数。

表 11.3　　xinetd 配置的常用参数

参数	取值	含义
id	有意义的字符串	该服务的唯一名称
type	RPC/INTERNAL/UNLISTED	指定特殊服务的类型。RPC 用于 RPC 服务；INTERNAL 用于构建到 xinetd 内部的服务；UNLISTED 用于非标准服务
disable	yes/no	是否禁用该服务
socket_type	stream/dgram	网络套接口类型。TCP 服务用 stream，UDP 服务用 dgram
protocol	tcp/udp	连接使用的通信协议
wait	yes/no	xinetd 是否等待守护进程结束才重新接管该端口
server	路径	服务器二进制文件的路径
server_args	参数	提供给服务器二进制文件的命令行参数
port	端口号	该服务所在的端口
user	用户名	服务器进程应该由哪个用户身份运行
nice	数字	服务器进程的谦让度。参考 6.5 节

续表

参数	取值	含义
instances	数字/UNLIMITED	同时启动的响应数量。UNLIMITED 表示没有限制
max_load	数字	调整系统负载阈值。如果实际负载超过该阈值，就停止服务
only_from	IP 地址列表	只接受来自该地址的连接请求
no_access	IP 地址列表	拒绝向该 IP 地址提供服务
log_on_failure	列表值	连接失败时应该记录到日志中的信息
log_on_success	列表值	连接成功时应该记录到日志中的信息

参数 id 用于唯一标识服务，这意味着可以为同一个服务器守护进程配置不同的协议。上文中的 time 服务就拥有两个版本的 xinetd 配置，另一个用于 UDP 协议。

参数 disable 设置是否要禁用该服务。

将 wait 参数设置为 yes 意味着由 xinetd 派生出的守护进程一旦启动就接管端口。xinetd 会一直等待，直到该守护进程自己退出。wait=no 表示 xinetd 会连续监视端口，每次接到一个请求就启动守护进程的一个新副本。管理员应该参考守护进程的手册，或者 xinetd 的配置样例来确定使用何种配置。

参数 port 在绝大多数情况下是不需要的。

下面截取了/etc/service 文件中的一部分。

```
ftp             21/tcp
fsp             21/udp          fspd
ssh             22/tcp                          # SSH Remote Login Protocol
ssh             22/udp
telnet          23/tcp
smtp            25/tcp          mail
```

/etc/service 中的每一行对应一个服务，从左到右依次表示：

- 服务名称。例如 ssh。
- 该服务使用的端口号。例如 22。
- 该服务使用的传输协议。例如 tcp。
- 别名（或者叫“绰号”？）。例如 fspd。
- 注释。例如# SSH Remote Login Protocol。

参数 user 设置应该以哪个用户身份运行该服务器进程，大部分服务都使用 root。有些时候从安全的角度考虑会使用非特权用户（例如 nobody），但这只适用于那些不需要 root 权利的守护进程。

xinetd 会记录连接失败/成功时的信息，用户可以通过定制 log_on_failure 和 log_on_success 这两个参数指导 xinetd 记录哪些信息。表 11.4 列出了和这两个参数有关的取值。

表 11.4　和日志记录有关的取值

值	适用于	描述
HOST	二者皆可	记录远程主机的地址
USERID	二者皆可	记录远程用户的 ID

续表

值	适用于	描述
PID	log_on_success	记录服务器进程的 PID
EXIT	log_on_success	记录服务器进程的退出信息
DURATION	log_on_success	记录任务持续的时间
ATTEMPT	log_on_failure	记录连接失败的原因
RECORD	log_on_failure	记录连接失败的额外的信息

完成对服务配置后，使用下面这条命令重新启动 xinetd 守护进程。

```
$ sudo /etc/init.d/xinetd restart
```

11.1.8　演示：通过 xinetd 启动 SSH 服务

本节将带领读者配置 SSH 服务的 xinetd 实现，主要有下面这几步。

（1）修改（增加）配置文件。

（2）停用该服务的守护进程。

（3）重启 xinetd 使配置生效。

（4）如果需要，从相应的 rc 目录中移除该服务的启动脚本。

下面就来逐一实现以上各个步骤。首先在/etc/xinetd.d 目录下建立文件 ssh，包含下面这些内容。

```
service ssh
{
        socket_type     = stream
        protocol        = tcp
        wait            = no
        user            = root
        server          = /usr/sbin/sshd
        server_args     = -i
        log_on_success  += DURATION
        disable         = no
}
```

注意 log_on_success 参数允许使用“+=”这样的赋值方式，表示在原有默认值的基础上添加，而不是推倒重来。类似地，也可以使用“-=”在默认值的基础上减去一些值。参数的默认值通常在/etc/xinetd.conf 中设置。

下一步停用 SSH 守护进程，为 xinetd 接管 22 端口铺平道路。

```
$ sudo /etc/init.d/ssh stop
 Rather than invoking init scripts through /etc/init.d, use the service(8)
utility, e.g. service ssh stop

Since the script you are attempting to invoke has been converted to an
Upstart job, you may also use the stop(8) utility, e.g. stop ssh
ssh stop/waiting
```

重新启动 xinetd 使配置生效。

```
$ sudo /etc/init.d/xinetd restart
Rather than invoking init scripts through /etc/init.d, use the service(8)
utility, e.g. service xinetd restart
```

```
Since the script you are attempting to invoke has been converted to an
Upstart job, you may also use the stop(8) and then start(8) utilities,
e.g. stop xinetd ; start xinetd. The restart(8) utility is also available.
xinetd stop/waiting
xinetd start/running, process 4185
```

运行 netstat -tulnp 命令查看 22 端口的情况，发现 xinetd 已经顺利接管了 SSH 通信端口。

```
$ sudo netstat -tulnp | grep 22                              ##查看 22 端口状态
tcp        0      0 0.0.0.0:22            0.0.0.0:*            LISTEN      8356/xinetd
```

现在尝试连接本地的 SSH 服务。对于客户端而言，看上去和 standalone 方式没有什么不同。

```
$ ssh localhost -l lewis
lewis@localhost's password:
```

如果在安装 SSH 服务器的时候选择了随系统启动（通常这是默认配置）。那么接下来还要从相应的 rc 目录中移除 SSH 服务的启动脚本，否则下次启动系统的时候 xinetd 将无法运行。假设系统默认启动到运行级 5。

```
$ cd /etc/rc5.d/                                  ##进入相应的 rc 目录
$ ls | grep ssh                                   ##查找 SSH 启动脚本
S16ssh
$ sudo mv S16ssh ../rc_bak.d/S16ssh_rc5_bak ##移动到另一个地方备份起来
```

不要随便删除启动脚本，而应该把它移动到另一个地方，并且取一个有意义的名字。这样在以后需要的时候可以方便地找回来。

11.1.9　配置 inetd

与 xinetd 类似，inetd 的配置文件是/etc/inetd.conf。在参数的个数上，inetd 要比 xinetd 少很多，因此每个服务只需要一行就足够了。下面是从/etc/inetd.conf 中截取的一部分配置信息。

```
#discard      stream   tcp  nowait   root internal
#discard      dgram    udp  wait root internal
#daytime      stream   tcp  nowait   root internal
#time         stream   tcp  nowait   root internal
```

各个字段的含义从左至右依次表示如下。

- 服务名称。和 xinetd 一样，inetd 通过查询/etc/service 获得该服务的相关信息。
- 套接口类型。TCP 用 stream，UDP 用 dgram。
- 该服务使用的通信协议。
- inetd 是否等到守护进程结束才继续接管端口。wait 表示等待（相当于 xinetd 的 wait = yes），nowait 表示不等待，inetd 每次接到一个请求就启动守护进程的新副本（相当于 xinetd 的 wait = no）。
- 运行该守护进程的用户身份。
- 守护进程二进制文件的完整路径及其命令行参数。和 xinetd 不同，inetd 要求把服务器命令作为第一个参数（例如 in.fingerd），然后才是真正意义上的“命令行参数”（例如-w）。关键字 internal 表示服务的实现由 inetd 自己实现。

完成对/etc/inetd.conf 的编辑后，需要给 inetd 发送一个 HUP 信号，通知其重新读取配置文件。

```
$ ps aux | grep inetd
root      3499  0.0  0.1   2352   604 ?        Ss   14:54   0:00 /usr/sbin/inetd
root      3564  0.0  0.1   5808   832 pts/4    S+   14:57   0:00 grep --color=auto inetd
$ sudo kill -HUP 3499                          ##发送 HUP 信号
```

11.2 FTP 服务器

目前 FTP 服务仍然是提供文件上传和下载的主要方法，在 Linux 系统中也是如此，本节向读者介绍搭建 FTP 服务的方法。

11.2.1 FTP 服务器简介

FTP 是互联网上最古老的应用之一，被用来提供文件的上传和下载服务。在 HTTP 协议大行其道的今天，FTP 正越来越边缘化。但在很多情况下，FTP 仍然是提供文件服务最快速有效的手段。

什么事情都要考虑安全性，对 FTP 尤其如此。本章选用 vsftpd 搭建 FTP 服务器，这款服务器软件的名字就能给人安全感：Very Secure FTP Daemon（非常安全的 FTP 守护进程）。vsftpd 的功能较少（这个“缺点”说起来有点勉强），但的确更安全一些。

FTP 的工作原理和 HTTP 一样，FTP 也是基于简单的服务器/客户机架构。但在具体实现上，FTP 有一些特殊，它默认情况下使用一种叫作“主动连接”的方式向客户机传递信息。具体来说，FTP 服务器在实际使用时开启两个端口。默认是 21 和 20。其中 21 端口被客户机用来向服务器下达命令，而实际的文件传输则是发生在 20 端口的。

当 vsftpd 在 21 端口接收到用户发出的 ls 命令后，会主动向客户机发送连接请求。连接成功后，服务器通过 20 端口将文件列表发送给客户机。因为用于传输数据的通道是 FTP 服务器主动发起建立的，因此这种连接方式被称为“主动连接”。

与之相反的另一种连接方式是“被动连接”。在这种情况下，服务器仍然在 21 端口接收命令。但在涉及数据传输时，服务器会开启一个端口号大于 1024 的非特权端口（而不是 20 端口）。并且把这个端口号告诉客户机，由客户机发起连接。为了使用被动连接方式，需要在客户端明确指定。

这两种连接方式都有可能存在问题。主动连接要求服务器连接到客户机的高位端口，但万一客户机使用了防火墙并且阻隔了这个连接怎么办？如果在提交命令一段时间后收到 Connection refused（连接被拒绝）的信息，那么说的多半就是这种情况。被动连接则会反过来考验服务器的防火墙，另外由于服务器用于传输数据的端口是随机选择的，那么这个端口的安全性难免让人捏一把汗。幸运的是，Linux 的防火墙工具提供了相应的 FTP 模块来解决这一问题，通常不需要用户特别干预。

11.2.2 FTP 服务器动手实践

vsftpd 已经包含在几乎所有的主流 Linux 发行版的光盘中了。如果在安装 Linux 时就选择了这个软件包，那么现在 vsftpd 已经存在于系统中了，可以使用 whereis 命令查看 vsftpd 是否存在。

```
$ whereis vsftpd
vsftpd: /usr/sbin/vsftpd /etc/vsftpd.conf   /usr/share/man/man8/vsftpd.
8.gz
```

如果 vsftpd 还没有被安装，那么可以使用发行版自带的软件包管理工具（例如 Ubuntu 的新立得软件包管理器）从安装源安装。vsftpd 的官方网站 vsftpd.beasts.org 只提供了源代码包。

安装完 vsftpd 后，FTP 服务器应该已经运行起来了。使用 FTP 工具连接自己的服务器，应该能看到类似下面的信息：

```
$ ftp localhost
Connected to localhost.
220 (vsFTPd 2.0.6)
Name (localhost:lewis):
```

vsftpd 显示自己的版本号，并且要求用户登录。如果连接被拒绝（Connection refused）那么通常是因为 FTP 服务器还没有启动，可以使用下面这条命令启动 vsftpd。

```
$ sudo /etc/init.d/vsftpd start
 * Starting FTP server: vsftpd                                    [ OK ]
```

vsftpd 默认配置仅允许匿名用户访问。在提示登录的地方输入 anonymous 代表匿名用户，密码为空。登录成功后，应该可以看到下面的提示信息，同时光标闪烁提示输入 FTP 命令。

```
Name (localhost:lewis): anonymous
331 Please specify the password.
Password:
230 Login successful.
Remote system type is Unix.
Using binary mode to transfer files.
ftp>
```

匿名用户登录到的目录是/home/ftp，目前这个目录中空空如也。下面这条命令增加一个空文件 welcome 到/home/ftp 中，注意只有 root 用户才对该目录具有写权限。

```
$ cd /home/ftp/
$ sudo touch welcome
```

现在应该可以使用 FTP 客户端看到这个文件了：

```
ftp> ls
200 PORT command successful. Consider using PASV.
150 Here comes the directory listing.
-rw-r--r--    1 0        0              0 Nov 23 00:47 welcome
226 Directory send OK.
```

11.2.3　安装 FTP 服务器

如果有二进制安装包可供使用，笔者就不建议用户从源代码安装 vsftpd。vsftpd 的通用源代码包在有些可能无法正确编译。如果一定要这么做的话，本节将会简单介绍编译 vsftpd 的基本过程。

可以从 ftp://61.135.158.199/pub/vsftpd-3.0.0.tar.gz 或者直接下载 ftp://vsftpd.beasts.org/users/cevans/untar/vsftpd-3.0.0/下载到 vsftpd 的最新版本。下载到的源代码包应该类似于 vsftpd-3.0.0.tar.gz，将其解压到合适的目录中。

```
$ tar zxvf vsftpd-3.0.0.tar.gz
vsftpd-3.0.0/dummyinc/utmpx.h
vsftpd-3.0.0/dummyinc/openssl/
vsftpd-3.0.0/dummyinc/openssl/ssl.h
vsftpd-3.0.0/dummyinc/shadow.h
vsftpd-3.0.0/COPYRIGHT
```

```
vsftpd-3.0.0/vsftpver.h
vsftpd-3.0.0/utility.c
vsftpd-3.0.0/utility.h
...
```

进入目录并且运行 make 命令执行编译。

```
$ cd vsftpd-3.0.0/                                            ##进入目录
$ make                                                        ##编译源代码
gcc -c main.c -O2 -fPIE -fstack-protector --param=ssp-buffer-size=4 -Wall -W -Wshadow -Werror -Wformat-security -D_FORTIFY_SOURCE=2  -idirafter dummyinc
gcc -c utility.c -O2 -fPIE -fstack-protector --param=ssp-buffer-size=4 -Wall -W -Wshadow -Werror -Wformat-security -D_FORTIFY_SOURCE=2  -idirafter dummyinc
gcc -c prelogin.c -O2 -fPIE -fstack-protector --param=ssp-buffer-size=4 -Wall -W -Wshadow -Werror -Wformat-security -D_FORTIFY_SOURCE=2  -idirafter dummyinc
gcc -c ftpcmdio.c -O2 -fPIE -fstack-protector --param=ssp-buffer-size=4 -Wall -W -Wshadow -Werror -Wformat-security -D_FORTIFY_SOURCE=2  -idirafter dummyinc
...
```

vsftpd 需要系统中有一个 nobody 用户来完成配置，大部分 Linux 发行版在系统安装完成后都会自动添加这个用户。如果系统中没有，那么运行下面这条命令添加这个用户。

```
$ sudo useradd nobody
```

为了执行默认设置，vsftpd 还需要/usr/share/empty 目录。如果系统中没有这个目录，执行下面这条命令添加。

```
$ sudo mkdir /usr/share/empty
```

还需要应该添加 ftp 用户，这个用户是为匿名 FTP 访客准备的。当用户以匿名（anonymous）身份登录到 FTP 服务器后，就被映射成为 ftp 用户。同时 ftp 用户的主目录就是该匿名用户所在的目录。

```
$ sudo mkdir /home/ftp/                 ##新建/home/ftp 作为 ftp 用户的主目录
$ sudo useradd -d /home/ftp ftp         ##添加 ftp 用户，并设置其主目录
```

必须给这个用户足够小的权限，保证陌生人不会在服务器上为所欲为。下面这两条命令将/home/ftp 目录的属主和属组均设置为 root，并且关闭其他人和属组用户的写权限。

```
$ sudo chown root:root /home/ftp
$ sudo chmod og-w /home/ftp
```

这样设置之后，只有 root 用户可以向/home/ftp 目录下写入数据。这一点对于 FTP 服务器而言非常重要——匿名用户在任何时候都不应该拥有上传权限。

最后执行 make install 命令完成安装。这一步主要是复制一些文件。

```
$ sudo make install
if [ -x /usr/local/sbin ]; then \
                install -m 755 vsftpd /usr/local/sbin/vsftpd;
        else \
                install -m 755 vsftpd /usr/sbin/vsftpd; fi
...
```

不过需要注意的是，配置文件 vsftpd.conf 并不会被自动复制到/etc 目录下。用户可以在配置的时候手动建立这个文件，或者现在就把示例文件复制过去。

```
$ sudo cp vsftpd.conf /etc/
```

至此就完成了从源代码编译 vsftpd 的全过程。下面介绍如何启动和关闭 vsftpd 服务器，包括如何配置 xinetd 接管 FTP 服务。

11.2.4 配置服务器

vsftpd 主要使用一个被称作 vsftpd.conf 的文件进行相关配置，偶尔也会用到其他的文件。FTP 的配置相对简单，因为确实没有太多的功能需要实现。

1. 设置匿名用户登录

FTP 在互联网上最常见的用途就是"匿名 FTP"，这种设置能够让任何人访问并下载服务器提供的文件。如果读者当初是从 Internet 上下载 Linux 拷贝的话，那么应该会对这种形式的 FTP 服务器非常熟悉。

vsftpd 服务器默认配置为允许匿名用户登录。匿名用户叫作 anonymous，这个用户在本地被映射为 ftp。打开/etc/vsftpd.conf，应该可以看到下面这几行。

```
# Allow anonymous FTP? (Beware - allowed by default if you comment this out).
anonymous_enable=YES
```

按照惯例，以"#"开头的行是注释行，用于解释相关选项的作用。anonymous_enable =YES 告诉 vsftpd 应该允许匿名用户登录。有些时候注释也用于暂时关闭某些选项，在需要开启的时候只要简单地取消注释标记"#"就可以了。

在默认情况下，使用匿名用户登录时，FTP 服务器仍然会提示输入密码。这个举动看上去有点奇怪，尽管的确可以为匿名用户设置密码，但有什么必要这样做呢？通过在 vsftpd.conf 中添加下面这一行，可以让匿名用户跳过密码检测这一步。

```
no_anon_password=YES
```

另一个比较有用的选项是 anon_max_rate，用于限制匿名用户的传输速率。在带宽资源并不非常充裕的情况下，可以考虑"委屈"一下 anonymous。这个选项后面的数值单位是 bytes/秒。如果被设为 0，则表示不受限制。例如，将匿名用户传输的速率限制为 20KB/s，那么可以这样设置：

```
anon_max_rate=20000
```

记得在每次完成对配置文件的修改后重启 FTP 服务器，使修改生效。

```
$ sudo /etc/init.d/vsftpd restart
Rather than invoking init scripts through /etc/init.d, use the service(8)
utility, e.g. service vsftpd restart

Since the script you are attempting to invoke has been converted to an
Upstart job, you may also use the stop(8) and then start(8) utilities,
e.g. stop vsftpd ; start vsftpd. The restart(8) utility is also available.
vsftpd start/running, process 25384
```

尽管可以通过配置允许匿名 FTP 用户上传文件，但本节并不打算介绍这个"功能"。允许任何人上传文件的 FTP 会很快成为黑客和孩子们的乐园，他们会耗尽带宽资源，然后让这个 FTP 站点彻底变成仓库。如果不想让事情变得太糟的话，请永远保证匿名 FTP 用户只能从中下载文件。

2. 设置本地用户登录

在一个网点内部，FTP 更多的情况下被配置为向授权用户开放。因此用户应该在服务器上拥有自己的账号。vsftpd 把这样的用户称为"本地用户（local users）"，这和其他 FTP 服务器的"真实用户（real users）"类似。

要开启 vsftpd 的这个功能，只要简单地取消配置文件中 local_enable=YES 前的注释符号 “#”。如果在 vsftpd.conf 中找不到这一行，那么就手动添上。当本地用户登录到 FTP 服务器时，所处的目录就是其在服务器上的主目录。没有理由限制用户在自己的目录中创建、删除或是修改数据。在配置文件中取消 write_enable=YES 前的注释符号 “#” 可以打开本地用户的上传权限（如果找不到这一行，就手动添上）。完成修改后的两行看起来像下面这样：

```
# Uncomment this to allow local users to log in.
local_enable=YES
#
# Uncomment this to enable any form of FTP write command.
write_enable=YES
```

最后运行下面这条命令重启 FTP 服务器使修改生效。

```
$ sudo /etc/init.d/vsftpd restart
```

出于安全性的考虑，有一些用户是不能被允许通过 FTP 登录的，例如 root 用户。vsftpd 将一些系统用户整理在/etc/ftpusers 中，通过 cat 命令查看这个文件得到如下信息。

```
$ cat /etc/ftpusers
# /etc/ftpusers: list of users disallowed FTP access. See ftpusers(5).

root
daemon
bin
sys
sync
games
man
lp
mail
news
uucp
nobody
```

这是一张“黑名单”，所有被列入其中的用户都不能通过 FTP 登录进来。当然，尽管 FTP 的本意是阻止外部 FTP 用户接触本地的系统信息，但管理员也可以简单地把那些“看不顺眼”的账户放进去。这样就可以实现限制某些用户登录 FTP 的功能了。

3. 限制用户在本地目录中

登录到 FTP 的用户可以在服务器上到处浏览，查看普通的或是敏感的文件。这显然是任何一个管理员都不愿意见到的事情。幸运的是，vsftpd 提供了 chroot（change root，改变根目录）系统调用。使其他目录对使用者不可见，也不可访问。

要开启这个选项，应该在/etc/vsftpd.conf 中找到 chroot_local_user 关键字，并修改成下面这样：

```
chroot_local_user=YES
```

这样，当用户试图进入一个系统目录时，vsftpd 会提示失败，并委婉地拒绝这一请求。

```
ftp> cd /etc/
550 Failed to change directory.
```

类似地，管理员还可以指定下面这个选项，通过一个配置文件指定有哪些用户应该受到限制。

```
chroot_list_enable=YES
```

配置文件通过 chroot_list_file 选项指定，下面这条设置将配置文件指定为/etc/vsftpd.chroot_list。

```
chroot_list_file=/etc/vsftpd.chroot_list
```

/etc/vsftpd.chroot_list 的格式应该和/etc/ftpusers 一样，每行一个用户。但通常来说，将这种限制应用于每一个用户是必须的，想不出任何理由应该给某些用户设立特权。因此，chroot_local_user=YES 往往比 chroot_list_enable=YES 更常用到。

4. 使用虚拟用户

所有非匿名用户均被视为访客（guest），并被映射为一个特定的用户。由 guest_username 选项指定。从 FTP 登录进来的用户甚至不必拥有系统意义上的“账户”，vsftpd 使用数据库来管理用户信息。管理员可以为每一个用户设置主目录，并赋予相应的权限。虚拟用户非常适合那些需要为不同用户提供 FTP 空间的站点。Web 主机托管常常采用这样的方法。用户在本地编辑好网页，然后通过 FTP 上传到服务器上——首先要通过虚拟用户身份验证。

设想现在接到了一项任务，这项任务包含下面这些需求。

- 禁用匿名用户。
- 为用户 jcsmith 和 culva 添加 FTP 虚拟账户。
- 将他们的口令分别设置为 jc123 和 cu123。
- 将 jcsmith 的 FTP 主目录设置为/home/ftp/jcsmith，赋予他只读权限。
- 将 culva 的 FTP 主目录设置为/home/ftp/culva，赋予他上传文件和建立目录的权限。

下面一步步地指导读者完成这项任务。最后将总结使用虚拟用户的原理，并简要介绍 PAM 验证。

（1）创建虚拟用户的数据库文件。

创建数据库文件需要使用 db 这个工具，通常情况下这个工具并没有预装在系统中。在 Ubuntu 中，运行下面的命令从安装源中下载并安装 db4.6-util。

```
$ sudo apt-get install db4.6-util                          ##安装 db4.6-util
```

db 工具通过读取一个特定格式的文本文件来创建数据库文件。这个文件应该为每个用户预留 2 行，第 1 行是用户名，第 2 行是用户口令。本例中，在主目录下建立文件 login_user（文件名可以任取），包含下面这些内容。

```
jcsmith
jc123
culva
cu123
```

运行 db4.6_load 命令，通过～/login_user（由-f 选项指定）创建数据库文件/etc/vsftpd_login.db。记住这个文件名，后面还会用到。

```
$ sudo db4.6_load -T -t hash -f /home/lewis/login_user /etc/vsftpd_login.db
```

-T 选项指导 db4.6_load 命令通过文本文件创建数据库。“-t hash”则指定了创建数据库的方式。这里使用了一种被称作“哈希表（Hash Table）”的数据结构。

最后，需要修改这个数据库文件的权限，使其只对 root 用户可见。

```
$ sudo chmod 600 /etc/vsftpd_login.db
```

（2）配置 PAM 验证。

/etc/pam.d/vsftpd 是 vsftpd 默认使用的 PAM 验证文件，编辑这个文件，加入下面这两行：

```
auth     required      /lib/security/pam_userdb.so db=/etc/vsftpd_login
account  required      /lib/security/pam_userdb.so db=/etc/vsftpd_login
```

不幸的是，/etc/pam.d/vsftpd 中原本就有的一些东西会干扰这里的设置。最简单的办法就是将其他所有的行都注释掉（不要删除，这些设置今后可能还有用），现在这个文件看起来像这样：

```
# Standard behaviour for ftpd(8).
#auth   required    pam_listfile.so item=user sense=deny file=/etc/ftpu-
sers onerr=succeed

# Note: vsftpd handles anonymous logins on its own.  Do not enable
# pam_ftp.so.

# Standard blurb.
#@include common-account
#@include common-session

#@include common-auth
#auth   required      pam_shells.so

auth    required      /lib/security/pam_userdb.so db=/etc/vsftpd_login
account required      /lib/security/pam_userdb.so db=/etc/vsftpd_login
```

事实上，vsftpd 使用的 PAM 文件是由配置文件（/etc/vsftpd.conf）中的 pam_service_name=指定的。如果感到/etc/pam.d/vsftpd 设置起来太麻烦的话，读者也可以使用自己喜欢的名字在/etc/pam.d 下新建一个文件，然后把 pam_service_name 指向它。下面这条配置将 vsftpd 的 PAM 验证文件设置为/etc/pam.d/my_vsftpd。

```
pam_service_name=my_vsftpd
```

（3）创建本地用户映射。

下面应该做一些设置，将登录进来的 jcsmith 和 culva 映射为一个指定的非特权用户。为简便起见，这里就使用已有的 ftp 用户。编辑 vsftpd 的配置文件/etc/vsftpd.conf，修改（或者添加）下面这一行：

```
guest_username=ftp
```

这样 jcsmith 和 culva 在登录到 FTP 服务器后，就只有 ftp 用户的权限了。下面是到这一步为止，/etc/vsftpd.conf 中所有可能影响到的行。

```
anonymous_enable=NO                ##不允许匿名用户登录
local_enable=YES                   ##允许本地用户登录
chroot_local_user=YES              ##将用户限制在其主目录中
pam_service_name=vsftpd            ##指定 PAM 验证文件（在/etc/pam.d/中）
guest_enable=YES                   ##激活访客（guest）身份
guest_username=ftp                 ##设置登录用户应该被映射成的本地用户
```

其中 local_enable=YES 和 guest_enable=YES 用于开启虚拟用户登录。前者告诉 vsftpd 允许本地用户（在本例中是 jcsmith 和 culva）登录服务器；后者用于将所有的登录用户视为“访客（guest）”。“访客”最终被映射为 guest_username 所指定的本地用户（在本例中是 ftp）。

既然设置了虚拟用户，那么出于安全性的考虑，就应该禁用匿名登录。同样的原因，这里将 chroot_local_user 设为 YES，限制用户在自己的主目录中活动。这样 jcsmith 就不会随便窜到 culva

的目录中去下载些什么了。

（4）设置用户目录和权限。

到目前为止已经可以用 jcsmith 和 culva 这两个账户登录 FTP 服务器了，但他们还只能拥有相同的目录（/home/ftp）和权限。下面来完成最后的两个任务。

- 将 jcsmith 的 FTP 主目录设置为/home/ftp/jcsmith，赋予它只读权限。
- 将 culva 的 FTP 主目录设置为/home/ftp/culva，赋予它上传文件和建立目录的权限。

首先为这两个用户建立各自的主目录。在本例中，虚拟用户登录后自动被映射为本地的 ftp 用户，所以应该把这些目录的属主设置为 ftp 用户。

```
$ sudo mkdir /home/ftp/culva                ##为 culva 用户建立 FTP 主目录
$ sudo chown ftp /home/ftp/culva/           ##设置目录的属主
$ sudo mkdir /home/ftp/jcsmith              ##为 jcsmith 用户建立 FTP 主目录
$ sudo chown ftp /home/ftp/jcsmith/         ##设置目录的属主
```

接下来为两个用户设置不同的目录和权限。vsftpd 使用“user_config_dir=”这一选项来指定存放用户配置的目录。这里首先建立/etc/vsftpd_user_conf。

```
$ sudo mkdir /etc/vsftpd_user_conf
```

然后在/etc/vsftpd.conf 中将 user_config_dir 选项指向它。现在配置文件中相关的行看起来像下面这样：

```
anonymous_enable=NO
local_enable=YES
chroot_local_user=YES
pam_service_name=vsftpd
guest_enable=YES
guest_username=ftp
##存放用户配置文件的目录
user_config_dir=/etc/vsftpd_user_conf
```

最后，在/etc/vsftpd_user_conf 目录下建立 jcsmith 和 culva 这两个文本文件，分别存放和 jcsmith 和 culva 有关的配置。其中文件 jcsmith 的内容非常简单，只包含下面这一行：

```
local_root=/home/ftp/jcsmith
```

这一行指定了 jcsmith 在 FTP 服务器上的主目录。culva 的配置文件则略微复杂一些。

```
##打开 VsFTPd 的全局写权限
write_enable=YES
##打开文件上传权限
anon_upload_enable=YES
##打开建立目录的权限
anon_mkdir_write_enable=YES
local_root=/home/ftp/culva
```

（5）重新启动 vsftpd 服务器。

至此就完成了 FTP 虚拟用户的设置。作为工作的最后一步，重新启动服务器总是必须的。

```
$ sudo /etc/init.d/vsftpd restart
 Rather than invoking init scripts through /etc/init.d, use the service(8)
```

```
utility, e.g. service vsftpd restart

Since the script you are attempting to invoke has been converted to an
Upstart job, you may also use the stop(8) and then start(8) utilities,
e.g. stop vsftpd ; start vsftpd. The restart(8) utility is also available.
vsftpd stop/waiting
vsftpd start/running, process 25455
```

（6）总结虚拟用户原理：PAM 验证。

现在简要梳理一下建立 FTP 虚拟用户的全过程。总体来说，这几节依次做了下面这些事情。

- 配置虚拟用户登录后映射到系统上的用户。
- 建立包含用户身份和口令的数据库文件 vsftpd_login.db。
- 配置 vsftpd 使用 PAM 验证，并告诉 PAM 在验证用户身份时使用 vsftpd_login.db。
- 建立虚拟用户的主目录。
- 为虚拟用户安排不同的配置文件。

PAM 验证是读者接触到的新概念，也是整个身份验证功能的关键。PAM 是 Pluggable Authentication Modules（可插入式身份验证模块）的缩写。顾名思义，PAM 使用一系列的验证模块来帮助应用程序完成验证功能——程序只要知道有这么一个模块就可以了。这种模块化的设计保证了 PAM 的可扩展性——模块随时可以添加、删除和重新配置。

正如读者已经知道的那样，应用程序的 PAM 配置文件统一存放在/etc/pam.d 目录下。在本例中，vsftpd 的 PAM 配置文件包含下面两行。

```
auth    required       /lib/security/pam_userdb.so db=/etc/vsftpd_login
account required       /lib/security/pam_userdb.so db=/etc/vsftpd_login
```

这两行告诉 PAM 应该调用 pam_userdb 模块执行身份验证，db 参数指定了为此需要加载的数据库文件——本例中就是一开始创建的 vsftpd_login.db。在调用模块时，如果 PAM 配置文件没有使用绝对路径，那么 PAM 会自动到/lib/security 中去寻找。因此，上面的配置完全也可以这样写：

```
auth    required       pam_userdb.so db=/etc/vsftpd_login
account required       pam_userdb.so db=/etc/vsftpd_login
```

auth、account 和 required 都是 PAM 配置的关键字，auth 用于确定用户身份，account 表示执行不基于身份验证的决策。required 告诉 PAM 为了让程序继续执行，该模块必须执行成功。PAM 配置还有其他的关键字，这里就不一一介绍了。有兴趣的读者不妨自己查阅资料。

PAM 验证在系统管理领域有非常广泛的应用。由于其灵活、适合在更大的范围内执行身份验证，所以正受到越来越多的关注。目前所有完善的了 Linux 发行版本都内置了 PAM 验证工具，这是一种比传统 Linux 用户身份验证（关联/etc/passwd 和/etc/shadow）更强大的身份验证机制。

在实际配置 FTP 的过程中，常常需要设置一些全局项。这些参数定义了一些必不可少的细节，对于希望自己的服务器表现出色的管理员来说，设置这些参数是必要的。表 11.5 给出了这些参数及其含义。

表 11.5　　　　vsftpd 的全局配置选项

配置段	说明
listen_port=port_num	设置 FTP 守护进程的监听端口（由 port_num 指定），默认为 21
pasv_enable=YES (NO)	设置是否启动被动连接模式
use_localtime=YES (NO)	设置是否启用本地时间（默认情况下使用格林尼治时间）

续表

配置段	说明
connect_timeout=time	设置服务器在主动连接客户端时，多少时间（由 time 指定）后没有收到回应即自动断开
accept_timeout=time	设置服务器在被动连接模式下，多少时间（由 time 指定）后没有收到客户机的连接请求即自动断开
data_connection_timeout=time	建立连接后，设置服务器在多少时间（由 time 指定）内无法完成数据传输（通常由于网络故障）即自动断开
idle_session_timeout=time	限制用户的"发呆"时间。用户在多少时间（由 time 指定）内没有行动即断开连接
max_clients=num	设置同一时刻可以有多少主机（由 num 指定）连接到服务器
max_per_ip=num	设置同一个 IP 地址在同一时刻可以发起多少个连接（由 num 指定）
ftpd_banner=welcome_text	设置登录到 FTP 后显示的欢迎信息
banner_file=filename	将文本文件 filename 中的内容设置为欢迎信息

以上时间（time）设置的单位均为秒。

使用 ftpd_banner 或者 banner_file 提供的信息作为 FTP 服务器的欢迎词是一个好习惯。这样一方面有助于增加 FTP 站点的亲和力，同时因为屏蔽了服务器的版本信息，可以从某种程度上提高一些服务器的安全性。例如，在/etc/vsftpd.conf 中加入下面这一行：

```
ftpd_banner=Welcome to blah FTP service.
```

从客户端登录 FTP 服务器可以看到下面这些信息。

```
$ ftp localhost                                    ##登录位于本地的 vsftpd 服务器
Connected to localhost.
220 Welcome to blah FTP service.
Name (localhost:lewis):
...
```

11.2.5　启动与停止

在默认情况下，vsftpd 一旦启动，就会一直监听端口，响应客户机的连接请求。

```
$ sudo /etc/init.d/vsftpd start
 Rather than invoking init scripts through /etc/init.d, use the service(8)
utility, e.g. service vsftpd start

Since the script you are attempting to invoke has been converted to an
Upstart job, you may also use the start(8) utility, e.g. start vsftpd
```

如果用户选择从发行版自带的安装源中安装 vsftpd，那么通常就已经设置为随系统启动了。查看 rc5.d 目录下和 vsftpd 有关的文件，得到的信息大概这样：

```
$ ls -l /etc/rc5.d/ | grep vsftpd
lrwxrwxrwx 1 root root  16 2015-11-22 21:09 S20vsftpd -> ../init.d/vsftpd
```

数字 20 定义了 vsftpd 脚本的启动顺序，随系统不同而有所差异。通常来说，和 vsftpd 处于同一个“启动优先级”的还有 NFS 服务器、Samba 服务器等，在手动向 rclevel.d 目录下添加脚本的时候应该格外注意启动顺序。

手动关闭 vsftpd 只需要以 stop 参数调用 vsftpd 脚本。

```
lewis@lewis-laptop:~$ sudo /etc/init.d/vsftpd stop
Rather than invoking init scripts through /etc/init.d, use the service(8)
utility, e.g. service vsftpd stop

Since the script you are attempting to invoke has been converted to an
Upstart job, you may also use the stop(8) utility, e.g. stop vsftpd
vsftpd stop/waiting
```

除了以 standalone 方式运行 FTP 服务器，还可以配置以 xinetd 来管理 vsftpd。事实上，像 FTP 这种访问压力较小的服务，使用 xinetd 方式是比较合适的。为此，首先应该告诉 vsftpd，从现在开始可以不用监听端口了。打开配置文件/etc/vsftpd.conf，找到下面这部分内容。

```
# Run standalone?  vsftpd can run either from an inetd or as a standalone
# daemon started from an initscript.
listen=YES
```

将“listen=YES”改为“listen=NO”，表示不必监听端口。

```
listen=NO
```

接下来需要告诉 xinetd 和 FTP 服务器有关的信息。为此，在/etc/xinetd.d 目录下建立文件 vsftpd，包含下面这些内容。

```
service ftp
{
        socket_type     = stream
        wait            = no
        user            = root
        server          = /usr/sbin/vsftpd
        log_on_success  += DURATION
        disable         = no
}
```

需要注意的是，server 字段填写的是 vsftpd 服务器的启动脚本所在的路径。如果用户将 vsftpd 安装在其他目录下，那么这个字段也应该做相应的改动。

再次提醒，在/etc/xinetd.d 目录下为每个服务设立一个单独的配置文件是一个好习惯，这样可以避免很多服务出现在一个文件中，让日后的管理变成一场噩梦。

现在重新启动 xinetd，使配置生效。

```
$ sudo /etc/init.d/xinetd restart
Rather than invoking init scripts through /etc/init.d, use the service(8)
utility, e.g. service xinetd restart

Since the script you are attempting to invoke has been converted to an
Upstart job, you may also use the stop(8) and then start(8) utilities,
e.g. stop xinetd ; start xinetd. The restart(8) utility is also available.
xinetd stop/waiting
xinetd start/running, process 25357
```

查看 22 端口的情况，可以看到 xinetd 已经接管了这个端口。

```
$ sudo netstat -tulnp | grep 21
tcp        0      0 0.0.0.0:21          0.0.0.0:*       LISTEN       13493/xinetd
```

11.3　NFS 服务器

在 Windows 中有映射网络驱动器的功能，而在 Linux 系统中相对应的就是 NFS 服务，本节向读者介绍搭建 NFS 服务的方法。

11.3.1　NFS 服务器简介

NFS 是网络文件系统（Network File System）的简称，用于在计算机间共享文件系统。通过 NFS 可以让远程主机的文件系统看起来就像是在本地一样。这个由 Sun 公司于 1985 年推出的协议产品如今已被广泛采用，几乎（这个词甚至可以舍去）所有的 Linux 发行版都支持 NFS。

NFS 同样基于服务器-客户机架构，本章将着重讨论 NFS 服务器的安装和配置。NFS 只能用于 Unix 类主机间的文件共享。

11.3.2　NFS 服务器动手实践

NFS 服务器的基本功能是向外界不加限制地导出一个目录。下面详细介绍和 NFS 配置相关的完整信息。

1. 安装 NFS 服务器

常见的 Linux 发行版都附带了 NFS 服务器套件。以 Ubuntu 为例，只要在 Shell 终端执行下面这条命令，就可以成功安装 NFS 服务器。

```
$ sudo apt-get install nfs-common nfs-kernel-server
正在读取软件包列表... 完成
正在分析软件包的依赖关系树
读取状态信息... 完成
将会安装下列额外的软件包:
  libevent1 libgssglue1 libnfsidmap2 librpcsecgss3 portmap
...
```

2. 简易配置

完成 NFS 服务器的安装后，还需要设置哪些文件应该被共享。可以修改/etc/exports 文件来配置。打开/etc/exports 文件（需要有 root 权限），在末尾添加下面这一行：

```
/srv/nfs_share    *(rw)
```

这一行设置/srv/nfs_share 可被导出（共享），网络中所有的主机对其拥有读写权限。读者当然也可以使用其他的目录替代这个 nfs_share，但如果要将其配置为通过 NFS 可写的话，那么必须在本地把这个目录设置为对用户可写。保存并关闭这个文件，使用 root 权限运行 exportfs -a 令改动生效。

```
$ sudo exportfs -a
exportfs: /etc/exports [1]: Neither 'subtree_check' or 'no_subtree_check' specified
```

```
for export "*:/srv/nfs_share".
      Assuming default behaviour ('no_subtree_check').
      NOTE: this default has changed since nfs-utils version 1.0.x
```

暂时不必理会 exportfs 给出的警告。至此，已经完成了 NFS 服务器的配置。

3. 测试 NFS 服务器

下面通过 mount 命令在另一台主机上挂载这个文件系统。在服务器的主机名（或者 IP 地址）和导出目录之间用冒号连接，-o 选项指定了使用可读写方式挂载。

```
$ sudo mount -o rw localhost:/srv/nfs_share /mnt/nfs/
```

这样，/srv/nfs 目录就通过 NFS 被挂载到了/mnt/nfs 目录下。进入/mnt/nfs 目录，建立一个文件，然后回到/srv/nfs_share，看看这个文件是否同样出现在里面。

```
$ cd /mnt/nfs/                                    ##进入/mnt/nfs 目录
$ touch test                                      ##建立一个空文件
$ cd /srv/nfs_share/                              ##切换到/srv/nfs_share 目录
$ ls
test                                              ##可以看到刚才新建的文件
```

最后，使用 umount 命令可以卸载这个文件系统。

```
$ sudo umount /mnt/nfs/
```

11.3.3 配置服务器

本节主要介绍 NFS 服务器的配置和管理。和其他 Linux 服务一样，NFS 使用一个配置文件来完成配置工作。

NFS 服务器的配置文件是/etc/exports。当 NFS 服务器安装完成后，这个文件应该是“空白”，或者包含了一些指导用户设置的注释。在 Ubuntu 中，这个文件看起来像这样：

```
# /etc/exports: the access control list for filesystems which may be exported
#        to NFS clients.  See exports(5).
#
# Example for NFSv2 and NFSv3:
# /srv/homes      hostname1(rw,sync) hostname2(ro,sync)
#
# Example for NFSv4:
# /srv/nfs4       gss/krb5i(rw,sync,fsid=0,crossmnt)
# /srv/nfs4/homes  gss/krb5i(rw,sync)
```

用户通过加入新的行来列举需要导出的文件系统。每一行应该由若干个字段组成，第一个字段总是表示需要导出的文件系统，之后列举可以访问该文件系统的客户机。每个客户机之后紧跟用括号括起来，以逗号分隔的一系列选项。例如下面这一行：

```
/srv/nfs_share    datastore(rw)    10.171.38.108(ro)
```

这一行导出了/srv/nfs_share 目录，同时设置为对主机名为 datastore 的主机可写，对 IP 地址为 10.171.38.108 只读。而其他主机则不能访问该资源。

可以使用通配符来指定一组主机。和 Shell 中一样，“*”用于匹配多个字符，但不能匹配点号(.)。问号“?”则很少被使用。例如下面这一行表示/srv/nfs_share 目录能够对所有以“zju.edu.cn”为域名的主机可读。

```
/srv/nfs_share    *.zju.edu.cn(ro)
```

提醒：永远都不要简单地使用一个星号“*”让整个世界都能够访问某个文件系统。应该让 NFS 只对特定的人群服务。如果希望自己的系统不是那么不堪一击的话，就千万不要偷懒，一一列出各个主机有时候的确有点烦人，当一行特别长的时候可以使用反斜线“\”续行。

表 11.6 列出了常用的导出选项。可以为一个导出条目设置多个选项，各个选项之间通过逗号分隔。

表 11.6　　常用的 NFS 导出选项

选项	含义
ro	以只读方式导出
rw[=list]	以可读写方式导出（默认选项）。如果指定了 list，那么 rw 只对在 list 中出现的主机有效，其他主机必须以只读方式安装
noaccess	阻止访问这个目录及其子目录
wdelay	为合并多次更新而延迟写入磁盘
no_wdelay	尽可能快地把数据写入磁盘
sync	在数据写入磁盘后响应客户机请求（同步模式）
async	在数据写入磁盘前响应客户机请求（非同步模式）
subtree_check	验证每个被请求的文件都在导出的目录树中
no_subtree_check	只验证涉及被导出的文件系统的文件请求

选项 sync 和 async 指定了 NFS 服务器的同步模式。从效率上看 async 更高，因为使用 NFS 的程序可以在服务器实际写入数据之前就开始下一步工作，而不必等到服务器完成磁盘写操作。但是当服务器或客户机发生故障的时候，非同步模式有可能造成磁盘数据错误，从而带来很多不稳定的因素。因此如果没有特殊需要，不推荐使用 async 选项。

另一个常用选项是 noaccess，这个选项允许用户指定某个目录不能被导出。因为 NFS 会导出一个目录下的所有子目录（NFS 认为它导出的是一个“文件系统”），因此这个选项非常有用。例如：

```
/home         *.qsc.zju.edu.cn(rw)
/home/lewis    (noaccess)
```

配置文件的这两行能够让 qsc.zju.edu.cn 域的主机访问/home 下除了/home/lewis 目录的所有内容。注意第 2 行没有照例给出主机名，表示这个选项适用于所有主机。

在完成配置文件的修改后，应该使用 exportfs -a 命令使改动生效。NFS 服务器在某些选项没有设置的时候会发出警告。尽管在大部分情况下，Linux 会选择一个“合适”的默认选项。但为了让 exportfs 闭嘴，尽量满足它的要求吧。

11.3.4　启动与停止

NFS 需要两个不同的守护进程来处理客户机请求。mount 响应安装请求，nfsd 响应文件服务。portmap 服务用于把 RPC 服务映射到 TCP 或者 UDP 端口。事实上，所有将 RPC 协议作为下层传输协议的应用程序都需要 portmap 守护进程。

安装完 NFS 服务器后，系统会自动把它们设置为随系统启动。如果 NFS 的确没有启动起来，表 11.7 给出了不同发行版上 NFS 服务器的启动脚本。

表 11.7　　不同 Linux 发行版上的 NFS 启动脚本

Linux 发行版	启动脚本的路径
Debian 和 Ubuntu	/etc/init.d/nfs-kernel-server /etc/init.d/nfs-common
RedHat 和 Fedora	/etc/rc.d/init.d/nfs
SUSE	/etc/init.d/nfsboot

在服务器端用户可以随时使用 showmount 命令查看有哪些机器正在使用 NFS 服务。下面这条命令显示 IP 地址为 10.171.32.15 机器安装了本机的 NFS 目录。

```
$ showmount
Hosts on lewis-latop:
10.171.32.15
```

不要期望知道 10.171.32.15 正在使用哪个文件系统、在干什么，要始终记住 NFS 服务是一种"无状态"的服务。

11.4　Samba 服务器

如果要在 Windows 和 Linux 系统之间共享文件，就要使用 Samba 服务，本节向读者介绍搭建 Samba 服务的方法。

11.4.1　Samba 服务器简介

本章将带领读者架设自己的 Samba 服务器。通过 Samba，Windows 客户端可以很方便地访问 Linux 机器上的资源。

11.4.2　Samba 服务器动手实践

当前主流 Linux 发行版已经都包含了 Samba 服务器的安装包，以 Ubuntu Linux 为例，只要简单地执行下面这条命令。

```
$ sudo apt-get install samba-common samba
```

和其他大部分服务器一样，Samba 使用一个文本文件完成服务器的所有配置。这个文件叫作 smb.conf，位于/etc 或者/etc/samba 目录下，用熟悉的文本编辑器打开这个文件，在末尾加入下面这几行：

```
[share]
comment = Linux Share
path = /opt/share
public = yes
writeable = no
browseable = yes
guest ok = yes
```

下面简单解释一下这几句话的含义。方括号"[]"中的文字表示共享目录名，这个名字可以随意设置，但应该有意义，因为 Windows 用户需要据此判断这个文件夹的用途。comment 字段用于设置这个共享目录的描述，这个字段是给"自己"看的，但设置一个含义明确的描述可以让今后翻看这个文件时不至于摸不着头脑。

接下来的 3 个字段是对共享目录的具体设置。path 指定了共享目录的路径，这里设置为 /opt/share。writeable 设置目录是否可写，这里设置为“no（不可写）”。browseable=yes 和 public=yes 表示该共享在 Windows 的“网上邻居”中可见。最后的 guest ok=yes 告诉 Samba 服务器这个共享目录允许匿名者访问。

在启动 Samba 服务器之前，不要忘记建立这个用于共享的目录。使用下面这条命令：

```
$ sudo mkdir /opt/share
```

最后，使用下面这条命令启动 Samba 服务器。

```
$ sudo /etc/init.d/samba start
 * Starting Samba daemons                                          [ OK ]
```

现在在相邻的一台 Windows 机器上打开“网上邻居”，就可以看到这台 Samba 服务器，如图 11.1 所示。双击进入这个文件夹可以看到其中的文件。

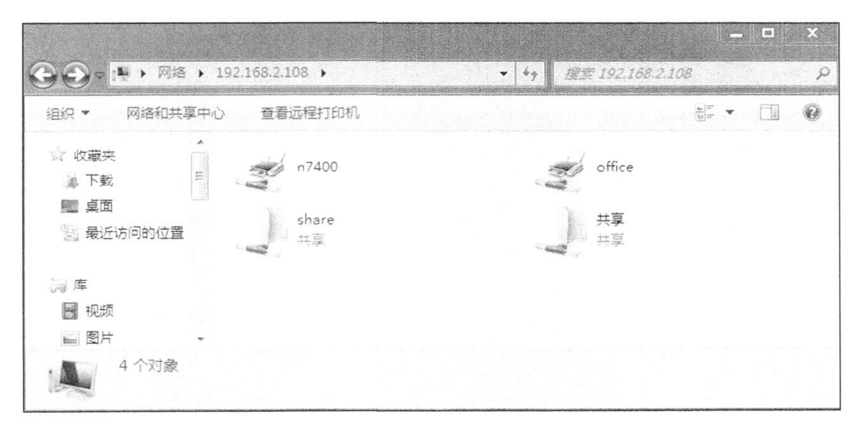

图 11.1　Windows“网上邻居”中看到的 Samba 服务器

11.4.3　安装 Samba 服务器

Samba 服务器的完整源代码可以从 www.samba.org 上下载，下载到的文件类似“samba-latest.tar.gz”。找一个合适的目录，解压该文件。

```
$ tar zxvf samba-latest.tar.gz
samba-3.6.7/buildtools/wafsamba/stale_files.py
samba-3.6.7/buildtools/wafsamba/samba3.py
samba-3.6.7/buildtools/wafsamba/samba_autoconf.py
samba-3.6.7/buildtools/wafsamba/hpuxcc.py
...
samba-3.6.7/buildtools/wafsamba/samba_cross.py
samba-3.6.7/buildtools/wafsamba/irixcc.py
samba-3.6.7/buildtools/wafsamba/samba_utils.py
samba-3.6.7/buildtools/wafsamba/gccdeps.py
samba-3.6.7/buildtools/wafsamba/samba_headers.py
...
```

编译 Samba 略微有一点特殊。在本例中，Samba 将自己的源代码放在 samba-3.6.7/source3 中，在运行 configure 脚本之前，首先要运行 autogen.sh 做一些预处理。

```
$ ./autogen.sh
./autogen.sh: running script/mkversion.sh
./script/mkversion.sh: 'include/version.h' created for Samba("3.6.7")
./autogen.sh: running autoheader in ../examples/VFS/
./autogen.sh: running autoconf in ../examples/VFS/
Now run ./configure (or ./configure.developer) and then make
```

接下来的步骤就和编译安装其他软件一样了，运行 configure 脚本生成合适的 makefile 文件。

```
$ ./configure                                                    ##生成 makefile
checking whether to enable build farm hacks... no
checking if sigaction works with realtime signals... yes
checking if libpthread is linked... no
checking zlib.h usability... yes
checking zlib.h presence... yes
checking for zlib.h... yes
checking for zlibVersion in -lz... yes
checking for zlib >= 1.2.3... yes
Using libraries:
    LIBS = -lresolv -lresolv -lnsl -ldl -lrt
    DNSSD_LIBS =
    AUTH_LIBS =  -lcrypt
checking configure summary... yes
...
```

使用 make 命令编译源代码。Samba 服务器非常复杂，编译源代码需要花费一定的时间，至少在本书列举的几个服务器中，Samba 的编译时间是最长的。

```
$ make                                                    ##编译源代码
...
...
      PICFLAG    = -fPIC
      LIBS       = -lcrypt -lresolv -lresolv -lnsl -ldl
      LDFLAGS    = -pie -Wl,-z,relro -L./bin
      DYNEXP     = -Wl,--export-dynamic
      LDSHFLAGS  = -shared -Wl,-Bsymbolic -Wl,-z,relro -L./bin
      SHLIBEXT   = so
      SONAMEFLAG = -Wl,-soname=
mkdir bin
...
```

运行 make install 命令安装二进制文件，注意这一步需要 root 权限。

```
$ sudo make install                                          ##执行安装
...
...
Installing bin/smbd as ///usr/local/samba/sbin/smbd
Installing bin/nmbd as ///usr/local/samba/sbin/nmbd
...
==============================================================
All MO files for Samba are installed. You can use "make uninstall"
or "make uninstallmo" to remove them.
==============================================================
```

如果看到了最后的这条提示信息，那么 Samba 服务器已经顺利地安装到用户的机器上了。

11.4.4 配置服务器

Samba 的配置文件看上去有点复杂，有很多重叠的关键字，但其实配置并不困难。本节将介绍如何配置一台实用和可靠的 Samba 服务器。

1. 关于配置文件

在正式介绍如何配置 Samba 之前，首先来看一眼这个配置文件里究竟写了些什么。为了不让这个文件占用太长的篇幅，这里截取了其中比较重要的部分。

```
#====================== Global Settings =======================

[global]

## Browsing/Identification ###

# Change this to the workgroup/NT-domain name your Samba server will part of
  workgroup = WORKGROUP

...

# Allow users who've been granted usershare privileges to create
# public shares, not just authenticated ones
  usershare allow guests = yes

#======================= Share Definitions =======================

# Un-comment the following (and tweak the other settings below to suit)
# to enable the default home directory shares.  This will share each
# user's home directory as \\server\username
;[homes]
;   comment = Home Directories
;   browseable = no

...
```

所有以“#”和“;”开头的行都是注释行。可以看到，smb.conf 文件给出了非常完整的注释信息，这些信息对于用户配置服务器很有帮助。从这个文件中可以看到，smb.conf 总共分为两个部分，分别为“全局设置（Global Settings）”和“共享定义（Share Definitions）”。

顾名思义，全局设置用于定义 Samba 服务器的整体行为。例如工作组、主机名、验证方式等。共享定义则用于设置具体的共享目录（或者是设备），更完整的选项设置可以参考 Samba 官方网站 www.samba.org 中的相关文档（或者直接根据 smb.conf 里的注释）。

在每次修改完配置文件后，可以不必重启 Samba 服务器。勤奋的 Samba 每隔几秒就会检查一下配置文件，并且载入这期间发生的所有修改。

2. 设置全局域

以“[global]”开头的那一长串是 Samba 的全局配置部分，下面介绍其中比较常用的设置。

workgroup 用于设置在 Windows 中显示的工作组。从前为了兼顾早期版本的 Windows，工作组取名需要遵循全部大写、不超过 9 个字符、无空格这 3 条规则，但现在已经看不出有什么必要这么做了。server string 是 Samba 服务器的说明。这两个字段后的内容可以随便写，但通常应该写得有“意义”一些，例如：

```
# Change this to the workgroup/NT-domain name your Samba server will part of
   workgroup = WORKGROUP

# server string is the equivalent of the NT Description field
   server string = %h server (Samba, Ubuntu)
```

Windows 默认使用网络基础输入/输出系统（Network Basic Input/Output System，NetBIOS）来识别同一子网上的计算机。这样，用户就可以通过一些有意义的名字（而不是一长串 IP 地址）来指定一台计算机。从某种意义上，这和 DNS 非常相似（但实在不够可靠）。Samba 提供了 netbios name 属性，用于设置在 Windows 客户机上显示的名字。

```
netbios name = linux_server
```

应该确保 Samba 打开了口令加密功能，否则口令将会以明码形式在网络上传输。smb.conf 中的默认配置已经打开了这个功能，想不出任何理由需要把它关闭。

```
encrypt passwords = true
```

文件名的编码问题也是需要考虑的（并且常常让人恼火！）。通常来说，将 Samba 服务器的编码模式设置为 UTF-8 是比较保险的，这样可以很好地解决中文显示的问题。

```
unix charset = UTF8
```

但是这样的设置仍然存在一个问题。Windows 2000 以前的 Windows 系统（例如 Windows 98 和 Windows Me）不认识 Unicode 编码，UTF-8 编码的中文文件名在这些系统下会显示为乱码。Samba 提供了 dos charset 这个字段。下面这条配置命令为那些不认识 Unicode 的 Windows 系统使用 GBK 编码。

```
dos charset = cp936
```

security 字段设置了用户登录的验证方式，share 和 user 是最常用到的两种。share 方式允许任何用户登录到系统，而不用提供用户名和口令。这种方法并不值得推荐，但不幸的是，这是 Samba 默认使用的验证方式。另一种是 user 方式，这种方式要求用户提供账户信息供服务器验证。要使用 user 验证，Samba 的配置文件中应该包含下面这一行。

```
security = user
```

Samba 会将每一个试图连接服务器的行为记录下来，并存放在一个特定的地方。具体的存放位置是由配置文件中的 log file 字段指定的。

```
log file = /var/log/samba/log.%m
```

“%m”指代了客户端主机的主机名（或者 IP 地址）。这条配置告诉 Samba 服务器，日志文件以“log.+主机名（或者 IP 地址）”的形式命名。查看/var/log/samba 下的文件列表可以看到这一点。

```
$ ls /var/log/samba/                                        ##查看日志文件列表
cores                       log.10.250.20.168          log.10.250.20.253
log.169.254.156.208         log.874bd0071cb14fd        log.linux-dqw4
log.smbd.3.gz               log.liu-785bd31d7be        log.smbd.4.gz
log.liuyu-pc
log.10.171.33.54            log.10.250.20.182          log.10.250.20.42
log.169.254.46.195          log.b7675c729461487        log.luobo-fecebfad6
log.winbindd
log.10.171.37.130           log.10.250.20.185          log.10.250.20.44
log.169.254.61.142          log.b7abbc2625174d5        log.mac001f5b84c0c1
```

```
log.winbindd.1.gz
log.10.171.39.113          log.10.250.20.188          log.10.250.20.47
log.169.254.66.226         log.benq-b9155397ff
...
```

定期查看日志文件是非常重要的，这有助于管理员在第一时间掌握系统的安全状况，并及时做出反应。下面列出了日志记录到的某些不受欢迎的访问记录。

```
$ cat log.fengjiao-pc                        ##查看来自 fengjiao-pc 的访问记录
[2015/12/20 08:53:10, 0] auth/auth_util.c:create_builtin_administrators
(792)
  create_builtin_administrators: Failed to create Administrators
[2015/12/20 08:53:10, 0] auth/auth_util.c:create_builtin_users(758)
  create_builtin_users: Failed to create Users
[2015/12/20 08:53:32, 0] auth/auth_util.c:create_builtin_administrators
(792)
  create_builtin_administrators: Failed to create Administrators
[2015/12/20 08:53:32, 0] auth/auth_util.c:create_builtin_users(758)
  create_builtin_users: Failed to create Users
...
```

3. 设置匿名共享资源

前面读者已经创建了一个匿名 Samba 资源。这里简单地回顾一下设置匿名共享的全过程，以及需要注意的相关事项。

首先，应该保证 security 字段被设置为 share，允许匿名用户登录。如果配置文件中用于设置 security 的行被加了注释，那么允许匿名登录是 Samba 的默认行为。

每一个共享资源都应该以方括号“[]”开始。标识共享资源的名字，客户机通过地址“//主机名/共享名”来访问共享资源（Windows 使用反斜杠\\）。其中必不可少的一个配置选项是 guest ok=yes，表示这个目录可以被匿名用户访问（public=yes 的含义相同）。

```
[share]
comment = Linux Share
path = /opt/share
writeable = no
browseable = yes
guest ok = yes
```

和匿名 FTP 一样，既然所有人都能够访问这个共享目录，那么就不应该开放写权限。writeable=no 阻止任何写入数据的企图。一个与此功能相同的选项是 read only，但意思刚好相反，read only=yes 和 writeable=no 的含义相同。

browseable 选项用于控制共享资源是否可以在 Windows 客户机的“网上邻居”中看到。如果设置 browseable=no 的话，那么用户必须在地址栏中手动输入 Samba 服务器的 IP 地址（或者主机名）来访问共享。

4. 开启 Samba 用户

和全世界共享 Samba 资源显得太慷慨了，而且也不够安全。在更多的情况下，需要赋予特定的用户使用共享资源的权力，并且设置不同的权限。为了让未授权的用户远离 Samba 服务器，应该保证开启了用户信息验证。在 Samba 的配置文件中加入（或者取消注释）下面这一行。

```
security = user
```

仍以/opt/share 目录作为共享目录，在配置文件中把这段配置修改成下面这样：

```
[share]
comment = Linux Share
path = /opt/share
public = yes
writeable = yes
browseable = yes
guest ok = no
```

注意这里做了 2 处修改。第 1 处是将 guest ok=yes 改为 guest ok=no，从而屏蔽了匿名用户对这个目录的访问。第 2 处是 browseable=yes，允许客户端看到该共享资源。是否开启这一选项完全取决于具体环境，并不是必须的。

接下来为 Samba 添加用户。为此，首先需要在系统中添加一个实际存在的用户 smbuser（当然读者也可以取一个更动听些的名字）。

```
$ sudo useradd smbuser
```

由于 Windows 口令的工作方式和 Linux 方式本质上的区别，因此需要使用 smbpasswd 工具设置用户的口令。

```
$ sudo smbpasswd -a smbuser                              ##设置 Samba 用户口令
New SMB password:
Retype new SMB password:
Added user smbuser.
```

今后可以使用带-U 参数的 smbpasswd 命令修改已有用户的口令。如果用户希望在本地修改服务器上自己的口令，可以使用-r 参数。下面这条命令用于修改在服务器 smbserver 上 smbuser 用户的口令。

```
$ smbpasswd -r smbserver -U smbuser
```

看起来一切都已经设置完成了。别着急，还记得刚才承诺过要赋予 smbuser 对共享目录的写权限。

```
writeable = yes
```

在配置文件中写上这一条还远远不够。如果服务器上的这个目录本身对 smbuser 不可写的话，那么这句承诺只能沦为一张空头支票。下面这条命令将共享目录（对应于服务器上的/opt/share）的属主和属组都设置为 smbuser。

```
$ sudo chown smbuser:smbuser /opt/share/
```

5. 配合用户权限

添加用户后，Samba 并不是将这个目录完全地交给 smbuser 了。可以对用户在目录中的权限进行一定的限制，在刚才的配置段中加入两行权限信息，使它看起来像下面这样：

```
[share]
comment = Linux Share
path = /opt/share
public = yes
writeable = yes
browseable = yes
guest ok = no
create mask = 0664
directory mask = 0775
```

create mask 设置了用户在共享目录中创建文件所使用的权限。0664 是文件权限的八进制表示法，真正起作用的是后面的 3 个数字 664。代表对属主和属组用户可读写，对其他用户只读。

directory mask 的功能与 create mask 的功能类似，只不过它针对的是目录。上面这一行配置将用户创建的目录权限设置为对属主和属组用户完全开放，其他用户拥有读和执行（进入目录）权限。

完成这些设置后，尝试以 smbuser 用户的身份登录到 Samba 服务器——从 Windows 或者直接使用 smbclient 命令。在共享目录中创建文件 new_file.txt 和目录 new_folder。在服务器上查看文件和目录的属性，可以看到权限确实如配置文件中所设置的那样。

```
$ ls -l /opt/share/new_file.txt              ##查看 new_file.txt 文件的属性
-rw-rw-r-- 1 smbuser smbuser 0 2015-12-20 13:08 /opt/share/new_file.txt

$ ls -dl /opt/share/new_folder/                  ##查看目录 new_folder 的属性
drwxrwxr-x 2 smbuser smbuser 4096 2015-12-20 13:09 /opt/share/new_folder/
```

6. 孤立用户的共享目录

“孤立”是为了保护隐私。由于拥有 Samba 账户的所有用户都可以任意访问 Samba 服务器上列出的资源，因此每个用户自己的文件似乎并没有得到保护。举例来说，如果系统中有另一个 Samba 用户 tosh，那么 tosh 同样可以访问属于 smbuser 的“共享”目录/opt/share。

如果要让 share 成为 smbuser 真正意义上的“私人目录”。一种解决方法是从系统级别上将/opt/share 的权限设置为 700，从而屏蔽其他用户（甚至属组用户）对该目录的一切权限。这样当 tosh 试图访问这个共享目录时就会收到“NT_STATUS_ACCESS_DENIED”的出错提示。

另一种解决方法是在共享目录的配置段中加入下面这一行，明确告诉 Samba 只有 smbuser 具有访问这个目录的权限。

```
valid users = smbuser
```

可以指定多个合法用户，使用逗号分隔。下面这一行设置 tosh 和 jcsmith 用户均可访问相应的共享资源。

```
valid users = tosh, jcsmith
```

有些时候，用户甚至不想让其他人在上一级目录中看到他们的“共享目录”，将 browseable 设置为 no 可以达到这一目的。现在这个配置段看起来像下面这样：

```
[share]
comment = Linux Share
path = /opt/share
public = yes
writeable = no
browseable = yes
create mask = 0664
directory mask = 0775
guest ok = no
valid users = smbuser
```

7. SWAT 管理工具

除了手动修改配置文件，Samba 服务器还提供了 SWAT 图形管理工具。管理员可以使用 Web 浏览器远程登录 Samba 主机，更直观地对共享资源进行配置。看起来 SWAT 似乎更适合于初学者，但是要配置启动 SWAT 似乎并不那么“初级”。

Samba 的安装已经包含了这个管理工具，但默认并没有启动 SWAT 服务器。SWAT 必须配置为由 inetd/xinetd 启动。简便起见，下面的讨论以 xinetd 为例，inetd 的配置可以遵循相似的步骤。

首先确保 SWAT 已经安装在系统上了。通常来说，这个工具的守护进程可以在/usr/sbin 下找到。如果不能确定，可以使用 whereis 命令查找它的位置。

```
$ whereis swat                                          ##查找 SWAT 安装路径
swat: /usr/sbin/swat /usr/share/man/man8/swat.8.gz
```

随后建立/etc/xinetd.d/swat 文件（如果还没有的话），对 SWAT 服务进行配置。这个文件应该包含下面这些内容。

```
service swat
{
        socket_type     =  stream
        protocol        =  tcp
        wait            =  no
        user            =  root
        server          =  /usr/sbin/swat
        only_from       =  127.0.0.1
        log_on_failure  += USERID
        disable         =  no
}
```

如果系统已经建立了这个文件，那么在默认情况下，最后一行的 disable 会被设置为 yes，表示禁用 SWAT。为了激活 SWAT，必须把它改成上面那样。

最后简单地重新启动 xinetd 守护进程，使改动生效。

```
$ sudo /etc/init.d/xinetd restart               ##重新启动 xinetd 守护进程
Rather than invoking init scripts through /etc/init.d, use the service(8)
utility, e.g. service xinetd restart

Since the script you are attempting to invoke has been converted to an
Upstart job, you may also use the stop(8) and then start(8) utilities,
e.g. stop xinetd ; start xinetd. The restart(8) utility is also available.
xinetd stop/waiting
xinetd start/running, process 21789
```

SWAT 启动后会在 901 端口监听。打开浏览器定位到服务器的 901 端口（使用 http://servername:901，把 servername 换成实际的服务器地址，例如本机就是 localhost），即可打开 SWAT 的管理界面，此时 SWAT 会要求用户输入用户名和密码，如图 11.2 所示。图 11.3 是登录后的界面。

8. 安全性方面的几点建议

在安全性方面，Samba 服务器的默认配置已经做得非常好了。不过，系统管理员永远不能简单地把某些事情看作是理所当然的，这里有几条和安全有关的建议。

Samba 服务器通常是用于团队内部共享的，不应该让共享资源对所有主机可见——向公众开放的文件服务应该使用 FTP 或者 Web 服务器。在 smb.conf 中可以使用 hosts allow 字句明确指定哪些主机可以访问 Samba 服务。下面是配置文件中的相关设置。

```
[global]
       hosts allow = 127., 192.168.1.11, 192.168.1.21
```

图 11.2　登录 SWAT

图 11.3　SWAT 的用户主界面

hosts allow 子句允许匹配一组主机，例如上面这个例子中的“127.”就用于匹配所有以 127 开始的 IP 地址。各个 IP 地址之间用逗号分隔。在上面这个例子中，当 IP 地址为 172.16.25.129 的主机试图访问 Samba 资源时，会收到下面的信息。

```
$ smbclient //10.171.30.177/share -U smbuser
Enter smbuser's password:
Server not using user level security and no password supplied.
Server requested plaintext password but 'client plaintext auth' is disabled
tree connect failed: SUCCESS - 0
```

可以使用 EXCEPT 子句排除某些特定的主机，使其不能访问共享资源。下面的设置允许所有 IP 地址以 150.203 开始的主机，但排除 IP 地址为 150.203.6.66 的主机。

```
hosts allow = 150.203. EXCEPT 150.203.6.66
```

除了使用 Samba 的配置文件，也可以从网络防火墙的层次上阻止未授权的主机访问 Samba 服务器。Samba 使用 UDP 协议的端口范围是 137～139，使用 TCP 协议的端口是 137、139、445。下面是为 Samba 服务器准备的典型的防火墙配置。

```
iptables -A INPUT -p tcp -i eth0 -s 192.168.1.0/24 --dport 139     -j ACCEPT
iptables -A INPUT -p udp -i eth0 -s 192.168.1.0/24 --dport 137:138 -j ACCEPT
```

这两条配置允许 192.168.1.0/24 这个网络上的主机访问 Samba 资源，同时指定了相应的端口号。最后一步是请确保开启了口令加密功能。

```
encrypt passwords = true
```

11.4.5　启动与停止

Samba 服务器的启动和关闭没有什么特殊的地方。默认情况下 Samba 的启动脚本是 /etc/init.d/samba，通过下面这条命令启动 Samba 服务器。

```
$ sudo /etc/init.d/samba start
 * Starting Samba daemons                                        [ OK ]
```

类似地，传递 stop 参数停止 Samba 服务器，restart 参数是 stop 和 start 的组合。准确地说，Samba 服务器的大部分功能是由两个守护进程实现的。smbd 负责提供文件和打印服务，以及身份验证功能，nmbd 负责进行主机名字解析。

11.5 Apache 服务器

如果要在Linux系统中组建网站，Apache服务器就是最好的选择，本节向读者介绍搭建Apache服务的方法。

11.5.1 Apache 服务器简介

万维网（World Wide Web，WWW）的出现让互联网真正走进了普通人的生活，上网冲浪只是轻点鼠标这样简单。HTTP（超文本传输协议）是让 WWW 最终工作起来的协议，虽然有多种不用的 HTTP 服务器，但 Apache 或许是其中“最好”的。Apache 这个开源软件已经占据了 HTTP 服务器市场超过 60%的份额，并以其灵活性和高性能在业界享有盛誉。

11.5.2 Apache 服务器动手实践

Apache 已经包含在几乎所有的 Linux 发行版的光盘中了。如果在安装 Linux 时就选择了这个软件包，那么现在 Apache 已经安装在系统中了。使用 whereis 命令可以查看 Apache 是否存在，这是笔者的系统显示信息：

```
$ whereis apache2
apache2:  /usr/sbin/apache2  /etc/apache2  /usr/lib/apache2  /usr/lib64/apache2
/usr/share/apache2 /usr/share/man/man8/apache2.8.gz
```

如果 Apache 还没有被安装，那么可以使用发行版自带的软件包管理工具（例如 Ubuntu 的新立得软件包管理器）从安装源安装。也可以从 Apache 的官方网站 www.apache.org 上下载相应的二进制软件包，Apache 同时提供了 rpm 和 deb 两种二进制格式。安装过程中不需要做任何配置。

完成安装后，Apache 服务器会自动运行。打开浏览器访问 http://localhost/，应该能看到 Apache 回答说“It works!”，如图 11.4 所示。如果读者收到“无法连接”的反馈如图 11.5 所示，那么很可能是 Apache 服务器还没有启动。运行下面这个命令可以启动 Apache 服务器。

```
$ sudo /etc/init.d/apache2 start
 * Starting web server apache2[ OK ]
```

图 11.4 Apache 默认主页

图 11.5　无法连接服务器

可以使用一个新的主页文件替代那个难看的 It works。新建一个名为 index.html 的文件，并复制到/var/www 目录下就可以将默认主页替换掉了。

11.5.3　安装 Apache 服务器

HTTP 协议是一种简单的客户机/服务器协议。在服务器端，有一个守护进程在 80 端口监听，处理客户机（通常是类似于 Firefox、IE 这样的浏览器）的请求。客户机向服务器请求位于某个特定 URL 的内容，服务器则用对应的数据内容回复。如果发生了错误（例如请求的内容不存在）那么服务器会返回特定的错误信息（例如熟悉的 404 Not Found）。

浏览器向用户隐藏了其和服务器程序通信的内容。为了搞清楚浏览器和 Apache 服务器究竟谈了些什么，下面利用 telnet 工具和本机的 Apache 服务器进行通信。这里假定读者已经启动了 Apache 服务器，如果因为某些原因还没有启动，那么可以任选一个网站进行测试。

首先使用 telnet 工具连接到服务器的 80 端口（也就是 HTTP 的默认端口）。如果连接成功，可以看到一些提示信息，同时光标闪烁等待用户的下一条指令。

```
$ telnet localhost 80
Trying 127.0.0.1...
Connected to localhost.
Escape character is '^]'.
```

接下来发送 GET 命令。这条命令用于向服务器请求文档。这里使用 GET/命令，表示请求服务器发送位于其根目录（Apache 服务器一般将其设定为/var/www）的文档内容，也就是主页。注意 HTTP 命令是区分大小写的。

```
GET/
<!DOCTYPE HTML PUBLIC "-//IETF//DTD HTML 2.0//EN">
<html><head>
<title>501 Method Not Implemented</title>
</head><body>
<h1>Method Not Implemented</h1>
<p>GET/ to /index.html not supported.<br />
</p>
<hr>
```

```
<address>Apache/2.2.8 (Ubuntu) PHP/5.2.4-2ubuntu5.3 with Suhosin-Patch Server at
127.0.1.1 Port 80</address>
</body></html>
Connection closed by foreign host.
$
```

在这里可以看到 HTTP 服务器返回的完整内容。事实上，当在浏览器地址中输入 http://localhost/并按下回车后，浏览器接受到的就是这些内容。通过对这些文字的解释，浏览器将最终的结果输出在窗口中。

尽管可以从二进制软件包安装 Apache 服务器，但有些时候为了获得更高的可定制性，或者为了获取最新的 Apache 服务器版本，从源代码安装往往是有必要的。如果读者决定自己下载源代码并编译它，那么本节将提供这方面的帮助。可以从 www.apache.org 上获得 Apache 的源代码，下载到的文件应该类似于 httpd-2.4.3.tar.gz。第一步当然是解开这个档案文件。

```
$ tar zxvf httpd-2.4.3.tar.gz
...
httpd-2.4.3/docs/manual/mod/quickreference.html.de
httpd-2.4.3/docs/manual/mod/quickreference.html.en
httpd-2.4.3/docs/manual/mod/quickreference.html.es
httpd-2.4.3/docs/manual/mod/quickreference.html.ja.utf8
httpd-2.4.3/docs/manual/mod/quickreference.html.ko.euc-kr
...
$ cd httpd-2.4.3/
```

运行目录中的 configure 以检测和设置编译选项，构造合适的 makefile 文件（在做编译之前应该先安装 apr-1.4.6.tar.gz 和 apr-util-1.4.1.tar.gz 两个软件）。使用--prefix 选项来指定 Apache 服务器应该被安装到的目录。如果不指定这个选项，那么 Apache 会安装在/usr/local/apache2 目录下。

```
$./configure          --prefix=/usr/local/apache2          --with-apr=/usr/local/apr
--with-apr-util=/usr/local/apr-util/ --enable-module=shared
checking for chosen layout... Apache
checking for working mkdir -p... yes
checking for grep that handles long lines and -e... /bin/grep
checking for egrep... /bin/grep -E
checking build system type... i686-pc-linux-gnu
checking host system type... i686-pc-linux-gnu
checking target system type... i686-pc-linux-gnu
configure:
configure: Configuring Apache Portable Runtime library...
...
```

强烈建议用户使用--enable-module=shared 这个选项。通过把模块编译成动态共享对象，让 Apache 启动时动态加载。这样以后需要加载新模块的时候，只需要在配置文件中设置即可。虽然这种动态加载的方式在一定程度上降低了服务器的性能，但和能够随时增加和删除模块的便捷性比起来，这一点性能上的损失还是非常值得的。

完整的 configure 选项可以使用 configure --help 查看。configure 脚本执行完成后，依次使用 make 和 make install 命令完成编译和安装工作，注意运行 make install 命令需要 root 权限。取决于机器性能，这需要耗费一定的时间。

```
$ make
...
-2.4.3/modules/proxy -I/home/bob/下载/httpd-2.4.3/modules/session -I/home/bob/下载
```

```
/httpd-2.4.3/modules/ssl  -I/home/bob/ 下 载 /httpd-2.4.3/modules/test  -I/home/bob/ 下 载
/httpd-2.4.3/server  -I/home/bob/ 下 载 /httpd-2.4.3/modules/arch/unix  -I/home/bob/ 下 载
/httpd-2.4.3/modules/dav/main -I/home/bob/下载/httpd-2.4.3/modules/generators -I/home/bob/
下载/httpd-2.4.3/modules/mappers -prefer-pic -c mod_rewrite.c && touch mod_rewrite.slo
    /usr/local/apr/build-1/libtool --silent --mode=link gcc -std=gnu99 -g -O2 -pthread
-o mod_rewrite.la -rpath /usr/local/apache2/modules -module -avoid-version  mod_rewrite.lo
    make[4]:正在离开目录 '/home/bob/下载/httpd-2.4.3/modules/mappers'
    make[3]:正在离开目录 '/home/bob/下载/httpd-2.4.3/modules/mappers'
    make[2]:正在离开目录 '/home/bob/下载/httpd-2.4.3/modules'
    make[2]: 正在进入目录 '/home/bob/下载/httpd-2.4.3/support'
    make[2]:正在离开目录 '/home/bob/下载/httpd-2.4.3/support'

    make[1]:正在离开目录 '/home/bob/下载/httpd-2.4.3'
    $ sudo make install
    ...
    Installing header files
    mkdir /usr/local/apache2/include
    Installing build system files
    mkdir /usr/local/apache2/build
    Installing man pages and online manual
    mkdir /usr/local/apache2/man
    mkdir /usr/local/apache2/man/man1
    mkdir /usr/local/apache2/man/man8
    mkdir /usr/local/apache2/manual
    make[1]:正在离开目录 '/home/bob/下载/httpd-2.4.3'
```

11.5.4　配置服务器

Apache 默认的配置做得很好，对某些高级应用来说，用户仍然需要手动定制。Apache 使用文本文件来配置所有的功能选项。

1．配置文件

Apache 服务器的配置文件可以在子目录 conf 下找到。如果是从源代码编译安装的话，可以从 Apache 所在的目录（默认为/usr/local/apache2）下找到这个子目录。但这个规则对于从发行版包管理器安装的 Apache 往往并不适用。在后一种情况下，Linux 各发行版倾向于把所有的配置文件集中在/etc 目录下。对于统筹管理而言，这样的处理方法具有一定优势。例如 Ubuntu 就把配置文件安放在/etc/apache2 目录下。

配置文件 httpd.conf 由 3 部分组成。第 1 部分用于配置全局设置。例如 Listen 80 指导 Apache 服务器在 80 端口监听，一串 LoadModule 命令指定了 Apache 服务器启动时需要动态加载的模块等。用户可以根据需要自由更改这些选项。在每一条命令前面都有注释提示该命令的作用和语法。

```
# Listen: Allows you to bind Apache to specific IP addresses and/or
# ports, instead of the default. See also the <VirtualHost>
# directive.
#
# Change this to Listen on specific IP addresses as shown below to
# prevent Apache from glomming onto all bound IP addresses.
#
#Listen 12.34.56.78:80
Listen 80
```

第 2 部分用于配置主服务器。这里的主服务器是相对于“虚拟主机”而言的，所有虚拟主机无法处理的请求都由这个服务器受理。在没有配置虚拟主机的 Apache 上，这就是唯一和客户端打交道的服务器进程。

来看几条比较有用的信息。下面这两条命令配置 Apache 服务器由哪个用户和用户组运行。

```
# If you wish httpd to run as a different user or group, you must run
# httpd as root initially and it will switch.
#
# User/Group: The name (or #number) of the user/group to run httpd as.
# It is usually good practice to create a dedicated user and group for
# running httpd, as with most system services.
#
User daemon
Group daemon
```

出于安全方面的考虑，应该建立特别的用户和用户组，然后将 Apache 交给它们（事实上，Apache 在安装过程中自动完成了这一工作）。对于大部分系统服务而言，这都是一个好习惯。

```
# DocumentRoot: The directory out of which you will serve your
# documents. By default, all requests are taken from this directory, but
# symbolic links and aliases may be used to point to other locations.
#
DocumentRoot "/usr/local/apache2/htdocs"
```

这条命令指定了网站根目录的路径。在上面这个例子中，如果浏览器访问该网站，那么实际上访问的将是这台服务器上/usr/local/apache2/htdocs 目录下的内容。

第 2 部分还定义了一些安全选项，在通常情况下并不需要用户更改。Apache 已经把自己配置得足够安全，可以胜任绝大多数安全情况。使用默认值就可以。

最后一部分用于设置虚拟主机，在初始情况下，所有的命令都被打上了注释符号。如何设置虚拟主机超出了本章的范围，读者可以参考 Apache 手册。

完成配置文件的修改后，应该使用 http -t 命令检查有无语法错误。正常情况下应该产生如下信息：

```
$ /usr/local/apache2/bin/httpd -t
Syntax OK
```

2. 使用日志文件

对于一个 Web 站点而言，收集关于其使用情况的统计数据非常重要。网站的访问量、数据传输量、访问来源以及发生的错误等信息必须得到实时监控。Apache 会自动记录这些信息，并把它们保存在日志文件中。这些日志文件都是文本文件，可以使用任意的编辑器查看。

和配置文件一样，从哪里找到这些日志文件是一门学问。对于从源代码安装的 Apache 而言，日志文件被存放在 Apache 目录（默认是/usr/local/apache2）的 logs 子目录下。但如果是从发行版的包管理器安装的话，情况会变得有点复杂。比较常见的情况是，在/var/log 目录（这个目录被用来存放各种日志文件）下可以找到名为 apache2 的子目录。例如 Ubuntu Linux 的 Apache 日志文件就被保存在/var/log/apache2 目录下。

```
$ ls /var/log/apache2/
access.log  access.log.1  access.log.2.gz  error.log  error.log.1  error.
log.2.gz
```

直接查看这些日志文件是毫无帮助的。其中包含的信息太多了，看起来简直一团糟。Analog

是一款值得考虑的免费日志分析软件，可以用来提取足够多的基础信息。当然，如果对日志分析的要求非常严格的话，可以考虑购买一款商业软件。

3. 使用 cgi

cgi（公共网关接口）定义了 Web 服务器和外部程序交互的接口，是在网站上实现动态页面的最简单和常用的方法。用户只要在网站的一个特定目录中放入可执行文件，就可以从浏览器中调用。Apache 中配置使用 cgi 非常方便，如果读者是跟随本节从源代码编译安装 Apache 的话，那么此时 cgi 应该已经配置为启用了。查看 httpd.conf 文件，可以找到下面这条命令：

```
ScriptAlias /cgi-bin/ /usr/local/apache2/cgi-bin/
```

Apache 默认将/usr/local/apache2/htdocs 作为网站的根目录，而这个 cgi-bin 目录显然处在根目录之外。为此，ScriptAlias 命令指导 Apache 将所有以/cgi-bin/开头的资源全部映射到/usr/local/apache2/cgi-bin/下，并作为 cgi 程序运行。这意味着类似于 http://localhost/cgi-bin/hello.pl 这样的 URL 实际上请求的是/usr/local/apache2/cgi-bin/hello.pl。

为了现实体验 cgi 程序的效果，打开熟悉的编辑器，在 cgi-bin 子目录下创建一个名为 hello.pl 的 Shell 脚本文件，包含下面这些内容。

```
#!/bin/bash
echo "Content-type:text/html"
echo
echo "Hello, World"
```

运行 chmod 命令增加可执行权限。

```
$ sudo chmod +x hello.pl
```

如果 Apache 服务器还没有启动，那么就启动它。打开浏览器访问 http://localhost/cgi-bin/hello.pl，效果如图 11.6 所示。

图 11.6 运行 cgi 脚本

4. 使用 PHP+MySQL

在业界 LAMP 是一个非常流行的词语，这 4 个大写字母分别代表 Linux、Apache、MySQL 和 PHP。LAMP 以其高效、灵活的特性已经成为中小型企业网站架设的首选。读者应该尽量使用发行版的软件包管理工具安装这 3 套软件，这样可以省去很多配置的麻烦。如果希望能获得一定挑战的话，那么不妨跟随本节从源代码编译 PHP 和 MySQL。这样可以获得更大程度上的定制，对于了解其工作原理也有一定帮助。首先来看一下 PHP 和 MySQL 究竟是什么。PHP 是一种服务器端脚本语言，它专门为实现动态 Web 页面而产生。使用 PHP 语言编写动态网页非常容易。它可以自由嵌入在 HTML 代码中，并且内置了访问数据库的函数。从版本 5 开始，PHP 全面支持了面向对象的概念，使其适应大型网站开发的能力进一步得到增强。

PHP 是一款开放源代码的产品。这意味着用户可以免费访问其源代码，做出修改，并自由发布。相比较其他同类脚本语言——如 ASP.NET、JSP 等，PHP 表现出更高的执行效率，更丰富的函数库和更高的可移植性。这些优点使得 PHP 正得到越来越广泛的应用。

MySQL 或许是目前世界上最受欢迎的开放源代码数据库。正如名字所预示的那样，MySQL 使用了全球通用的标准数据库查询语言 SQL。通过服务器端的控制，MySQL 可以允许多个用户并发地使用数据库，并建立了一套严格的用户权限制度。在实际应用中，MySQL 表现得十分快速和健壮，很多大型企业（例如 Google）都采用了这套数据库系统。

MySQL 目前是 Sun 的产品。应该要感谢 Sun 公司在完成对 MySQL 的收购后依旧保持了其作为自由软件的特性。对 PHP 和 MySQL 有所了解后，下面正式进入 MySQL 的安装。

（1）安装 MySQL。

遵循 MySQL 官方的建议，这里将直接使用 MySQL 的二进制代码进行安装。可以直接从发行版的软件包管理器中搜索 MySQL 来安装，也可以从其官方网站 http://www.mysql.com 上下载。下载的二进制文件至少应该包括 server 和 client。如果磁盘空间允许的话，尽可能下载一个版本的所有二进制文件，并逐一安装。安装完成后，MySQL 服务器应该已经运行起来了。先不要急着欢呼，在正式使用之前，还需要做一些设置。

首先是应该设置 MySQL 的 root 用户密码。和 Linux 一样，MySQL 的 root 用户具有至高无上的权限，可以对数据库进行任何操作。下面这条命令将 MySQL 数据库的 root 用户密码设为“new-password”，实际操作中，应该选择一个更安全的密码替代它。

```
$ mysqladmin -u root password 'new-password'
```

使用 mysql -u root -p 命令登录到数据库，输入密码并通过验证后，MySQL 会显示一条欢迎信息并反馈当前的连接号和版本信息。

```
$ mysql -u root -p
Enter password:
Welcome to the MySQL monitor.  Commands end with ; or \g.
Your MySQL connection id is 5
Server version: 5.0.51a SUSE MySQL RPM

Type 'help;' or '\h' for help. Type '\c' to clear the buffer.
```

MySQL 在默认情况下允许任何人在不提供用户名和密码的情况下访问数据库（这个设置多少显得有些奇怪），这显然是任何一个管理员不能接受的。下面这条命令通过删除匿名用户关闭这个“功能”。

```
mysql> use mysql;                              ##选定 mysql 数据库
Database changed
mysql> delete from user where User='';         ##删除表中的匿名用户
Query OK, 2 rows affected (0.00 sec)
```

使用 quit 命令退出 MySQL。最后执行 mysqladmin -u root -p reload 命令使这些修改生效。

```
mysql> quit
Bye
$ mysqladmin -u root -p reload
```

（2）安装 PHP。

首先到 PHP 的官方网站 http://www.php.net/上下载源代码包。这里假定读者已经安装了 Apache，即打开了--enable-module=shared 选项。下载到的源代码包看起来应该像 php-5.4.6.tar.gz

这样。解开并进入 php 源代码目录。

```
$ tar zxvf php-5.4.6.tar.gz
$ cd php-5.4.6/
```

运行 configure 脚本，并添加对 MySQL 和 Apache 的支持。注意应该将/usr/local/apache2 替换为安装 Apache 时选择的路径。

```
$ ./configure --with-mysql --with-apxs2=/usr/local/apache2/bin/apxs
```

运行成功后可以看到如下欢迎信息。

```
+--------------------------------------------------------------------+
| License:                                                           |
| This software is subject to the PHP License, available in this     |
| distribution in the file LICENSE.  By continuing this installation |
| process, you are bound by the terms of this license agreement.     |
| If you do not agree with the terms of this license, you must abort |
| the installation process at this point.                            |
+--------------------------------------------------------------------+

Thank you for using PHP.
```

分别使用 make 和 make install（需要 root 权限）命令完成编译和安装工作。这项工作的时间取决于机器性能，将花费一定的时间。

```
$ make
$ sudo make install
```

最后，把一个配置文件复制到 lib 目录下。注意在本例中，php.ini-dist 是为开发用户准备的。通过设置一系列调试选项，使 PHP 开发变得相对容易。但对于一台产品服务器而言，不应该在程序运行出错时向用户透露太多的配置细节。对于后一种情况，建议使用 php.ini-recommended 文件。

```
$ sudo cp php.ini-dist /usr/local/lib/php.ini
```

5. 配置 Apache

作为整个安装过程的最后一步，需要修改 Apache 的配置文件使其“认识”PHP。用熟悉的编辑器打开 Apache 的配置文件 httpd.conf，添加下面这条语句用于加载 PHP 模块。

```
LoadModule php5_module libexec/libphp5.so
```

添加下面两行指导 Apache 识别 PHP 文件的后缀。

```
AddType application/x-httpd-php .php .phtml
AddType application/x-httpd-php-source .phps
```

至此，已经完成了 Apache+PHP+MySQL 的安装。为了测试服务器是否工作正常，编辑一个包含如下内容的 PHP 文件（扩展名为.php）放在网站根目录下。

```
<?php
    phpinfo();
?>
```

重启 Apache 服务器，在浏览器中访问这个 PHP 文件。如果一切顺利，页面显示如图 11.7 所示。

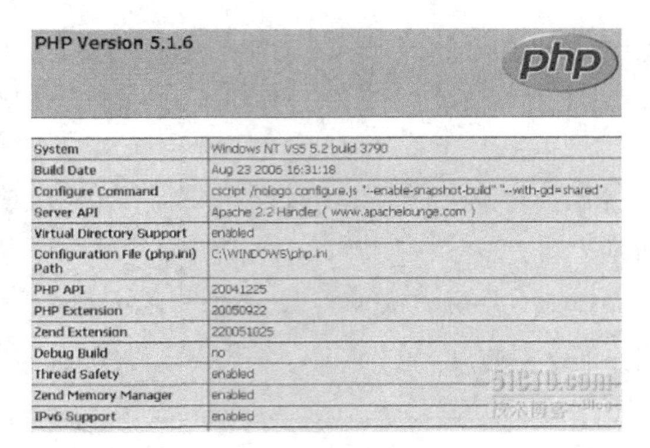

PHP Version 5.1.6

System	Windows NT VS5 5.2 build 3790
Build Date	Aug 23 2006 16:31:18
Configure Command	cscript /nologo configure.js "--enable-snapshot-build" "--with-gd=shared"
Server API	Apache 2.2 Handler (www.apachelounge.com)
Virtual Directory Support	enabled
Configuration File (php.ini) Path	C:\WINDOWS\php.ini
PHP API	20041225
PHP Extension	20050922
Zend Extension	220051025
Debug Build	no
Thread Safety	enabled
Zend Memory Manager	enabled
IPv6 Support	enabled

图 11.7　PHP 当前的配置信息

11.5.5　启动与停止

可以用手工的方式启动和关闭 Apache 服务器。Apache 服务器的控制脚本是 apache2ctl，通过给这个脚本传递参数控制 Apache 服务器的启动和关闭（需要有 root 权限）。常用的 3 个参数是 start、stop 和 restart，分别代表启动、停止和重启。下面这条命令启动 Apache 服务器。

```
$ sudo apache2ctl start
```

如果系统提示找不到 apache2ctl 命令，那么很可能是 apache2ctl 脚本所在的目录没有被加入搜索路径中。使用绝对路径来运行这条命令。例如，把 Apache 安装在/usr/local/apache2 目录下，使用下面这条命令启动 Apache 服务器。

```
$ sudo /usr/local/apache2/bin/apache2ctl start
```

如果不确定当初把 Apache 安装在哪里，那么可以使用 whereis 命令找到它。

```
$ whereis apache2ctl
apache2ctl: /usr/sbin/apache2ctl   /usr/share/man/man8/apache2ctl.8.gz
```

比手工启动更好的方法是设置 Apache 在系统引导时自动运行。在 rc 目录下建立一个链接并指向/etc/init.d/httpd 文件。运行下面的命令。

```
$ sudo ln -s /etc/init.d/httpd /etc/rc.5/S91apache2
```

注意

上面这条命令可能在读者的系统上执行失败。不同的 Linux 发行版有时候会把 rc 目录放在不同的地方，例如 openSUSE 就把它放在/etc/init.d/目录下。另外，对于 S91apache 这个文件名，读者应该要理解它代表什么意思。

这样在每次进入运行级 5 的时候都会启动 Apache 服务器。如果是在一台服务器上，那么通常是在 rc.3 目录下建立这个链接。

至此，Apache 服务器已经能够在当前系统上运行起来了。打开浏览器定位到 http://localhost/，应该可以看到 Apache 反馈的 It works!信息。

11.6　远程登录

很多读者都知道，Linux 最主要的应用场景还是网络服务器。支持多个用户同时登录对于服务器而言非常重要。这种远程登录有多种方式，SSH 协议应该算是最好的，这种协议提供了安全可靠的远程连接方式。

11.6.1　登录另一台 Linux 服务器

1. 安全的 Shell：SSH

SSH 是 secure shell 的简写，意为“安全的 shell”。作为 rlogin、rcp、telnet 这些“古老”的远程登录工具的替代品，SSH 会对用户的身份进行验证，并加密两台主机之间的通信。SSH 在设计时充分考虑到了各种潜在的攻击，给出了有效的保护措施。尽管现在 SSH 已经转变为一款商业产品 SSH2，但开放源代码社区已经发布了 OpenSSH 软件作为回应。这款免费的开源软件由 FreeBSD 负责维护，并且实现了 SSH 协议的完整内容。

要从 Linux 下通过 SSH 登录另一台 Linux 服务器非常容易——前提是在远程服务器上拥有一个用户账号。打开 Shell 终端，执行 ssh -l login_name hostname 命令，应该把 login_name 替换成真实的用户账号，把 hostname 替换成服务器主机名（或者 IP 地址）。下面这条命令以 liu 用户的身份登录到 IP 地址为 192.168.150.139 的 Linux 服务器上。

```
$ ssh -l liu 192.168.150.139
```

如果是初次登录，SSH 可能会提示无法验证密钥的真实性，并询问是否继续建立连接，回答 yes 继续。用户口令验证通过后，SSH 会反馈上次登录情况并以一句 Last login: Fri Sep　7 09:33:05 2012 from 192.168.150.139 作为问候。

```
The authenticity of host '192.168.150.139 (192.168.150.139)' can't be established.
ECDSA key fingerprint is 00:4a:e7:58:da:92:df:b3:63:f9:30:a0:ad:1d:6a:82.
Are you sure you want to continue connecting (yes/no)? yes
Warning: Permanently added '192.168.150.139' (ECDSA) to the list of known hosts.
liu@192.168.150.139's password:
Welcome to Ubuntu 12.04.1 LTS (GNU/Linux 3.2.0-29-generic-pae i686)
 * Documentation:  https://help.ubuntu.com/
Last login: Fri Sep  7 09:33:05 2012 from 192.168.150.139
$
```

注意 Shell 提示符前的用户和主机名改变了，表示当前已经登录到这台 IP 为 192.168.150.139 的服务器上。接下来的操作读者应该很熟悉了，例如用 ls 命令查看当前目录中的文件信息。

```
$ ls
examples.desktop
```

时刻记住当前做的所有操作都发生在远程服务器上。当连接到几台不同的服务器时，管理员常常会在来回切换 Shell 的过程中搞糊涂。因此，尽量不要同时开启 3 个以上的远程 Shell。时刻注意 Shell 提示符前的主机名，并且在执行重要操作时保持警惕，是避免灾难的重要途径。

在任何时候直接使用 root 账号登录远程主机都不是一个好习惯。正确的做法应该是使用受限账号登录，然后在需要的时候通过 su 或者 sudo 命令临时取得 root 权限。

完成工作后，使用 exit 命令可以结束同远程主机的 SSH 连接，这将把用户带回到建立连接前的 Shell 中。

```
$ exit
Connection to 192.168.150.139 closed.
root@lyw-virtual-machine:~#
```

SSH 服务默认开启在 22 号端口，服务器的守护进程在 22 号端口监听来自客户端的请求。如果服务器端的 SSH 服务没有开启在 22 端口（这通常是为了防范居心不良端口扫描程序），那么可以通过 SSH 的-p 选项指定要连接到的端口。下面这条命令指导 SSH 连接到远程服务器的 202 端口。

```
$ ssh -l liu -p 202 192.168.150.139
```

如果用户需要在远程主机上运行 X 应用程序，那么首先应该保证对方服务器开启了 X 窗口系统，然后使用带-X 参数的 SSH 命令显式启动 X 转发功能。

```
root@lyw-virtual-machine:~# ssh -X -l liu 192.168.150.139
liu@192.168.150.139's password:
Welcome to Ubuntu 12.04.1 LTS (GNU/Linux 3.2.0-29-generic-pae i686)
 * Documentation:  https://help.ubuntu.com/
Last login: Fri Sep  7 09:43:40 2012 from 192.168.150.139
/usr/bin/xauth:  file /home/liu/.Xauthority does not exist
```

下面这条命令在所登录到的服务器上运行 Firefox 浏览器，注意服务器会反馈一系列信息告诉用户此刻发生了什么。

```
$firefox
Launching a SCIM daemon with Socket FrontEnd...
Loading simple Config module ...
Creating backend ...
Reading pinyin phrase lib failed
Loading socket FrontEnd module ...
Starting SCIM as daemon ...
GTK Panel of SCIM 1.4.7
...
```

SSH 会把对方服务器上的 Firefox 界面完完整整地传输到本地，这样用户就可以在当前 PC 上使用远程服务器上的 Firefox 了。如果两台主机距离比较长，或者网络状况不太理想的话，那么传输一个 X 应用程序界面会比较慢，但最终应该能出现在本机的屏幕上。

2. 登录 X 窗口系统：图形化的 VNC

读者已经看到，通过启用 SSH 的 X 转发功能可以在本地运行远程主机上的 X 应用程序，但有些时候用户可能希望更进一步，直接从 X 窗口登录服务器，就像操作本地的桌面一样。VNC（Virtual Network Computing，虚拟网络计算）实现了这一需求。

要使用 VNC 登录，首先要求服务器端运行有 X 窗口系统，且开启了相关服务和端口。在连接之前，要先在远程主机的用户目录下生成 VNC 的配置文件。使用 SSH 连接远程主机。

```
lyw@lyw-virtual-machine:~$ ssh -l liu 192.168.150.139
liu@192.168.150.139's Password:
Last login: Fri Sep  7 09:52:32 2012 from 192.168.150.139
$
```

运行 vncserver 脚本生成配置文件，配置过程中会要求用户输入远程访问密码。

```
$ vncserver
You will require a password to access your desktops.

Password:                                                    ##设置远程访问密码
Password must be at least 6 characters - try again
Verify:                                                      ##再次输入密码
New 'lyw-virtual-machine:1 (liu)' desktop is lyw-virtual-machine:1
```

```
Creating default startup script /home/liu/.vnc/xstartup
Starting applications specified in /home/liu/.vnc/xstartup
Log file is /home/liu/.vnc/lyw-virtual-machine:1.log
```

服务器端的用户配置结束后，就可以从客户端登录了。有很多 VNC 的客户端工具可供使用，vncviewer 是一款跨平台的 VNC 客户端工具。在 Google 中使用关键字 vncviewer download 搜索，可以得到大量的下载地址。

完成安装后，就已经做好了登录远程主机的所有准备。下面在终端里执行 vncviewer ip-address：1（桌面号）命令，结果如下。

```
$ vncviewer 127.0.0.1:1
VNC Viewer Free Edition 4.1.1 for X - built Feb  5 2012 20:02:23
Copyright (C) 2002-2005 RealVNC Ltd.
See http://www.realvnc.com for information on VNC.

Fri Sep  7 15:01:21 2012
 CConn:      connected to host 127.0.0.1 port 5901
 CConnection: Server supports RFB protocol version 3.8
 CConnection: Using RFB protocol version 3.8
Password:                                              ##输入远程访问密码
```

输入密码后弹出所登录到的远程桌面。在该界面可以做相应的操作了，如图 11.8 所示。

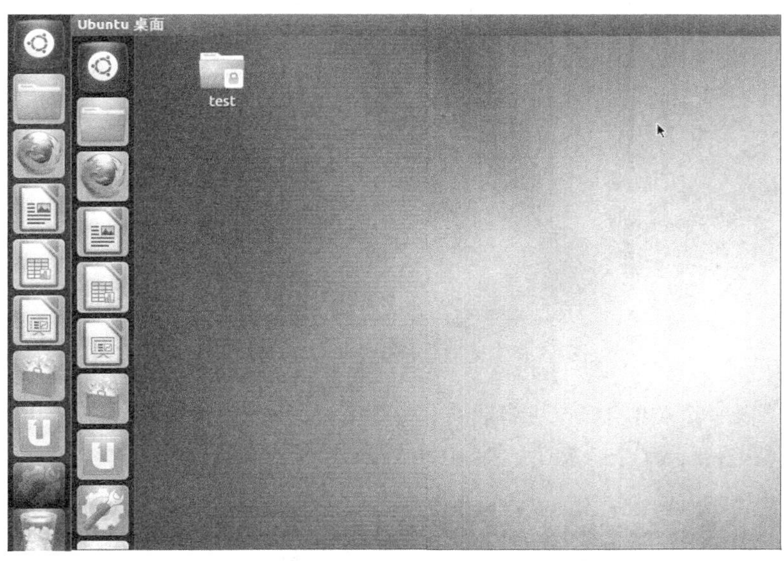

图 11.8　远程主机的登录界面

3. 我想从 Windows 登录这台 Linux

管理员常常陷入这样的尴尬：公司的一些任务不得不在 Windows 下完成，而 Linux 作为一款优秀的服务器操作系统又被部署在机房中。在这种情况下，要么安装双系统，并且为了短暂的应用而不停地重启计算机；要么干脆从 Windows 登录到 Linux 服务器。幸运的是，经过开放源代码界的长期努力，这已经不是什么困难的事情了。

Windows 上有几种不同的 SSH 客户端，其中开放源代码的 PuTTY 是使用最为广泛、也是最受好评的一个。这是一个绿色软件，不需要安装。下载并运行其主程序 putty.exe，填写远程主机的主机名（或者 IP 地址）和登录端口，如图 11.9 所示。

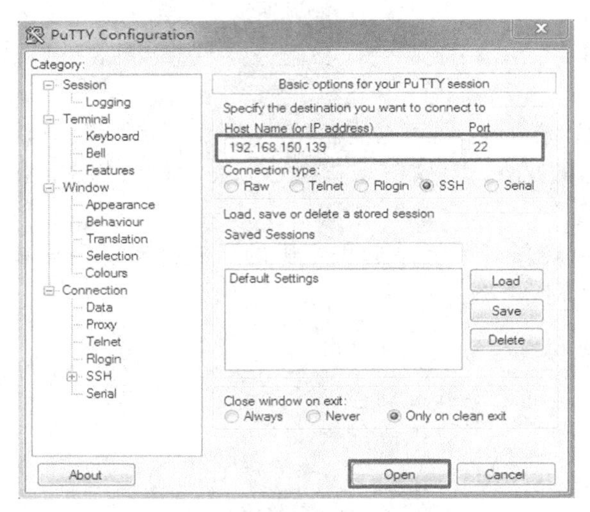

图 11.9　PuTTY 客户端的设置和登录界面

单击“Open”按钮，即可建立连接。如果是初次登录，会出现如图 11.10 所示的提示框，单击“是”按钮继续登录。

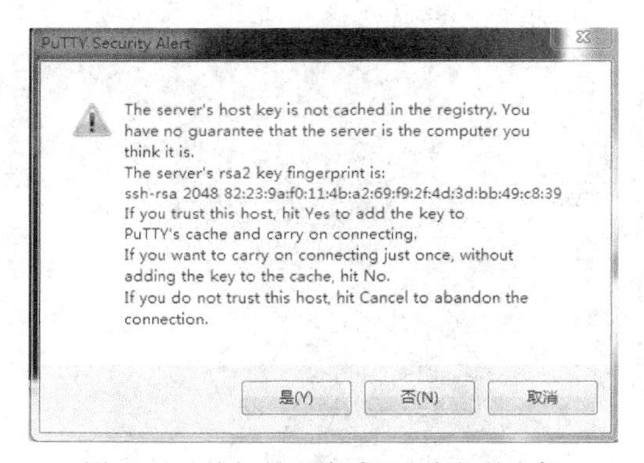

图 11.10　询问是否接受远程主机的密钥

PuTTY 将打开一个类似于 Shell 终端的命令行窗口，输入用户名和口令即可完成登录，接下来发生的事情就跟在 Linux 中一样了，如图 11.11 所示。

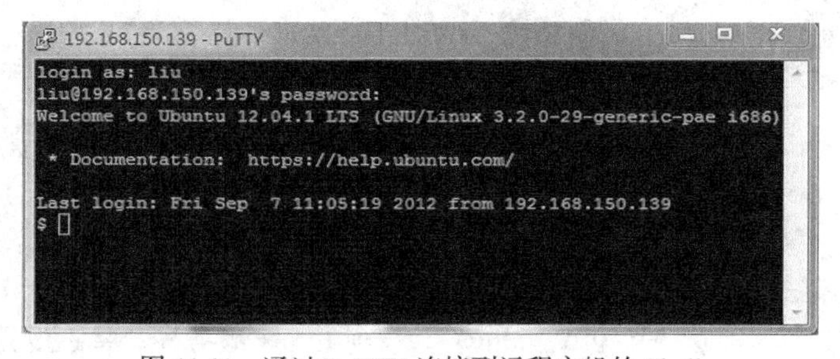

图 11.11　通过 PuTTY 连接到远程主机的 Shell

如果希望通过 VNC 从 Windows 登录到 Linux，那么老朋友 vncviewer 同样有 Windows 上的版本，读者可以从 www.realvnc.com/products/free/4.1/winvncviewer.html 上免费下载这款软件。安装和登录界面如图 11.12 和图 11.13 所示，其基本操作和 Linux 下的 vncviewer 基本一致。

图 11.12 VNC for Windows 的安装界面

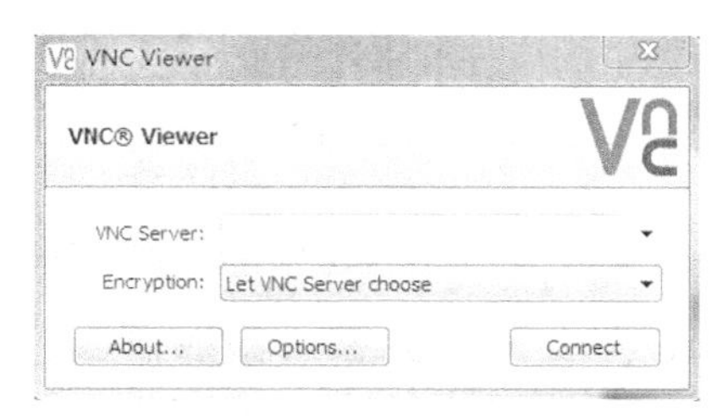

图 11.13 VNC Viewer for Windows 的登录界面

11.6.2 登录 Windows 服务器

本节将要从相反的方向讨论远程登录这个问题——从 Linux 登录到 Windows 服务器。通常来说，有两种比较常用的方法，一种是为 Windows 装上一个名叫 VNC Server 的软件，这样 Linux 就可以通过 VNC 登录到 Windows 服务器了。这是属于 Windows 服务器的配置问题，此处就不再赘述了。

另一种方法是借助 Linux 下已有的客户端软件，直接通过 RDP 协议连接到 Windows 服务器。当然，首先要求 Windows 服务器开启了远程登录功能，可以通过右键单击“我的电脑”，在弹出的快捷菜单中选择“属性”选项打开“系统属性”对话框，选择“远程”标签进入“远程”选项卡，在其中选中“允许用户远程连接到此计算机”复选框打钩开启这一功能。

下载命令行登录工具 rdesktop 并安装，开启 Shell 终端，通过下面这条命令即可连接到 Windows 服务器。

```
rdesktop -u username ip-address
```

例如，这里以用户 liu 的身份登录到一台 IP 地址为 192.168.150.1 的 Windows 服务器上。

```
$ rdesktop -u liu 192.168.150.1
```

同 Windows 服务器建立连接后，rdesktop 会打开一个窗口，显示熟悉的 Windows 登录界面，如图 11.14 所示。通过用户密码验证后，即可登录到这台远程 Windows 服务器。

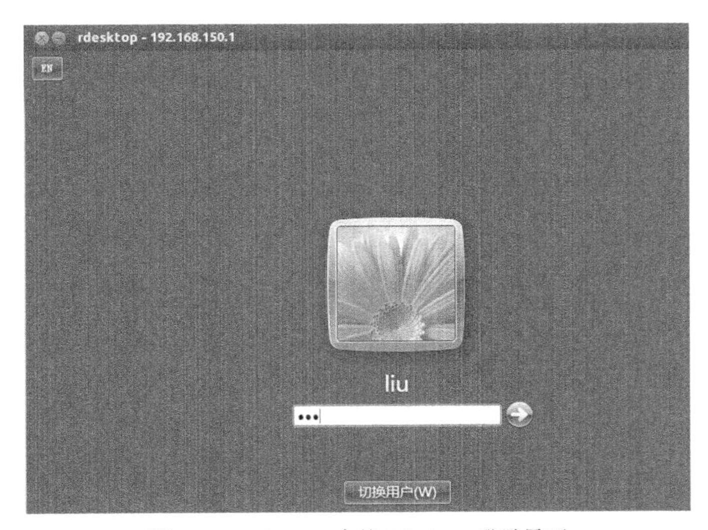

图 11.14 rdesktop 中的 Windows 登录界面

如果 Windows 服务器被配置为使用一个不同的端口，而不是 RDP 协议默认的 3389 端口，那么在使用 rdesktop 连接的时候应该在 IP 地址后加上冒号“:”和端口号，例如上面这条连接命令应该写成下面这种形式，其中 6666 应该被改成 Windows 远程桌面实际使用的端口号。

```
$ rdesktop -u liu 10.71.84.129:6666
```

11.6.3 为什么不使用 telnet

为什么不使用 telnet？答案很简单：为了安全。

telnet 曾经是使用最广泛的远程登录工具，但是 TELNET 协议有一个致命的缺陷，使用明文口令。这意味着用户口令将以明文的形式在网络上传输，任何人都有机会通过“网络嗅探”工具直接获取该口令。Linux 已经不再包含 TELNET 服务器程序，并且也不推荐用户使用。与此类似的还有 rlogin、rsh 等远程登录工具，它们也因为同样的安全问题成了众矢之的。

11.7 小结

本章首先向读者介绍了服务器的基础知识，然后介绍了多个服务器的安装和布置，包括 FTP、NFS、Samba，最后介绍了 Apache 服务器的基本概念，如何配置 Apache 服务器，以及停止和启动 Apache 服务的方法。

11.8 习题

一、填空题

1. ________是系统中第一个启动的。
2. ________是一类在后台运行的特殊进程
3. FTP 被用来提供________。
4. NFS 是网络文件系统________的简称。
5. LAMP 是________、________、________和________的简称。

二、选择题

1. FTP 服务器在实际使用时开启两个端口（　　）。

   A. 20　　B. 21　　C. 22　　D. 31

2. 在服务器端用户使用命令查看有哪些机器正在使用 NFS 服务（　　）。

   A. showmount　　B. mount　　C. su　　D. mkdir

三、简答题

1. Samba 服务器的功能是什么？
2. 简述 Linux 的主要服务有哪些？

第 12 章 安全设置

防火墙是网络安全的基本工具。通过在服务器和外部访客之间建立过滤机制，防火墙在网络层面上实现了安全防范。Linux 的防火墙工具是 IP Tables，这套防火墙系统甚至被作为很多其他专业网络设备的核心。本章还将介绍 Linux 下的网络安全工具，这些工具对于找出系统的安全问题非常有帮助。

本章将介绍：

- 计算机病毒
- 杀毒软件的使用
- iptables 防火墙
- 网络安全工具

12.1 计算机病毒

提到计算机，病毒就是不可回避的话题，Linux 系统也无法躲避病毒的侵害，本节主要介绍病毒的定义、分类和危害。

12.1.1 计算机病毒简介

科学普及到了一定的程度，已经没有人会拿着酒精棉花去杀灭计算机病毒了。应该承认，这个比喻确实充满艺术性。一段程序指令，旨在破坏计算机的功能和数据，同时能够自我复制——计算机病毒和生物学上的病毒的确非常相似。

病毒总是想尽可能广泛地传播自己。10 年前网络还不怎么发达的时候，病毒的传播总是备受限制，那时候的安全建议往往是在不需要写入数据的软盘上开启写保护。然而随着互联网的普及，病毒的数量和破坏性也呈现了爆炸性的增长。通过网络从一台主机传播到另一台主机是非常容易的事情，恐慌一时的“冲击波病毒”在短短一周时间内就感染了世界上大部分 Windows XP 系统。

病毒制造者喜欢让自己的程序在计算机中潜伏一段时间，然后让它在某一时刻爆发。这段潜伏期是病毒复制传播自己的好机会，用户此时不会察觉任何异常。病毒可能在不同的地方出现，但通常来说，病毒总是把自己存放在能够得到执行的地方。例如可执行文件、启动扇区（Boot）、硬盘的系统引导扇区（MBR）等。文本文件中的“病毒”是没有意义的，因为它们根本没有运行的机会。

病毒的破坏性有大有小，这通常取决于编写者的“道德”。有些病毒完全不会造成破坏，而只是热衷于四处传播。另一些则会在特定的时候搞些恶作剧，例如闪动屏幕、发出声响等。最后那些才是具有实际破坏性的，例如删除数据、破坏引导分区、窃取信息等。遗憾的是，互联网上从来都不缺少这类破坏性的病毒。

12.1.2 计算机病毒分类

计算机病毒比较复杂，有很多不同的分类。

（1）按感染对象分为引导型、文件型、混合型、宏病毒。

（2）按其破坏性分良性病毒、恶性病毒。

（3）按照病毒程序入侵系统的途径，可将计算机病毒分为以下 4 种类型。

- 操作系统型：这种病毒最常见，危害性也最大。
- 外壳型：这种病毒主要隐藏在合法的主程序周围，且很容易编写，同时也容易检查和删除。
- 入侵型：这种病毒是将病毒程序的一部分插入合法的主程序，破坏原程序，这种病毒的编写比较困难。
- 源码型：这种病毒是在源程序被编译前，将病毒程序插入到高级语言编写的源程序中，经过编译后，成为可执行程序的合法部分。这种程序的编写难度较大，一旦插入，其破坏性极大。

12.1.3 计算机病毒的危害

随着网络支付的发展，越来越多人意识到病毒的危害，病毒的危害常表现在以下几方面。

- 破坏系统，使系统崩溃，不能使用。
- 破坏数据使之丢失。
- 使计算机很慢。
- 偷走数据，如照片、密码、银行信息。
- 堵塞网络。

12.2 杀毒软件的使用

像 Windows 系统一样，Linux 系统也有专门的杀毒软件，其中最著名的就是 ClamAV，本节将介绍它的特点和用法。

12.2.1 ClamAV 简介

ClamAV 是 Linux 上最流行的防病毒软件。它包含完整的防病毒工具库，并且更新迅速。ClamAV 由 Tomasz Kojm 开发，遵循 GPL 协议免费发放。本书列举的两个 Linux 发行版（Ubuntu 和 openSUSE）都在其安装源中包含了这款软件。如果读者使用的发行版本没有包含它，那么可以在 www.clamav.net 上下载到。

12.2.2 ClamAV 的基本配置

对于防毒软件而言，保持更新病毒库和定期查毒几乎同等重要。ClamAV 提供了自动更新功能，用户也可以使用命令行工具手动更新病毒库。如果需要通过代理服务器上网，那么可以打开更新程序的配置文件/etc/clamav/freshclam.conf，添加下面这几行：

```
HTTPProxyServer 220.191.74.181
HTTPProxyPort 6666
```

HTTPProxyServer 表示这是 HTTP 代理。将 220.191.74.181 和 6666 替换成实际的 IP 地址（或主机名）和端口号。接下来使用命令 freshclam 更新 ClamAV。

```
$ sudo freshclam                                                    ##执行更新
ClamAV update process started at Wed Dec 31 00:00:35 2008
WARNING: Your ClamAV installation is OUTDATED!
WARNING: Local version: 0.92.1 Recommended version: 0.94.2
DON'T PANIC! Read http://www.clamav.net/support/faq
Connecting via 220.191.74.181
Downloading main-46.cdiff [100%]
Downloading main-47.cdiff [100%]
Downloading main-48.cdiff [100%]
Downloading main-49.cdiff [100%]
main.inc updated (version: 49, sigs: 437972, f-level: 35, builder: sven)
```

ClamAV 是一套基于命令行的反病毒工具。使用命令 clamscan 可以对当前目录进行扫描（不会深入子目录）。

```
$ clamscan                                                    ##扫描当前目录
/home/lewis/ubuntu_3d: OK
/home/lewis/nfs_compile: OK
/home/lewis/.sudo_as_admin_successful: Empty file
/home/lewis/.chromium: OK
...
/home/lewis/.xscreensaver-getimage.cache: OK

----------- SCAN SUMMARY -----------
Known viruses: 527359
Engine version: 0.92.1
Scanned directories: 1
Scanned files: 69
Infected files: 0
Data scanned: 104.59 MB
Time: 25.336 sec (0 m 25 s)
```

扫描完成后 clamscan 会显示一张汇总表，显示本次扫描的结果。使用 clamscan 的-r 选项能够递归地扫描一个目录（深入到子目录中）。

```
$ sudo clamscan -r /media/station/document/
```

请确保用户对于扫描的文件和目录拥有读权限，这也是使用 sudo 提升用户权限的原因。如果要扫描一个文件，那么只需将文件名作为 clamscan 的参数。

```
$ clamscan sum.exe
```

不过，clamscan 在默认情况下并不会深入到打包文件内部扫描，用户必须明确指定 clamscan 这么做。下面这条命令要求 clamscan 进入 ask.tar.gz 中扫描。

```
$ clamscan --tgz ask.tar.gz                          ##参数--tgz 用于.tar.gz 文件
ask/
ask/ask.php
```

```
ask/index.php
ask/search.php
ask/response.php
...
----------- SCAN SUMMARY -----------
Known viruses: 527359
Engine version: 0.92.1
Scanned directories: 3
Scanned files: 11
Infected files: 0
Data scanned: 0.18 MB
Time: 3.592 sec (0 m 3 s)
```

表 12.1 列出了用于处理打包文件的 clamscan 选项。

表 12.1　　　　处理打包文件的 clamscan 选项

选项	适用的文件类型
--unrar	.rar 文件
--arj	.arj 文件
--unzoo	.zoo 文件
--lha	.lzh 文件
--jar	.jar 文件
--deb	.deb 安装包
--tar	.tar 文件
--tgz	.tar.gz 文件

clamscan 实际是调用了系统中已有的工具（例如 tar）来处理这些文件。因此首先要保证已经安装了这些工具，并且该工具所在的路径已经包含在 PATH 变量中。

clamscan 可以使用内置的解压缩工具处理.zip 文件，但仍旧提供了--unzip 选项作为备用。在使用--unzip 选项的情况下，clamscan 调用系统中的 unzip 工具解压文件。

ClamAV 并没有提供清除病毒的功能，这有点让人沮丧。表 12.2 列出了 clamscan 处理被感染文件的选项。

表 12.2　　　　处理受感染文件的 clamscan 选项

选项	描述
--remove	删除受感染的文件
--move=DIRECTORY	把受感染的文件移动到目录 DIRECTORY 下
--copy=DIRECTORY	把受感染的文件复制到目录 DIRECTORY 下

读者可以使用 man clamscan 得到 clamscan 工具的完整选项列表。

12.2.3　图形化操作

ClamAV 也提供了图形化的工具，如果读者正在使用 Ubuntu 的话，可以使用下面这条命令下载并安装这个小工具。

```
$ sudo apt-get install clamtk
```

安装完成后，Ubuntu 用户（在 Gnome 桌面环境）可以依次选择“应用程序”|“附件”| ClamTK 命令打开它。打开后的界面如图 12.1 所示。

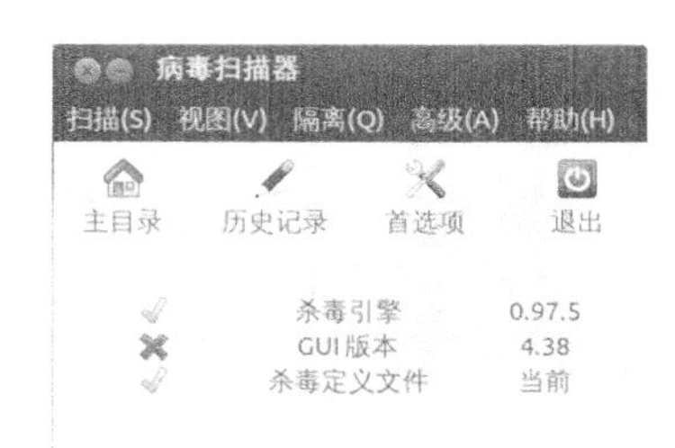

图 12.1　ClamAV 的图形化工具：ClamTK

如果 ClamAV 的病毒库过期了，那么 ClamTK 会在启动的时候提示这一点。ClamTK 没有提供升级病毒库的功能，用户还是要通过运行 freshclam 命令来完成升级。

12.3　iptables 防火墙

IP Tables 已经集成在主流 Linux 的发行版本中了，因为它需要用户自己定制相关规则。因此本节首先对其中一些概念做简单介绍。

12.3.1　iptables 简介

Linux 防火墙是一种典型的包过滤防火墙。通过检测到达的数据包中的信息，确定哪些数据包可以通过，哪一些应该被丢弃。防火墙行为的依据主要是数据包的目的地址、端口号和协议类型——所有这些都应该由管理员指定。

Linux 中的包过滤引擎在 2.4 版内核中做了升级。防火墙工具最初叫作 ipchains，取这个名字的原因在于防火墙将一系列规则组成一些“链（chains）”应用到网络数据包上。iptables 则更进一步把一些功能相似的“链”组合成一个个“表（tables）”。

上面的说法有些抽象，现在考虑一个具体的例子。iptables 默认使用的表是“filter（过滤器）”，其中默认包含了 3 个链，分别是 FORWARD、INPUT 和 OUTPUT。FORWARD 链中定义的规则作用于那些需要转发到另一个网络接口的数据包。INPUT 链中定义的规则作用于发送到本机的数据包。相对应地，OUTPUT 链中定义的规则作用于从本机发送出去的数据包。

通常定义 filter 表就可以迎合大部分的安全需求，因为这个表包含了包过滤的所有内容。除了 filter，iptables 还包含有 nat 和 mangle 两个表。nat 用于网络地址转换（NAT），mangle 则用于修改除了 NAT 和包过滤之外的网络包。

简便起见，本节只对 filter 表进行讨论。修改 nat 表和 mangle 表需要更多的网络知识，有兴趣的读者请参考相关的网络安全资料。

没有什么东西是绝对可靠的。防火墙制造商的宣传容易让人产生错觉，以为购买了防火墙产品就可以高枕无忧。如果一个大型站点的管理员抱有这样的想法，那将是极端危险的。系统管理员应该首先确保每项服务都做了足够安全的配置，保持对安全漏洞和补丁的关注，并且注重对内部员工的安全教育。不管怎么说，防火墙只是保证网络安全的辅助工具。作为对系统安全措施的补充，管理员应该了解一些工具，并且恰当地使用它们。无论如何，时刻保持对安全问题的警惕，才是保证网络安全最有效的手段。

12.3.2 iptables 语法格式

iptables 基本语法如下：

```
iptables-t filter -A INPUT -p icmp -j DROP
```

假如我们要将 222.24.21.195 送到本机的 ICMP 封包丢弃，则需要使用如下命令形式：

```
iptables-A INPUT -p icmp -s 222.24.21.195 -j DROP
```

12.3.3 iptables 的基本配置

iptables 命令最常用的 5 个选项分别是-F、-P、-A、-D 和-L，在大部分情况下，管理员只需要这 5 个选项就可以完成防火墙的规则设置。表 12.3 给出了这 5 个选项各自代表的含义。

表 12.3　　iptables 的常用选项

选项	含义
-F	清除链中所有的规则
-P	为链设置一条默认策略（或者说目标）
-A	为链增加一条规则说明
-D	从链中删除一条规则
-L	查看当前表中的链和规则

iptables -F 命令在管理员决定从头开始的时候非常有用。由于防火墙的设置通常不会写得太长，因此每次将服务器应用到一个新环境的时候重写防火墙设置是有好处的。这避免了因为疏忽而造成的前后设置上的冲突。要清空默认表（也就是 filter 表）中的数据，只要简单地使用这条命令：

```
$ sudo iptables -F
```

也可以指定清空某一条特定的链。下面这条命令清空默认表（也就是 filter 表）中 INPUT 链的规则。

```
$ sudo iptables -F INPUT
```

命令执行成功后，使用 iptables -L 命令查看当前防火墙设置，看上去应该像下面这样：

```
$ sudo iptables -L
Chain INPUT (policy ACCEPT)
target     prot opt source               destination

Chain FORWARD (policy ACCEPT)
target     prot opt source               destination

Chain OUTPUT (policy ACCEPT)
target     prot opt source               destination
```

现在这张 filter 表空空如也，并且所有链的默认行为都是 ACCEPT，这意味着所有的包都可以不受阻碍地通过防火墙。iptables -P 用于给链设置默认策略，这条命令的基本语法如下：

```
iptables -P chain-name target
```

其中 chain-name 是链的名字，也就是 FORWARD、INPUT 和 OUTPUT 中的一个。target（目标）字段用于定义策略，filter 表中共有 9 个不同的策略可供使用，但最常用的只有 4 个。ACCEPT 表示允许包通过；DROP 丢弃一个包；REJECT 会在丢弃的同时返回一条 ICMP 错误消息；LOG 则扮演了记事员的角色记录包的信息，并把它们写入日志。

下面这条命令将 INPUT 链的默认策略更改为 DROP（丢弃），通常对服务器而言，将所有的链的默认策略设置为 DROP 是一个好的建议。

```
$ sudo iptables -P INPUT DROP
```

执行完这条命令后，所有试图同本机建立连接的努力都会失败，因为所有从“外部”到达防火墙的包都被丢弃了，甚至连使用环回接口 ping 自己都不行。

```
$ ping localhost
PING localhost (127.0.0.1) 56(84) bytes of data.

--- localhost ping statistics ---
6 packets transmitted, 0 received, 100% packet loss, time 5009ms
```

如法炮制，将 FORWARD 链的默认策略设置为 DROP（丢弃）。

```
$ sudo iptables -P FORWARD DROP
```

现在查看改动后的防火墙配置，可以看到 INPUT 和 FORWARD 链的规则都已经变为 DROP 了。

```
$ sudo iptables -L
Chain INPUT (policy DROP)
target     prot opt source               destination

Chain FORWARD (policy DROP)
target     prot opt source               destination

Chain OUTPUT (policy ACCEPT)
target     prot opt source               destination
```

完成防火墙规则的初始化后，就可以着手添加链规则了。假设当前防火墙所在的主机是一台 Web 服务器，为此应该允许外部主机能够连接到 80 端口（对应 HTTP 服务器）和 22 端口（对应 SSH 服务）。使用 iptables -A 命令添加链规则，该命令的基本语法如下：

```
iptables -A chain-name -i interface -j target
```

其中，chain-name 代表链的名字，interface 指定该规则用于哪个网络接口，target 用于定义策略。由于在本节的例子中，防火墙主要用于保护本地主机，因此只要对 INPUT 链进行设置就可以了。为简便起见，假设只有一个网络接口 eth0 通向外部，lo 是本地环回接口。为了实现防火墙规则的精确匹配，还可能用到表 12.4 中的这些选项。

表 12.4　　用于防火墙规则设置的相关选项

选项	含义
-p proto	匹配网络协议：tcp、udp、icmp
--icmp-type type	匹配 ICMP 类型，和-p icmp 配合使用。注意有两根短画线
-s source-ip	匹配来源主机（或网络）的 IP 地址
--sport port#	匹配来源主机的端口，和-s source-ip 配合使用。注意有两根短画线

续表

选项	含义
-d dest-ip	匹配目标主机的 IP 地址
--dport port#	匹配目标主机（或网络）的端口，和-d dest-ip 配合使用。注意有两根短画线

下面这条命令添加了一条 INPUT 链的规则，允许所有通过 lo 接口的连接请求，这样防火墙就不会阻止"自己连接自己"的行为了。

```
$ sudo iptables -A INPUT -i lo -p ALL -j ACCEPT
```

这条命令中还使用了-p 选项。这个选项指定该规则应该匹配哪一种协议。支持的协议包括 tcp、udp 和 icmp。ALL 简单地把这 3 种协议都包含在内。

通常来说，还应该让外部主机能够 ping 到这台 Web 服务器。这样当网站出现问题的时候，管理员可以简单地使用 ping 命令确定这台服务器是否还在运行。如果服务器拥有两个网络接口 eth0 和 ppp0，分别对应内部网络和 Internet，那么一些网络管理员会倾向于将 ppp0 设置为丢弃外部的 ping 请求。不过现在并不需要考虑这些。

```
$ sudo iptables -A INPUT -i eth0 -p icmp --icmp-type 8 -j ACCEPT
```

命令的-p 选项指定该规则匹配协议 ICMP，紧跟的--icmp-type 指定了 ICMP 的类型代码。ping 命令对应的类型代码是 8。

接下来的两条命令增加了对 22 端口和 80 端口的访问许可。注意这次-p 选项指定的协议类型是 tcp，这是因为 SSH 服务和 HTTP 服务都是基于 TCP 协议的。

```
$ sudo iptables -A INPUT -i eth0 -p tcp --dport 22 -j ACCEPT
$ sudo iptables -A INPUT -i eth0 -p tcp --dport 80 -j ACCEPT
```

如果网络接口 eth0 通向 Internet，那么将 SSH 服务向全世界开放有时不那么让人放心。有些管理员可能希望更进一步，将 SSH 服务设置为只对本地网络的用户开放。下面的设置指定只有 10.62.74.0/24 这个网络中的主机可以访问 22 端口。

```
$ sudo iptables -A INPUT -i eth0 -s 10.62.74.0/24 -p tcp --dport 22 -j ACCEPT
```

很多时候，管理员想要做的并不仅仅是把别人挡在门外，还希望知道有哪些人正在试图访问服务器。下面这条命令给 INPUT 链添加了一条 LOG（日志记录）策略。

```
$ sudo iptables -A INPUT -i eth0 -j LOG
```

默认情况下，防火墙记录到的访问信息被保存在/var/log/messages 中。这是一个文本文件，可以使用任何文本查看命令查看。事实上，/var/log/messages 记录了系统中的大部分行为，这是 Linux 主要的系统日志文件。一条典型的防火墙日志记录如下：

```
Jan  2 16:26:12 lewis-laptop kernel: [ 8515.869942] IN=eth0 OUT= MAC=00:21:70:6e:94:2c:
00:18:82:45:a3:a7:08:00 SRC=10.10.2.51 DST=10.171.
34.140 LEN=52 TOS=0x00 PREC=0x00 TTL=59 ID=12452 DF PROTO=TCP SPT=6666 DPT=
32981 WINDOW=33304 RES=0x00 ACK FIN URGP=0
```

其中比较常用的记录字段有 IN（接收数据包的网络接口）、SRC（数据包来源的 IP 地址）、DST（数据包的目的 IP 地址）以及开头的日期和时间等。不过，系统自动生成的日志总体上并不那么"友好"，必要的时候可以借助一些日志分析工具。swatch 和 logcheck 是两款常用的日志处理程序，并且都可以从 sourceforge.net 获得。

在大部分情况下，管理员在改变防火墙设置之前总是清空整条链规则，因为这样可以避免一些不必要的冲突。但是人难免会犯错，管理员有时候需要删除自己刚才的失误。iptables 提供了-D 选项来删除链规则，有两种不同的语法用于删除一条规则。

```
iptables -D chain rule-specification
iptables -D chain rulenum
```

第 1 种语法使用规则描述来匹配某条链规则。为此，用户必须一字不差地照搬当初使用-A 选项添加时使用的描述。下面这条命令删除了对 lo 环回接口的规则设置。

```
$ sudo iptables -D INPUT -i lo -p ALL -j ACCEPT
```

很少有人愿意使用这样冗长的命令。iptables -D 命令的第 2 种形式（接受规则对应的编号）能够有效地减少管理员敲击键盘的次数。为此需要首先使用带--line-numbers 选项的 iptables -L 命令查看链规则的编号。

```
$ sudo iptables -L --line-numbers
        Chain INPUT (policy DROP)
        Target   prot opt source                destination
    1   ACCEPT   icmp --  anywhere              anywhere icmp echo-request
    2   ACCEPT   tcp  --  anywhere              anywhere tcp dpt:www
    3   ACCEPT   icmp --  anywhere              anywhere icmp echo-reply
    4   ACCEPT   icmp --  anywhere              anywhere icmp destination-
                                                         unreachable
    5   ACCEPT   icmp --  anywhere              anywhere icmp redirect
    6   ACCEPT   icmp --  anywhere              anywhere icmp time-exceeded
    7   LOG      all  --  anywhere              anywhere LOG level warning
    8   ACCEPT   tcp  --  anywhere              anywhere tcp dpt:32981
    9   ACCEPT   all  --  dns1.zju.edu.cn       anywhere
    10  ACCEPT   all  --  zjupry2.zju.edu.cn    anywhere
    11  LOG      all  --  anywhere              anywhere LOG level warning
    12  ACCEPT   icmp --  anywhere              anywhere icmp echo-request
    13  ACCEPT   icmp --  anywhere              anywhere icmp echo-request
```

下面这条命令删除了编号为 11 的链规则。

```
$ sudo iptables -D 11
```

12.3.4 iptables 备份与还原

防火墙规则的批量备份、还原需要用到两个命令 iptables-save、iptables-restore，分别用来保存和恢复。

1. 备份 iptables 规则

iptables-save 命令用来批量导出 iptables 防火墙规则。执行 iptables-save 时，会显示当前启用的所有规则，按照 raw、mangle、nat、filter 表的顺序依次列出。如果只希望显示出某一个表，使用“-t 表名”选项，然后结合重定向输入“>”将输出内容重定向到某个文件中。

备份所有表的规则，操作如下：

```
[root@localhost /]#iptables-save > /opt/iprules_all.txt
```

或者

```
[root@localhost /]#service iptables save
```

后者默认将所有规则保存到“/etc/sysconfig/iptables”文件中。

2. 恢复 iptables 规则

iptables-retore 命令用来批量导入 Linux 防火墙规则，如果已经有使用 iptable-save 命令导出过的备份文件，则恢复过程很简单。与 iptables-save 命令相对的，iptables-restore 命令应结合重定向输入来指定备份文件的位置。

将上面所备份的规则恢复到 iptables 中，操作如下：

```
[root@localhost /]#iptables-restore < /opt/iprules_all.txt
```

或者

```
[root@localhost /]#service iptables start
```

后者默认将“/etc/sysconfig/iptables”文件中的内容加载到 iptables 中，也就是说，如果备份使用的是“service iptables save”那么恢复的时候就应该使用“service iptables start”。

12.4 网络安全工具

形形色色的网络安全工具可以帮助管理员知道自己的系统存在哪些漏洞，当然也可以帮助黑客们。诸如端口扫描、口令猜解这样的工具究竟发挥怎样的作用，完全取决于是谁在使用。在这个意义上，人们总是陷入“以子之矛，攻子之盾”的循环。无论是否喜欢，始终要记住的一点是，管理员通过安全工具能够得到的，其他人也可以。

12.4.1 端口扫描工具 NMap

nmap 用于扫描一组主机的网络端口。端口扫描的意义是很明显的——所有的服务器程序都要通过网络端口对外提供服务。一些端口的功能是人所共知的，例如 80 端口用于提供 HTTP 服务、22 端口接受 SSH 连接、21 端口提供 FTP 服务等。通过对服务器开放端口进行扫描可以得到很多信息，获取这些信息总是攻击行为的第一步。

nmap 可以帮助管理员了解自己的系统在“别人”看来是什么样的。使用-sT 参数尝试同目标主机的每个 TCP 端口建立连接，观察哪些端口处于开放状态，以及正在运行什么服务。

```
$ nmap -sT db1.example.org                              ##扫描 db1.example.org

Starting Nmap 4.53 ( http://insecure.org ) at 2009-01-14 20:30 CST
Interesting ports on db1.example.org (192.168.1.101):
Not shown: 1703 closed ports
PORT     STATE SERVICE
21/tcp   open  ftp
22/tcp   open  ssh
80/tcp   open  http
111/tcp  open  rpcbind
139/tcp  open  netbios-ssn
445/tcp  open  microsoft-ds
631/tcp  open  ipp
902/tcp  open  iss-realsecure-sensor
2049/tcp open  nfs
3306/tcp open  mysql
8009/tcp open  ajp13

Nmap done: 1 IP address (1 host up) scanned in 0.165 seconds
```

nmap 显示所有开放服务的端口。如果由于防火墙干扰而无法探测到该端口，那么 nmap 会在 STATE 一栏中显示 filtered。为了进一步得到关于该主机的信息，nmap 提供了-O 选项（探测主机操作系统）和-sV 选项（探测端口上运行的软件），为此可能需要以 root 身份执行该命令。

```
$ sudo nmap -O -sV db1.example.org

Starting Nmap 4.53 ( http://insecure.org ) at 2009-01-14 20:31 CST
Interesting ports on localhost (192.168.1.101):
Not shown: 1703 closed ports
PORT     STATE SERVICE         VERSION
21/tcp    open  ftp              vsftpd or WU-FTPD
22/tcp    open  ssh               OpenSSH 4.7p1 Debian 8ubuntu1.2 (protocol 2.0)
80/tcp    open  http             Apache httpd 2.2.8 ((Ubuntu) PHP/5.2.4-2ubun-
tu5.4 with Suhosin-Patch)
111/tcp   open  rpc
139/tcp   open  netbios-ssn     Samba smbd 3.X (workgroup: WORKGROUP)
445/tcp   open  netbios-ssn     Samba smbd 3.X (workgroup: WORKGROUP)
631/tcp   open  ipp              CUPS 1.2
902/tcp   open  ssl/vmware-auth VMware GSX Authentication Daemon 1.10 (Uses VNC, SOAP)
2049/tcp open  rpc
3306/tcp open  mysql           MySQL 5.0.51a-3ubuntu5.4
8009/tcp open  ajp13?
Device type: general purpose
Running: Linux 2.6.X
OS details: Linux 2.6.17 - 2.6.18
Uptime: 0.324 days (since Wed Jan 14 12:45:32 2009)
Network Distance: 0 hops
Service Info: Host: blah; OS: Linux

Host script results:
|  Discover OS Version over NetBIOS and SMB: OS version cannot be determined.
|_ Never received a response to SMB Setup AndX Request

OS and Service detection performed. Please report any incorrect results at
http://insecure.org/nmap/submit/ .
Nmap done: 1 IP address (1 host up) scanned in 43.074 seconds
```

nmap 检测到 db1.example.org 上运行的操作系统是 2.6 版本内核的 Linux，并且相当准确地推断出了每个开放端口上运行的服务器程序。这些信息对于黑客而言非常重要，因为他们可以根据已知的漏洞对这些服务器软件进行攻击。

并不是每次推断都是那么精确的，下面的例子说明了这一点。

```
$ sudo nmap -O -sV 220.191.75.201

...
Running (JUST GUESSING) : Microsoft Windows XP|2000|2003 (91%), Apple Mac OS X 10.4.X
(85%)
Aggressive OS guesses: Microsoft Windows XP SP2 (91%), Microsoft Windows XP SP2 (firewall
disabled) (87%), Microsoft Windows 2000 SP4 or Windows XP SP2 (86%), Microsoft Windows 2003
Small Business Server (86%), Microsoft Windows XP Professional SP2 (86%), Microsoft Windows
Server 2003 SP0 or Windows XP SP2 (86%), Apple Mac OS X 10.4.9 (Tiger) (PowerPC) (85%),
Microsoft Windows Server 2003 SP1 (85%)
No exact OS matches for host (test conditions non-ideal).
Service Info: OS: Windows
...
```

nmap 从高到低给出了每种可能性的百分比。鉴于该主机真正运行的操作系统（Microsoft Windows XP SP2），nmap 的推断还是基本正确的。

nmap 在扫描之前会首先 ping 一下目标主机，在收到回应后才执行扫描程序。很多服务器出于安全考虑，设置防火墙丢弃这样的探测包。nmap 在遇到这种情况时会礼貌地住手。

```
$ nmap -sT 220.191.75.201

Starting Nmap 4.53 ( http://insecure.org ) at 2009-01-14 20:38 CST
Note: Host seems down. If it is really up, but blocking our ping probes, try -PN
Nmap done: 1 IP address (0 hosts up) scanned in 2.045 seconds
```

可以使用-PN 参数强制 nmap 对这类主机进行扫描。

```
$ nmap -sT -PN 220.191.75.201

Starting Nmap 4.53 ( http://insecure.org ) at 2009-01-14 20:39 CST
Interesting ports on 201.75.191.220.broad.hz.zj.dynamic.163data.com.cn (220.191.75.201):
Not shown: 1707 filtered ports
PORT     STATE SERVICE
23/tcp   open  telnet
25/tcp   open  smtp
...
```

最后，使用-p 参数可以指定 nmap 对哪些端口进行扫描。下面的例子扫描主机 172.16.25.129 的 1～5000 号端口。

```
$ nmap -sT -PN -p1-5000 172.16.25.129

Starting Nmap 4.53 ( http://insecure.org ) at 2009-01-14 21:44 CST
Interesting ports on 172.16.25.129:
Not shown: 4999 filtered ports
PORT   STATE SERVICE
22/tcp open  ssh

Nmap done: 1 IP address (1 host up) scanned in 24.057 seconds
```

12.4.2 漏洞扫描工具 Nessus

首先需要下载 Nessus-4.4.1-es6.i686.rpm，然后使用如下命令进行安装：

```
[root@localhost ~]# rpm -ivh Nessus-4.4.1-es6.i686.rpm
```

Nessus 安装完成后需要注册，注册地址：

```
http://www.nessus.org/products/nessus/nessus-plugins/obtain-an-activation-code
```

注册时选择 Home 版，Work 版是要收费的。注册好账号之后会发送邮件到用户的注册邮箱，根据邮件内容可知注册方法。

正式使用时，启动 Nessus 使用如下命令：

```
service nessusd start
```

添加 Nessus 用户如下：

```
/opt/nessus/sbin/nessus-adduser
```

检测是否启动和端口为 8834 如下：

```
[root@localhost ~]# netstat -ntdlp |grep nessusd
tcp        0      0 0.0.0.0:8834              0.0.0.0:*                   LISTEN
```

12.5 小 结

本章向读者介绍了计算机病毒的基本概念，然后详细介绍了 Linux 上最流行的防病毒软件 ClamAV 的配置和使用，以及网络监控命令使用方法。读者应掌握 iptables 规则的增加、备份、还原的方法，以及常用网络安全工具的使用。

12.6 习 题

一、填空题

1. 计算机病毒按其破坏性分________和________。
2. ________是 Linux 上最流行的防病毒软件。
3. Linux 防火墙是一种典型的________防火墙。
4. Iptables 默认使用的表是 filter（过滤器），其中默认包含了 3 个链，分别是________、________和________。

二、选择题

1. 常用的网络安全工具是（ ）。

   A. Nmap　B. Nessus　C. Ping　D. netstat

2. 清空默认表（也就是 filter 表）中 INPUT 链的规则（ ）。

   A. sudo iptables -F Input　B. sudo iptables -F Output

   C. sudo iptables -O Input　D. sudo iptables -O Output

3. 查看当前防火墙设置（ ）。

   A. sudo iptables -L　B. sudo iptables -A

   C. sudo iptables -F　D. sudo iptables -O

三、简答题

1. 计算机病毒的危害是什么？
2. 简述 Linux 防火墙 iptables 的原理。
3. 请解释这条命令的含义是什么？

```
iptables -D INPUT -i lo -p ALL -j ACCEPT
```

第 13 章 编程开发

在 Linux 下的编程，通常选择的是 C 语言，因为 Linux 本身就是用 C 写成的。C++也经常会被用到，毕竟它是目前业界最重量级的语言。本章的目的并不是要教会读者编写 C 和 C++程序，而是要告诉 C 和 C++程序员如何在 Linux 平台下工作。

本章将介绍：

- Linux 下的编辑器
- Shell 编程基础
- C/C++编程基础
- GUI 编程基础
- QT 编程基础
- 版本控制系统

13.1 编辑器介绍

Vim 和 Emacs 这两个编辑工具功能非常强大，程序员还可以方便地对其进行扩展设置以满足自己的需求。但这两个工具对初学者来说，可能不是那么友好，如果读者没有时间学习这两个工具， Linux 的图形化编辑器也可以提供很好的功能。

13.1.1 gedit 编辑器

gedit 是一个自由软件，是 Linux 下的一个纯文本编辑器，也可以把它当成是一个集成开发环境（IDE）。gedit 使用 GTK+编写而成，因此它十分简单易用，有很好的语法高亮功能，会根据不同的语言高亮显现关键字和标识符，对中文支持很好，支持包括 gb2312、gbk 在内的多种字符编码。

13.1.2 Vim 编辑器

Vim 是 Vi 的增强版本，Vi 工作在其他大部分 Unix 系统中。在很多并不正式的场合中，Vim 和 Vi 是一回事，这个编辑器是所有 Unix 和 Linux 系统上的标准软件，因此对于系统管理员也有非常重要的意义。本节主要以实例介绍 Vim 的基本使用，包括编辑保存、搜索替换和针对程序员的配置 3 个部分。最后以一张命令表结束本节的内容。更为详细的 Vim 使用请参考 Vim 手册。

1. 编辑和保存文件

要编辑一个文件，可以在命令行下输入 Vim file。如果 file 不存在，那么 Vim 会自动新建一个名为 file 的文件。如果使用不带任何参数的 Vim 命令，那么就需要在保存的时候指定文件名。同时，Vim 会认为用户应该是第一次使用这个软件，从而给出一些版本和帮助信息，如图 13.1 所示。

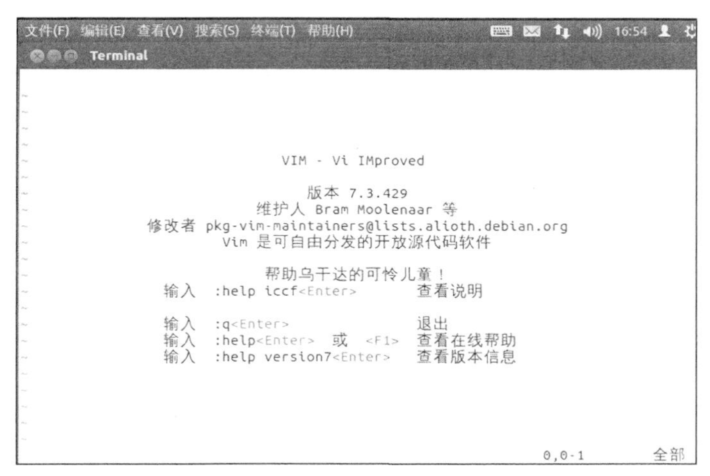

图 13.1　Vim 的启动界面

Vim 分为插入和命令两种模式。在插入模式下可以输入字符，命令模式下则执行除了输入字符之外的所有操作——包括保存、搜索、移动光标等。不要对此感到惊奇，Vim 的设计哲学就是让程序员能够在主键盘区域完成所有工作。

启动 Vim 时自动处于命令模式。按下 I 键可以进入插入模式，这个命令用于在当前光标所在处插入字符。Vim 会在左下角提示用户此时所处的模式。请确保没有开启键盘上的 Caps Lock（大写锁定），因为 Vim 的命令是严格区分大小写的！现在尝试着输入下面一些字符，如果输错了，可以简单地使用退格键删除。

```
Monday
Tuesday
Thursday
Friday
Saturday
Sunday
```

按下键盘上的 Esc 键回到命令模式，此时左下角的“--插入--”提示消失，告诉用户正处于命令模式下。使用 H、J、K、L 这 4 个键移动光标，分别代表向左、向上、向下、向右。

用户当然也可以使用键盘上的方向键移动光标，但是它们实在太远，对快速编辑没有任何好处，也不符合 Vim 的设计理念。

在刚才编辑的这个文件中，发现缺少了星期三（Wednesday），移动光标至 Tuesday 所在的行，按下 O 键在下方插入一行，并且自动进入插入模式。输入 Wednesday 并按下 Esc 键回到命令模式。

读者也可以将光标定位到 Thursday 这一行，然后按下 O 键（注意是大写）在上方插入一行。

完成文本编辑后，需要保存这个文件。为此需要使用“:”命令在底部打开一个命令行，此时光标闪烁，等待用户输入命令。

使用“w days”命令将该文件以文件名 days 保存在当前目录中。如果读者在最初运行 Vim 时就指定了文件名，那么这里就只要使用 w 就可以了，按下 Enter 键使命令生效。最后使用“:q”退出 Vim。

组合使用“:wq”可以保存文件并同时退出 Vim。

如果用户在没有保存修改的情况下就使用命令“:q”，那么 Vim 会拒绝退出，并在底部显示一行提示信息。

```
E37: 已修改但尚未保存 (可用 ! 强制执行)
```

如果确定要放弃修改，应该使用“:q!”命令退出 Vim。所做的修改将全部失效。

2. 搜索字符串

/string 用于搜索一个字符串。例如，要找到上文提到的文件中的 Wednesday，那么就使用下面这条命令。

```
/Wednesday
```

在输入“/”后，Vim 的底部会出现一个命令行，就像用户输入“:”后一样。

使用 n 跳转到下一个出现 Wednesday 的地方。因为这里只有一个 Wednesday，Vim 会提示说：

```
已查找到文件结尾，再从开头继续查找
```

这意味着 Vim 的搜索是可以循环进行的。尽管如此，为了不让 Vim 走得太远，可以指定究竟是向前（forward）还是向后（backward）查找。向前查找的命令是“/”，与之相对的向后查找命令则是“?”。

把 forward 和 backward 这两个词译成中文后难免产生歧义。在英语看来，“向前”指的是“朝向文件尾”，而“向后”指的是“朝向文件头”。

```
:set ignorecase
```

这样搜索 Wednesday 和搜索 wednesday 就没有任何区别了。要重新开启大小写敏感，只要简单地使用下面这条命令即可。

```
:set noignorecase
```

3. 替换字符串

替换命令略微复杂一些，下面给出了替换命令的完整语法。

```
:[range]s/pattern/string/[c,e,g,i]
```

这条命令将 pattern 所代表的字符串替换为 string。开头的 range 用于指定替换作用的范围，如“1,4”表示从第 1 行到第 4 行，“1,$”表示从第 1 行到最后一行，也就是全文。全文也可以使用“%”来表示。

最后的方括号内的字符是可选选项，每个选项的含义如表 13.1 所示。用户可以组合使用各个选项，例如 cgi 表示整行替换，不区分大小写并且在每次替换前要求用户确认。

表 13.1 替换范围选项

标志	含义
c	每次替换前询问
e	不显示错误信息
g	替换一行中的所有匹配项（这个选项通常需要使用）
i	不区分大小写

和替换有关的一个小技巧是清除文本文件中的“^M”字符。Linux 程序员经常会碰到来自 Windows 环境的源代码文件。由于 Windows 环境中对换行符的表述和 Linux 环境不太一样，因此每行的末尾常常会出现多余的“^M”符号——这些特殊符号对于程序编译器和解释器而言是没有影响的。但是在进行 Shell 编程处理的时候却会出现问题。为此，可以使用下面的命令删除这些特殊字符。

```
:%s/^M$//g
```

“^M”应该使用 CTRL-V CTRL-M 输入。其中“^M$”是正则表达式，表示“行末所有的^M 字符”。

4. 针对程序员的配置

语法高亮是所有程序编辑器必备的功能。这个功能可以让程序看起来赏心悦目。更重要的是，它可以提高效率，并且有效减少出错的概率。要在 Vim 中打开语法高亮功能，只需要使用下面这个命令。Vim 会通过文件的扩展名自动决定哪些是关键字。

```
:syntax on
```

程序员经常使用的另一个功能是自动缩进。

```
:set autoindent
```

用户可以为一个 Tab 键缩进设置空格数，在默认情况下，这个值是 8（也就是一个制表符代表 8 个空格）。程序员应该要习惯 Linux 下的缩进风格，如果非要改变不可，可以通过 set shiftwidth 命令，例如下面这条命令将一个 Tab 键缩进设置为 4 个空格。

```
:set shiftwidth=4
```

通常来说，这几个设置对于普通程序员而言已经足够了。为了避免每次启动 Vim 都要输入这些命令，可以把它们写在 Vim 的配置文件中（注意写入的时候不要包含前面的冒号“:”）。Vim 的配置文件叫作 vimrc，通常位于/etc/vim 目录下。修改这个配置文件需要 root 权限，但如果没有特殊需要的话，不要那么做。用户可以在自己的主目录下新建一个名为“.vimrc”的文件，然后把配置信息写在里面，注意这个文件名前面的点号“.”，表示这是一个隐藏文件。

通常用于用户个性化设置的配置文件都是隐藏文件，且保存在用户主目录下。

完成所有这些设置后，Vim 就可以用来写程序了。键入下面这个程序并保存为 summary.c，看看 Vim 能够提供的效果。这个程序在后文介绍 gcc 和 gdb 时还会用到。

```
#include <stdio.h>

int summary( int n );
```

```
int main()
{
        int i, result;

        result = 0;
        for ( i = 1; i <= 100; i++ ) {
                result += i;
        }

        printf( "Summary[1-100] = %d\n", result );
        printf( "Summary[1-450] = %d\n", summary( 450 ) );

        return 0;
}

int summary( int n )
{
        int sum = 0;

        int i;
        for ( i = 1; i <= n; i++ ) {
                sum += i;
        }

        return sum;
}
```

5. Vim 的常用命令

Vim 的命令实在是太多了，没有办法每一个都给出示例。为此，本节总结了一张命令表（不全），按照功能划分，便于读者查找，如表 13.2～表 13.7 所示。

表 13.2 模式切换

命令	操作
a	在光标后插入
i	在光标所在位置插入
o	在光标所在位置的下一行插入
Esc	进入命令模式
:	进入行命令模式

表 13.3 光标移动

命令	操作
h	光标向左移动一格
l	光标向右移动一格
j	光标向下移动一格
k	光标向上移动一格
^	移动光标到行首
$	移动光标到行尾
g	移动光标到文件尾

续表

命令	操作
gg	移动光标到文件头
w	移动光标到下一个单词
b	移动光标到前一个单词
Ctrl+f	向前（朝向文件尾）翻动一页
Ctrl+b	向后（朝向文件头）翻动一页

在移动光标的时候，可以在命令前加上数字，表示重复多少次移动。例如 5w 表示将光标向前（朝向文件尾）移动 5 个单词。

表 13.4　删除、复制和粘贴

命令	操作
x	删除光标所在位置的字符
dd	删除光标所在的行
D	删除光标所在位置到行尾之间所有的字符
d	普遍意义上的删除命令，和移动命令配合使用。例如 dw 表示删除光标所在位置到下一个单词词头之间所有的字符
yy	复制光标所在的行
y	普遍意义上的复制命令，和移动命令配合使用。例如 yw 表示复制光标所在位置到下一个单词词头之间所有的字符
P	在光标所在位置粘贴最近复制/删除的内容

表 13.5　撤销和重做

命令	操作
u	撤销一次操作
Ctrl+R	重做被撤销的操作

表 13.6　搜索和替换

命令	操作
:/string	向前（朝向文件尾）搜索字符串 string
:?string	向后（朝向文件头）搜索字符串 string
:s/pattern/string	将 pattern 所代表的字符串替换为 string

表 13.7　保存和退出

命令	操作
:w	保存文件
:w filename	另存为 filename
:q	退出 Vim
:q!	强行退出 Vim，用于放弃保存修改的情况

13.1.3 GNU 介绍

GNU 编译器套件（GNU Compiler Collection）包括 C、C++、Objective-C、Fortran、Java、Ada 和 Go 语言的前端，也包括了这些语言的库（如 libstdc++、libgcj 等）。

13.1.4 GCC 介绍

GNU 编译器套件（GNU Compiler Collection，GCC）是由 GNU 开发的编程语言编译器。它是以 GPL 许可证所发行的自由软件，也是 GNU 计划的关键部分。GCC 原本作为 GNU 操作系统的官方编译器，现已被大多数类 Unix 操作系统（如 Linux、BSD、Mac OS X 等）采纳为标准的编译器，GCC 同样适用于微软的 Windows。GCC 是自由软件过程发展中的著名例子，由自由软件基金会以 GPL 协议发布。

GCC 原名为 GNU C 语言编译器（GNU C Compiler），因为它原本只能处理 C 语言。GCC 很快地扩展，变得可处理 C++。后来又扩展到能够支持更多编程语言，如 Fortran、Pascal、Objective-C、Java、Ada、Go 以及各类处理器架构上的汇编语言等，所以改名 GNU 编译器套件（GNU Compiler Collection）。

13.1.5 G++介绍

GCC 和 G++都是 GNU 的一个编译器，这两者的区别表现在以下 5 点。

（1）从源文件上看，对于文件后缀（扩展名）为.c 的 test.c 文件，GCC 会把它看成是 C 程序，而 G++则会把它看成是 C++程序；而对于文件后缀（扩展名）为.cpp 的 test.cpp 文件，GCC 和 G++都会把它看成是 C++程序。

虽然 C++是 C 的超集，但是两者在语法要求上还是有区别的，C++的语法要求更严谨一些。

（2）从编译器角度看，在编译阶段，G++会自动调用 GCC，对于编译 C++代码，两者是等价的。但是由于 GCC 不会自动调用 C++程序所使用的库进行链接，所以需要使用 G++来编译或者是在 GCC 的命令行加上对 C++库的链接-lstdc++。

（3）GCC 和 G++对宏__cplusplus 的处理：实际上这个宏是标志着编译器将会把代码按照 C 的语法来解释还是按照 C++的语法来编译，如上所述，如果源文件的扩展名是.c，并且使用 GCC 编译，那么宏__cplusplus 将是未定义的，否则，就是已定义的。

（4）extern“C”的功能就是把它所界定的那些函数按照 C 语言的语法和规则来编译，这是一个函数调用约定。

（5）使用 extern“C”与使用 GCC 和 G++并没有关系，因为 extern“C”只是用来约束代码按照 C 语言的语法要求和规则来编译。无论是 GCC 还是 G++，使用 extern“C”来约束的时候，都是以 C 语言的命名方式来为 symbol 命名的，否则，都是以 C++语言的命名方式来为 symbol 命名的。

13.1.6 程序编译过程

熟悉 Windows 下编程的同学，初次接触 Linux 下编程可能很不习惯，因为 Linux 并没有为我们提供集成开发环境 IDE，例如 Windows 下的 VC、Visual Studio 等都有 IDE。但是在 Linux 下编程，能给你带来不一样的感受。它可以让你熟悉编译器如何生成可执行文件的各个步骤等。

一般来说，生成一个可执行文件需要以下两步。

- 编译：即编译源文件，生成目标文件。
- 链接：即将相关的目标文件链接起来，生成一个最终可以执行的可执行文件。（在 Windows 中，命名一般以.exe 结束；Linux 下则以文件属性-x 来标记。）最后，执行该可执行文件即可看到程序输出了。

不管是哪种语言，首先要把源文件编译成中间代码文件，在 Windows 下也就是.obj 文件，Linux 下是.o 文件，即 Object File，这个动作叫作编译（compile）。然后再把大量的 Object File 合成执行文件，这个动作叫作链接（link）。

C 编译的整个过程很复杂，大致可以分为以下 4 个阶段。

（1）预处理阶段。在该阶段主要完成对源代码的预处理工作，主要包括对宏定义指令，头文件包含指令，预定义指令和特殊字符的处理，如对宏定义的替换以及文件头中所包含的文件中预定义代码的替换等，总之这步主要完成一些替换工作，输出是同源文件含义相同但内容不同的文件。

（2）编译、优化阶段。编译就是将第一阶段处理得到的文件通过词法语法分析等转换为汇编语言。优化包括对中间代码的优化，如删除公共表达式，循环优化等以及对目标代码的生成进行的优化，如如何充分利用机器的寄存器存放有关变量的值，以减少内存访问次数。

（3）汇编阶段。将汇编语言翻译成机器指令。

（4）链接阶段。链接阶段的主要工作是将有关的目标文件连接起来，即将在一个文件中引用的符号同该符号在另外一个文件中的定义连接起来，使得所有的目标文件成为一个能够被操作系统装入执行的统一整体。

13.2　Shell 编程

Shell 从一开始是 Linux 黑客们的玩具。随着 Linux 的发展，Shell 编程成为 Linux 高级用户必须学会的技术。

13.2.1　什么是 Shell

Shell 本身是一个用 C 语言编写的程序，它是用户使用 Linux 的桥梁。Shell 既是一种命令语言，又是一种程序设计语言。作为命令语言，它交互式地解释和执行用户输入的命令；作为程序设计语言，它定义了各种变量和参数，并提供了许多在高级语言中才具有的控制结构，包括循环和分支。

它虽然不是 Linux 系统核心的一部分，但它调用了系统核心的大部分功能来执行程序，建立文件并以并行的方式协调各个程序的运行。因此，对于用户来说，Shell 是最重要的实用程序，深入了解和熟练掌握 Shell 的特性及其使用方法，是用好 Linux 系统的关键。

13.2.2　编写第一个 Shell 脚本

这是最古老、最经典的入门程序，用于在屏幕上打印一行字符串“Hello World!”。借用这个程序，来看一看一个基本的 Shell 程序的构成。使用文本编辑器建立一个名为 hello 的文件，包含以下内容：

```
#! /bin/bash
#Display a line

echo "Hello World!"
```

13.2.3 执行 Shell 脚本

要执行这个 Shell 脚本，首先应该要为它加上可执行权限。完成操作后，就可以运行脚本了。

```
$ chmod +x hello                ##为脚本加上可执行权限，后文讲解时将省略这一步
$ ./hello                       ##执行脚本
Hello World!
```

还有一种执行的方法：直接 Bash hello。

下面逐行解释这个脚本程序。

```
#! /bin/bash
```

这一行告诉 Shell，运行这个脚本时应该使用哪个 Shell 程序。本例中使用的是/bin/bash，也就是 Bash。一般来说，Shell 程序的第一行总是以“#!”开头，指定脚本的运行环境。尽管在当前环境就是 Bash Shell 时可以省略这一行，但这并不是一个好习惯。

```
#Display a line
```

以“#”号开头的行是注释，Shell 会直接忽略“#”号后面的所有内容。保持写注释的习惯无论对别人（在团队合作时）还是对自己（几个月后回来看这个程序）都是很有好处的。

和几乎所有编程语言一样，Shell 脚本会忽略空行。用空行分割一个程序中不同的任务代码是一个良好的编程习惯。

```
echo "Hello World!"
```

echo 命令把其参数传递给标准输出，在这里就是显示器。如果参数是一个字符串的话，那么应该用双引号把它包含起来。echo 命令最后会自动加上一个换行符。

13.2.4 定义变量

本节介绍变量和运算符的使用。变量是任何一种编程语言所必备的元素，运算符也是。通过将一些信息保存在变量中，可以留作以后使用。通过本节的学习，读者将学会如何操作变量和使用运算符。

1. 变量的赋值和使用

首先来看一个简单的程序，这个程序将一个字符串赋给变量，并在最后将其输出。

```
#! /bin/bash

#将一个字符串赋给变量 output
log="monday"

echo "The value of logfile is:"

#美元符号（$）用于变量替换
echo $log
```

下面是这个脚本程序的运行结果。

```
$ ./varible
The value of logfile is:
monday
```

在 Shell 中使用变量不需要事先声明。使用等号"="将一个变量右边的值赋给这个变量时，直接使用变量名就可以了（注意在这赋值变量时"="左右两边没空格），例如：

```
log = "monday"
```

当需要存取变量时，就要使用一个字符来进行变量替换。在 Bash 中，美元符号"$"用于对一个变量进行解析。Shell 在碰到带有"$"的变量时会自动将其替换为这个变量的值。例如上面这个脚本的最后一行，echo 最终输出的是变量 log 中存放的值。

需要指出的是，变量只在其所在的脚本中有效。在上面这个脚本退出后，变量 log 就失效了，此时在 Shell 中试图查看 log 的值将什么也得不到。

```
$ echo $log
```

使用 source 命令可以强行让一个脚本影响其父 Shell 环境。以下面这种方式运行 varible 脚本可以让 log 变量在当前 Shell 中可见。

```
$ source varible
The value of logfile is:
monday
$ echo $log
monday
```

另一个与之相反的命令是 export，export 让脚本可以影响其子 Shell 环境。下面这一段命令在子 Shell 中显示变量的值。

```
$ export count=5                    ##输出变量 count
$ bash                              ##启动子 Shell
$ echo $count                       ##在子 Shell 中显示变量的值
5
$ exit                              ##回到先前的 Shell 中
exit
```

使用 unset 命令可以手动注销一个变量。这个命令的使用很简单，如下所示。

```
unset log
```

2. 变量替换

前面已经提到，美元提示符"$"用于解析变量。如果希望输出这个符号，那么就应该使用转义字符"\"，告诉 Shell 忽略特殊字符的特殊含义。

```
$ log="Monday"
$ echo "The value of \$log is $log"
The value of $log is Monday
```

Shell 提供了花括号"{}"来限定一个变量的开始和结束。在紧跟变量输出字母后缀时，就必须要使用这个功能。

```
$ word="big"
$ echo "This apple is ${word}ger"
This apple is bigger
```

3. 位置变量

Shell 脚本使用位置变量来保存参数。当脚本启动的时候，就必须知道传递给自己的参数是什么。考虑 cp 命令，这个命令接受两个参数，用于将一个文件复制到另一个地方。传递给脚本文件的参数分别存放在“$”符号带有数字的变量中。简单地说，第一个参数存放在$1，第二个参数存放在$2……依此类推。当存取的参数超过 10 个的时候，就要用花括号把这个数字括起来，例如${13}、${20}等。

一个比较特殊的位置变量是$0，这个变量用来存放脚本自己的名字。有些时候，例如创建日志文件时这个变量非常有用。下面来看一个脚本，用于显示传递给它的参数。

```
#! /bin/bash

echo "\$0 = *$0*"
echo "\$1 = *$1*"
echo "\$2 = *$2*"
echo "\$3 = *$3*"
```

下面是这个程序的运行结果。注意因为没有第 3 个参数，因此$3 的值是空的。

```
$ ./display_para first second
$0 = *./display_para*
$1 = *first*
$2 = *second*
$3 = **
```

除了以数字命名的位置变量，Shell 还提供了另外 3 个位置变量。

- $*：包含参数列表。
- $@：包含参数列表，同上。
- $#：包含参数的个数。

下面这个脚本 listfiles 显示文件的详细信息。尽管还没有学习过 for 命令，但这里可以先体验一下，这几乎是“$@”最常见的用法。

```
#! /bin/bash

#显示有多少文件需要列出
echo "$# file(s) to list"

#将参数列表中的值逐一赋给变量 file
for file in $@
do
    ls -l $file
done
```

for 语句每次从参数列表（$@）中取出一个参数，放到变量 file 中。脚本运行的结果如下：

```
$ ./listfiles badpro hello export_varible
3 file(s) to list
-rwxr-xr-x 1 lewis lewis 79 2008-11-06 22:20 badpro
-rwxr-xr-x 1 lewis lewis 37 2008-11-07 15:35 hello
-rwxr-xr-x 1 lewis lewis 148 2008-11-07 17:06 export_varible
```

13.2.5 流程控制

本节将介绍 Shell 脚本中的执行命令以及控制语句。在正常情况下，Shell 按顺序执行每一条语句，直至碰到文件尾。但在多数情况下，需要根据情况选择相应的语句执行，或者对一段程序循环执行。这些都是通过控制语句实现的。

1. if 选择结构

if 命令判断条件是否成立，进而决定是否执行相关的语句。这也许是程序设计中使用频率最高的控制语句了。最简单的 if 结构像下面这样：

```
if test-commands
then
    commands
fi
```

上面这段代码首先检查表达式 test-commands 是否为真，如果是，就执行 commands 所包含的命令——commands 可以是一条，也可以是多条命令。如果 test-commands 为假，那么直接跳过这段 if 结构（以 fi 作为结束标志），继续执行后面的脚本。

下面这段程序提示用户输入口令，如果口令正确，就显示一条欢迎信息。

```
#! /bin/bash

echo "Enter password:"
read password

if [ "$password" = "mypasswd" ]
then
      echo "Welcome!!"
fi
```

注意这里用于条件测试的语句[$password = "mypasswd"]，在 [、$password、=、"mypasswd" 和] 之间必须存在空格。条件测试语句将在随后介绍，读者暂时只要能“看懂”就可以了。该脚本的运行效果如下：

```
$ ./pass
Enter password:
mypasswd                                    ##输入正确的口令
Welcome!!
$

$ ./pass
Enter password:
wrongpasswd                                 ##输入错误的口令
$
```

if 结构的这种形式在很多时候显得太过“单薄”了，为了方便用户做出“如果……如果……否则……”这样的判断，if 结构提供了下面这种形式。

```
if test-command-1
then
    commands-1
elif test-command-2
then
    commands-2
elif test-command-3
then
    commands-3
...
else
```

```
    commands
fi
```

上面这段代码依次判断 test-command-1、test-command-2、test-command-3……。如果上面这些条件都不满足，就执行 else 语句中的 commands。注意这些条件都是“互斥”的。也就是说，Shell 依次检查每一个条件，其中任何一个条件一旦匹配，就退出整个 if 结构。现在修改上面刚才的脚本，根据不同的口令显示不同的欢迎信息。

```
#! /bin/bash

echo "Enter password:"
read password

if [ "$password" = "john" ]
then
       echo "Hello, John!!"
elif [ "$password" = "mike" ]
then
       echo "Hello, mike!!"
elif [ "$password" = "lewis" ]
then
       echo "Hello, Lewis!!"
else
       echo "Go away!!!"
fi
```

下面显示了这个脚本的运行结果。在输入 john 之后，Shell 发现 if 语句的第一个条件成立，于是 Shell 就执行命令 echo "Hello, John!!"，然后跳出 if 语句块，结束脚本。而不会继续去判断 "$password" = "mike"这个条件。从这个意义上，if-elif-else 语句和连续使用多个 if 语句是有本质区别的。

```
$ ./pass
Enter password:
john                                              ##输入口令 john
Hello, John!!

$ ./pass
Enter password:
lewis                                             ##输入口令 lewis
Hello, Lewis!!

$ ./pass
Enter password:
peter                                             ##输入口令 peter
Go away!!!
```

2. case 多选结构

Shell 中另一种控制结构是 case 语句。case 用于在一系列模式中匹配某个变量的值，这个结构的基本语法如下：

```
case word in
    pattern-1)
         commands-1
         ;;
```

```
    pattern-2)
        commands-2
        ;;
    ...
    pattern-N)
        commands-N
        ;;
esac
```

变量 word 逐一同从 pattern-1 到 pattern-2 的模式进行比较，当找到一个匹配的模式后，就执行紧跟在后面的命令 commands（可以是多条命令）；如果没有找到匹配模式，case 语句就什么也不做。

命令“;;”只在 case 结构中出现，Shell 一旦遇到这条命令就跳转到 case 结构的最后。也就是说，如果有多个模式都匹配变量 word，那么 Shell 只会执行第一条匹配模式所对应的命令。与此类似的是，C 语言提供了 break 语句在 switch 结构中实现相同的功能，Shell 只是继承了这种书写“习惯”。区别在于，程序员可以在 C 程序的 switch 结构中省略 break 语句（用于实现一种几乎不被使用的流程结构），而在 Shell 的 case 结构中省略“;;”则是不允许的。

相比较 if 语句而言，case 语句在诸如“a = b”这样判断上能够提供更简洁、可读性更好的代码结构。在 Linux 的服务器启动脚本中，case 结构用于判断用户究竟是要启动、停止还是重新启动服务器进程。下面是从 openSUSE 中截取的一段控制 SSH 服务器的脚本（/etc/init.d/sshd）。

```
case "$1" in
   start)
    echo -n "Starting SSH daemon"
    ## Start daemon with startproc(8). If this fails
    ## the echo return value is set appropriate.

    startproc -f -p $SSHD_PIDFILE $SSHD_BIN $SSHD_OPTS -o "PidFile=$SSHD_
    PIDFILE"

    # Remember status and be verbose
    rc_status -v
    ;;
    stop)
    echo -n "Shutting down SSH daemon"
    ## Stop daemon with killproc(8) and if this fails
    ## set echo the echo return value.

    killproc -p $SSHD_PIDFILE -TERM $SSHD_BIN

    # Remember status and be verbose
    rc_status -v
    ;;
   restart)
      ## Stop the service and regardless of whether it was
      ## running or not, start it again.
      $0 stop
      $0 start

      # Remember status and be quiet
      rc_status
      ;;
```

```
    *)
     echo "Usage: $0 {start|stop|restart|}"
     exit 1
     ;;
esac
```

在这个例子中，如果用户运行命令“/etc/init.d/sshd start”，那么 Shell 将执行下面这段命令：通过 startproc 启动 SSH 守护进程。

```
echo -n "Starting SSH daemon"
## Start daemon with startproc(8). If this fails
## the echo return value is set appropriate.

startproc -f -p $SSHD_PIDFILE $SSHD_BIN $SSHD_OPTS -o "PidFile=$SSHD_
PIDFILE"

# Remember status and be verbose
rc_status -v
```

值得注意的是最后使用的“*)”，星号（*）用于匹配所有的字符串。在上面的例子中，如果用户输入的参数不是 start、stop 或是 restart 中的任何一个，那么这个参数将匹配“*)”，脚本执行下面这行命令，提示用户正确的使用方法。

```
echo "Usage: $0 {start|stop|restart|}"
```

由于 case 语句是逐条检索匹配模式，因此“*)”所在的位置很重要。如果上面这段脚本将“*)”放在 case 结构的开头，那么无论用户输入什么，脚本只会说“Usage: $0 {start|stop|restart|}”这一句话。

几乎所有初学 Shell 编程的人都会对这部分内容感到困惑。Shell 和其他编程语言在条件测试上的表现非常不同，读者在 C/C++积累的经验甚至可能会帮倒忙。理解本节对顺利进行 Shell 编程至关重要，因此，如果读者是第一次接触的话，请耐心地读完这冗长的一节。

3. if 判断的依据

和大部分人的经验不同的是，if 语句本身并不执行任何判断。它实际上接受一个程序名作为参数，然后执行这个程序，并依据这个程序的返回值来判断是否执行相应的语句。如果程序的返回值是 0，就表示“真”，if 语句进入对应的语句块；所有非 0 的返回值都表示“假”，if 语句跳过对应的语句块。下面的这段脚本 testif 很好地显示了这一点。

```
#!/bin/bash

if ./testscript -1                                      ##如果返回值是-1
then
      echo "testscript exit -1"
fi

if ./testscript 0                                       ##如果返回值是 0
then
      echo "testscript exit 0"
fi

if ./testscript 1                                       ##如果返回值是 1
then
      echo "testscript exit 1"
fi
```

脚本的运行结果如下：

```
$ ./testif                                                    ##运行脚本
testscript exit 0
```

这段脚本依次测试返回值–1、0 和 1，最后只有返回值为 0 所对应的 echo 语句执行了。脚本中调用的 testscript 接受用户输入的参数，然后简单地把这个参数返回给其父进程。testscript 脚本只有两行代码，其中的 exit 语句用于退出脚本并返回一个值。

```
#!/bin/bash
exit $@
```

现在读者应该能够大致了解 if 语句（包括后面将要介绍的 while、until 等语句）的运行机制。也就是说，if 语句事实上判断的是程序的返回值，返回值 0 表示真，非 0 值表示假。

4. while 语句

循环结构用于反复执行一段语句，这也是程序设计中的基本结构之一。Shell 中的循环结构有 3 种：while、until 和 for，下面逐一介绍这 3 种循环语句。

while 语句重复执行命令，直到测试条件为假。该语句的基本结构如下所示，注意 commands 可以是多条语句组成的语句块：

```
while test-commands
do
    commands
done
```

运行时，Shell 首先检查 test-commands 是否为真（为 0），如果是，就执行命令 commands。commands 执行完成后，Shell 再次检查 test-commands，如果为真，就再次执行 commands……这样的“循环”一直持续到条件 test-commands 为假（非 0）。为了更好地说明这一过程，下面这个脚本让 Shell 做一件著名的体力活：计算 1+2+3+……+100。

```
#!/bin/bash

sum=0
number=1

while test $number -le 100
do
        sum=$[ $sum + $number ]
        let number=$number+1
done

echo "The summary is $sum"
```

简单地分析一下这段小程序。在程序的开头，首先将变量 sum 和 number 初始化为 0 和 1，其中变量 sum 保存最终结果，number 则用于保存每次相加的数。测试条件“$number -le 100”告诉 Shell 仅当 number 中的数值小于或等于 100 的时候才执行包含在 do 和 done 之间的命令。注意，每次循环之后都将 number 的值加上 1，循环在 number 达到 101 的时候结束。

保证程序能在适当的时候跳出循环是程序员的责任和义务。在上面这个程序中，如果没有“let number=$number+1”这句话，那么测试条件将永远为真，程序就陷在这个死循环中了。

while 语句的测试条件未必要使用 test（或者[]）命令。在 Linux 中，命令都是有返回值的。例如 read 命令在接受到用户的输入时就返回 0，如果用户用快捷键 Ctrl+D 输入一个文件结束符，那么 read 命令就返回一个非 0 值（通常是 1）。利用这个特性，可以使用任何命令来控制循环。下面这段脚本从用户处接收一个大于 0 的数值 n，并且计算 1+2+3+……+n。

```
#!/bin/bash

echo -n "Enter a number(>0):"
while read n
do
        sum=0
        count=1

        if [ $n -gt 0 ]
        then
                while [ $count -le $n ]
                do
                        sum=$[ $sum + $count ]
                        let count=$count+1
                done
                echo "The summary is $sum"
        else
                echo "Please enter a number greater than zero"
        fi

        echo -n "Enter a number(>0):"
done
```

这段脚本不停地读入用户输入的数值，并判断这个数是否大于 0。如果是，就计算从 1 一直加到这个数的和。如果不是，就显示一条提示信息，然后继续等待用户的输入，直到用户输入快捷键 Ctrl+D（代表文件结束）结束输入。下面显示了这个脚本的执行效果。

```
$ ./one2n
Enter a number(>0):100
The summary is 5050
Enter a number(>0):55
The summary is 1540
Enter a number(>0):-1
Please enter a number greater than zero
Enter a number(>0):  <Ctrl+D>                        ##这里按下快捷键 Ctrl+D
```

5. until 语句

until 是 while 语句的另一种写法——除了测试条件相反。其基本语法如下。

```
until test-commands
do
    commands
done
```

单从字面上理解，while 说的是“当 test-commands 为真（值为 0），就执行 commands”。而 until 说的是“执行 commands，直到 test-commands 为真（值为 0）”，这句话顺过来讲可能更容易理解。“当 test-commands 为假（非 0 值），就执行 commands”。

但愿读者没有被上面这些话搞糊涂。下面这段脚本麻烦 Shell 再做一次那个著名的体力劳动，不同的是，这次改用 until 语句。

```
#!/bin/bash
```

```
sum=0
number=1

until ! test $number -le 100
do
        sum=$[ $sum + $number ]
        let number=$number+1
done

echo "The summary is $sum"
```

注意下面这两句话是等价的。

```
while test $number -le 100
```

和

```
until ! test $number -le 100
```

6. for 语句

使用 while 语句已经可以完成 Shell 编程中的所有循环任务了。但有些时候用户希望从列表中逐一取一系列的值（例如取出用户提供的参数），此时使用 while 和 until 就显得不太方便。Shell 提供了 for 语句，这个语句在一个值表上迭代执行，for 的基本语法如下：

```
for variable [in list]
do
     commands
done
```

这里的“值表”是一系列以空格分隔的值。Shell 每次从这个列表中取出一个值，然后运行 do/done 之间的命令，直到取完列表中所有的值。下面这段程序简单地打印出 1 和 9 之间（包括 1 和 6）所有的数。

```
#!/bin/bash

for i in 1 2 3 4 5 6 7 8 9
do
        echo $i
done
```

每次循环开始的时候，Shell 从列表中取出一个值，并把它赋给变量 i，然后执行命令块中的语句（即 echo $i）。下面显示了这个脚本的运行结果，注意 Shell 是按顺序取值的。

```
$ ./1to9
1
2
3
4
5
6
7
8
9
```

用于存放列表数值的变量并不一定会在语句块中用到。如果某件事情需要重复 N 次的话，只要给 for 语句提供一个包含 N 个值的列表就可以了。不过这种“优势”听上去有些可笑，如果 N 是一个特别大的数，难道需要手工列出所有这些数字吗？

Shell 的简便性在于，所有已有的工具都可以在 Shell 脚本中使用。Shell 本身带了一个叫作 seq 的工具，该命令接受一个数字范围，并把它转换为一个列表。如果要生成 1～9 的数字列表，那么可以这样使用 seq。

```
$ seq 9
```

这样，上面这个程序就可以改写成下面这样：

```
#!/bin/bash

for i in 'seq 9'
do
        echo $i
done
```

这里使用了倒引号，表示要使用 Shell 执行这条语句，并将运行结果作为这个表达式的值。用户也可以指定 seq 输出的起始数字（默认是 1），以及“步长”。

for 语句也可以接受字符和字符串组成的列表，下面这个脚本统计当前目录下文件的 个数。

```
#!/bin/bash

count=0

for file in 'ls'
do
        if ! [ -d $file ]
        then
                let count=$count+1
        fi
done
echo "There are $count files"
```

这段脚本每次从 ls 生成的文件列表中取出一个值存放在 file 变量中，并给计数器增加 1。下面是这段脚本的执行效果。

```
$ ls -F                                          ##查看当前目录下的文件
1to9*  a/  file_count*
$ ./file_count                                   ##运行脚本
There are 2 files
```

13.2.6 函数

函数的语法形式如下：

```
 [ function ] funname [()]
{
action;
[return int;]
}
```

函数可以使用 function fun()定义，也可以直接用 fun()定义，不带任何参数。参数返回可以显式加上 return 关键字，如果不加，将以最后一条命令运行结果，作为返回值。return 后跟数值 n（0～255）。

比如下面这个例子：

```
#!/bin/sh

fSum 3 2;
function fSum()
{
   echo $1,$2;
   return $(($1+$2));
}

fSum 5 7;
total=$(fSum 3 2);
echo $total,$?;
```

从上面这个例子我们可以得到几点结论。

（1）必须在调用函数地方之前，声明函数，Shell 脚本是逐行运行。不会像其他语言一样先预编译。一次必须在使用函数前先声明函数。

（2）total=$(fSum 3 2);　通过这种调用方法，我们清楚地知道，在 Shell 中单括号里面，可以是命令语句。因此，我们可以将 Shell 中函数，看作是定义一个新的命令，它是命令，因此，各个输入参数直接用空格分隔。命令里面获得参数方法可以通过：$0…$n 得到。$0 代表函数本身。

（3）函数返回值，只能通过$?系统变量获得，直接通过=获得的是空值。其实，我们按照上面一条理解，知道函数是一个命令，在 shell 获得命令返回值，都需要通过$?获得。

13.2.7　自定义数组

估计读者在学习其他语言时都基本了解了数组的概念，这里我们直接用代码的形式来说明数组的使用情况。

数组定义示例：

```
a=(1 2 3 4 5)
echo $a
1
```

一对括号表示是数组，数组元素用“空格”符号分割开。

数组读取与赋值示例：

```
echo ${#a[@]}  #得到长度
5
```

显示数值示例：

```
echo ${a[2]}
3
echo ${a[*]}
1 2 3 4 5
```

用${数组名[下标]}显示数值，下标是从 0 开始。

赋值示例：

```
a[1]=100
echo ${a[*]}
1 100 3 4 5
```

删除示例：

```
a=(1 2 3 4 5)
unset a
echo ${a[*]}

a=(1 2 3 4 5)
unset a[1]
echo ${a[*]}
1 3 4 5
```

13.2.8 sed 编程

sed 是一个非交互式文本编辑器，它可对文本文件和标准输入进行编辑，标准输入可以是来自键盘输入、文本重定向、字符串、变量，甚至来自于管道的文本。sed 从文本的一个文本行或标准输入中读取数据，将其复制到缓冲区，然后读取命令行或脚本的第一个命令，对此命令要求的行号进行编辑，重复此过程，直到命令行或脚本中的所有命令都执行完毕。相对于 vi 等其他文本编辑器，sed 可以一次性处理所有的编辑任务。

sed 适用于以下 3 种场合。

- 编辑相对交互式文本编辑器而言太大的文件。
- 编辑命令太复杂，在交互式文本编辑器中难以输入的情况。
- 对文件扫描一遍，但是需要执行多个编辑函数的情况。

调用 sed 有 3 种方式：Shell 命令行方式，另外 2 种是将 sed 命令写入脚本文件，然后执行该脚本文件。

sed 命令选项及其意义。

- -n #不打印所有行到标准输入。
- -e #表示将下一个字符串解析为 sed 编辑命令，如果只传递一个编辑命令给 sed，-e 选项可以省略。
- -f #表示正在调用 sed 脚本文件。

sed 命令通常由定位文本行和 sed 编辑命令两部分组成，sed 编辑命令对定位文本行进行各种处理，sed 提供以下两种方式定位文本。

- 使用行号，指定一行，或者指定行号范围。
- 使用正则表达式。

sed 命令定位文本的方法：

```
x                        #x 为指定行号
x,y                      #指定从 x 到 y 的行号范围
/pattern/                #查询包含模式的行
/pattern/pattern/        #查询包含两个模式的行
/pattern/,x              #从与 pattern 的匹配行到 x 号行之间的行
x,/pattern/              #从 x 号行到与 pattern 的匹配行之间的行
x,y!                     #查询不包括 x 和 y 行号的行
```

sed 编辑命令：

```
p                    #打印匹配行
=                    #打印文件行号
a\                   #在定位行号之后追加文本信息
```

```
i\                  #在定位行号之前插入文本信息
d                   #删除定位行
c\                  #用新文本替换定位文本
s                   #使用替换模式替换相应模式
r                   #从另一个文件中读文件
w                   #将文本写入到一个文件
y                   #变换字符
q                   #第一个模式匹配完成后退出
l                   #显示与八进制 ASCII 码等价的控制字符
{}                  #在定位行执行的命令组
n                   #读取下一个输入行，用下一个命令处理新的行
h                   #将模式缓冲区的文本复制到保持缓冲区
H                   #将模式缓冲区的文本追加到保持缓冲区
x                   #互换模式缓冲区和保持缓冲区的内容
g                   #将保持缓冲区的内容复制到模式缓冲区
G                   #将保持缓冲区的内容追加到模式缓冲区 linux
```

这里通过几个例子来演示下 sed 的用法。

示例 1：

sed -e '1,10d' ping.sh > 1   # 将 ping.sh 中逐行读取到缓冲区，删除 ping.sh 文件中 1-10 行，然后重定向到 1 文件中

示例 2：

sed -e '/^#/d' ping.sh > 1   # 将 ping.sh 中逐行读取到缓冲区，删除 ping.sh 文件中第一个字符是#的行，然后重定向到 1 文件中

示例 3：

sed -e '/"/d' ping.sh > 1   # 删除有 " 的行，并输出到 1 文件

示例 4：

```
sed '3d' datafile     #删除第 3 行
sed '3,$d' datafile  #删除从第 3 行到结束
sed '$d' datafile     #删除最后一行
sed '/north/d' file  #删除匹配 north 的行
```

示例 5：

```
sed -e :a -e '$q;N;11,$D;ba'  #显示文件中的最后 10 行 （模拟“tail”）
```

示例 6：

```
sed -n -e '/echo/p; /judge/p' ping.sh > 1
```

或

```
sed -e '/echo!d/; /judge/!d' ping.sh > 1#显示包含“echo”或“judge”行（任意次序）
```

示例 7：

```
sed '/./,$!d' #删除文件顶部的所有空行
```

13.2.9 awk 编程

awk 是一种小巧的编程语言及命令行工具，非常适合服务器上的日志处理，主要是因为 awk 可以对文件进行操作，通常以可读文本构建行。说它适用于服务器是因为日志文件，转储文件（dump file），或者任意文本格式的服务器终止转储到磁盘都会变得很大，并且在每个服务器都会拥有大量的这类文件。如果你经历过这样的情境——在没有像 Splunk 或者其他等价的工具情况下不得不在 50 个不同的服务器里分析几 GB 的文件，你会觉得去获取和下载所有的这些文件并分析它们是一件很糟糕的事。

在任何情况下，awk 都不仅仅只是用来查找数据的（否则，grep 或者 ack 已经足够使用了）——它同样能够处理数据并转换数据。

awk 脚本的代码结构很简单，就是一系列的模式（pattern）和行为（action）：

```
# comment
Pattern1 { ACTIONS; }

# comment
Pattern2 { ACTIONS; }
```

扫描文档的每一行时都必须与每一个模式进行匹配比较，而且一次只匹配一个模式。那么，如果我给出一个包含以下内容的文件：

```
this is line 1
this is line 2
```

this is line 1 这行就会与 Pattern1 进行匹配。如果匹配成功，就会执行 ACTIONS。然后 this is line 1 会和 Pattern2 进行匹配。如果匹配失败，它就会跳到 Pattern3 进行匹配，依此类推。

一旦所有的模式都匹配过了，this is line 2 就会以同样的步骤进行匹配。其他的行也一样，直到读取完整个文件。

简而言之，这就是 awk 的运行模式。

1. 数据类型

awk 仅有 2 个主要的数据类型：字符串和数字。即便如此，awk 的字符串和数字还可以相互转换。字符串能够被解释为数字并把它的值转换为数字值。如果字符串不包含数字，它就被转换为 0。

它们都可以在代码里的 ACTIONS 部分，使用 = 操作符给变量赋值。我们可以在任意时刻、任意地方声明和使用变量，也可以使用未初始化的变量，此时它们的默认值是空字符串：“”。

2. 模式

可以使用的模式分为 3 大类：正则表达式、布尔表达式和特殊模式。在 awk 里有一些特殊的模式：

- 第一个是 BEGIN，它仅在所有的行都输入文件之前进行匹配。这是初始化脚本变量和所有种类的状态的主要地方。
- 另一个就是 END。它会在所有的输入都被处理完后进行匹配。这让我们可以在退出前进行清除工作和一些最后的输出。

示例 1：

```
awk '/555555*/' test  #打印所有包含模式/555555*/的行
```

示例 2：

```
awk '{print $1}' test  #打印文件的第一个字段，字段从行的左端开始，以空白符分隔：
```

示例 3：

```
awk '{print $1,$3}' test #打印文件的第一、第三个字段
```

13.3 C/C++编程

C 和 C++语言是 Linux 系统中常用的开发语言，读者有必要了解基本知识及它们是如何在 Linux 平台下工作的。

13.3.1 定义变量

现实生活中我们会用一个小箱子来存放物品，一来显得不那么凌乱，二来方便以后找到。计算机也是这个道理，我们需要先在内存中找一块区域，规定用它来存放整数，并起一个好记的名字，方便以后查找。这块区域就是“小箱子”，我们可以把整数放进去了。

C 语言中这样在内存中找一块区域：

```
int a;
```

int 又是一个新单词，它是 Integer 的简写，意思是整数。a 是我们给这块区域起的名字；当然也可以叫其他名字，例如 abc、mn123 等。

这条语句的意思是：在内存中找一块区域，命名为 a，用它来存放整数。

注意　int 和 a 之间是有空格的，它们是两个词。也注意最后的分号，int a 表达了完整的意思，是一个语句，要用分号来结束。

不过 int a;仅仅是在内存中找了一块可以保存整数的区域，那么如何将 123、100、999 这样的数字放进去呢？

C 语言中这样向内存中放整数：

```
a=123;
```

=是一个新符号，它在数学中叫“等于号”，例如 1+2=3，但在 C 语言中，这个过程叫作赋值（Assign）。赋值是指把数据放到内存的过程。

把上面的两个语句连起来：int a;

```
a=123;
```

就把 123 放到了一块叫作 a 的内存区域。可以写成一个语句：

```
int a=123;
```

a 中的整数不是一成不变的，只要我们需要，随时可以更改。更改的方式就是再次赋值，例如：

```
int a=123;
a=1000;
a=9999;
```

第 2 次赋值，会把第 1 次的数据覆盖（擦除）掉，也就是说，a 中最后的值是 9999，123、1000 已经不存在了，再也找不回来了。

因为 a 的值可以改变，所以我们给它起了一个形象的名字，叫作变量（Variable）。

int a;创造了一个变量 a，我们把这个过程叫作变量定义。a=123;把 123 交给了变量 a，我们把这个过程叫作给变量赋值；又因为是第一次赋值，也称变量的初始化，或者赋初值。

可以先定义变量，再初始化，例如：

```
int abc;
abc=999;
```

也可以在定义的同时进行初始化，例如：

```
int abc=999;
```

这两种方式是等价的。

13.3.2 数据类型

数据是放在内存中的，变量是给这块内存起的名字，有了变量就可以找到并使用这份数据。但问题是，该如何使用呢？

我们知道，诸如数字、文字、符号、图形、音频、视频等数据都是以二进制形式存储在内存中的，它们并没有本质上的区别，那么，00010000 该理解为数字 16 呢，还是图像中某个像素的颜色呢，还是要发出某个声音呢？如果没有特别指明，我们并不知道。

也就是说，内存中的数据有多种解释方式，使用之前必须要确定；上面的 int a;就表明，这份数据是整数，不能理解为像素、声音等。int 有一个专业的称呼，叫作数据类型（Data Type）。顾名思义，数据类型用来说明数据的类型，确定了数据的解释方式，让计算机和程序员不会产生歧义。在 C 语言中，有多种数据类型，例如：

```
字符型 短整型 整型 长整型 单精度浮点型 双精度浮点型 无类型
```

对应的关键字类型是：

```
char short int long float double void
```

这些是最基本的数据类型，是 C 语言自带的，如果我们需要，还可以通过它们组成更加复杂的数据类型，后面会一一讲解。

数据长度（length），是指数据占用多少个字节。占用的字节越多，能存储的数据就越多，对于数字来说，值就会更大，反之能存储的数据就有限。

多个数据在内存中是连续存储的，彼此之间没有明显的界限，如果不明确指明数据的长度，计算机就不知道何时存取结束。例如我们保存了一个整数 1000，它占用 4 个字节的内存，而读取时却认为它占用 3 个字节或 5 个字节，这显然是不正确的。

所以，在定义变量时还要指明数据的长度。而这恰恰是数据类型的另外一个作用。数据类型除了指明数据的解释方式，还指明了数据的长度。因为在 C 语言中，每一种数据类型所占用的字节数都是固定的，知道了数据类型，也就知道了数据的长度。

13.3.3 表达式

1. 算术表达式

概念：由算术运算符组成有意义的式子。

组成：算术运算符，包含：

- + − * / % 各自含义
- % 5%3，结果是？ 3.6%3 的结果是？
- % 只能用来进行整型数据的运算。

值：算术表达式的值是个算术值，也就是个数。

- 特别的：看看下面的几个算术表达式的值？
  - 3+6 = ？
  - 5/2 = ？
  - char c = ‘a’;
  - c = c + 5; // c = ??
  - c++;
  - c--; //??

2. 关系表达式

概念：由关系运算符连接起来的有意义的式子。

组成：关系运算符：

- > >= < <= ==

值：关系表达式的结果是进行比较的结果。
  - 关系表达式的值是逻辑量：真或者假。
  - 关系运算符是双边（双目运算符）。
  - 关系表达式的操作数是值为算术值的表达式。
- 如： 3+5>2+7
  - 谁先做，谁后做？

3. 逻辑表达式

概念：由逻辑运算符连接起来的式子。

组成：逻辑运算符：
  - &&
- 逻辑与运算符
- 一假必假
- 双边运算符
  - ||
- 逻辑或运算符
- 一真必真
- 双边运算符
  - !
- 逻辑非运算符
- 真假互逆
- 单边运算符

值：逻辑表达式的值是个逻辑量
  - 逻辑表达式的操作数也是逻辑量

4. 条件表达式

概念：由条件表达式连接起来的有意义的式子。

组成：表达式 1？表达式 2：表达式 3

三边运算符

值：如果表达式 1 的值为真，条件表达式的值为表达式 2 的值；如果表达式 1 的值为假，条件表达式为表达式 3 的值；无论怎样，表达式 1 是必须运算的，表达式 2 和表达式 3 是否运算取决于表达式 1 的真假。

- 如：
- int x =10, y= 20,z;
- z = x?x++:--y;　　//z =??
- 如果 X =0 呢？

5. 逗号表达式

概念：逗号运算符连接起来的有意义的式子。

组成：表达式 1,表达式 2,表达式 3,……,表达式 n

值：从左向右算，结果取右值。

6. 赋值表达式

概念：赋值运算符组成的有意义的式子。

组成：赋值运算符　=

变量 = 表达式

说明：变量是之前使用变量说明语句定义过的变量。

表达式是我们这里面讲过的所有的表达式。

赋值表达式运算律：先计算表达式的值，然后将表达式的值赋给赋值号左边的变量，作为变量的值。

想想，我们前面讲过，变量的赋予值的一种形式。

13.3.4 程序结构

1. 顺序结构

顺序结构的程序设计是最简单的，只要按照解决问题的顺序写出相应的语句就行，它的执行顺序是自上而下，依次执行。

例如：a = 3，b = 5，现交换 a，b 的值，这个问题就好像交换两个杯子水，这当然要用到第三个杯子，假如第三个杯子是 c，那么正确的程序为：

```
c = a;    a = b;    b = c;
```

执行结果是 a = 5，b = c = 3 如果改变其顺序，写成：

```
a = b;    c = a;    b =c;
```

则执行结果就变成 a = b = c = 5，不能达到预期的目的，初学者最容易犯这种错误。顺序结构可以独立使用构成一个简单的完整程序，常见的输入、计算、输出三步曲的程序就是顺序结构，例如计算圆的面积，其程序的语句顺序就是输入圆的半径 r，计算 S = 3.14159*r*r,输出圆的面积 S。

不过大多数情况下顺序结构都是作为程序的一部分，与其他结构一起构成一个复杂的程序，例如分支结构中的复合语句、循环结构中的循环体等。

2. 分支结构

顺序结构的程序虽然能解决计算、输出等问题，但不能做判断再选择。对于要先做判断再选择的问题就要使用分支结构。分支结构的执行是依据一定的条件选择执行路径，而不是严格按照语句出现的物理顺序。分支结构的程序设计方法的关键在于构造合适的分支条件和分析程序流程，根据不同的程序流程选择适当的分支语句。

分支结构适合于带有逻辑或关系比较等条件判断的计算，设计这类程序时往往都要先绘制其程序流程图，然后根据程序流程写出源程序，这样做把程序设计分析与语言分开，使得问题简单化，易于理解。程序流程图是根据解题分析所绘制的程序执行流程图。

学习分支结构不要被分支嵌套所迷惑，只要正确绘制出流程图，弄清各分支所要执行的功能，嵌套结构也就不难了。嵌套只不过是分支中又包括分支语句而已，不是新知识，只要对双分支的理解清楚，分支嵌套是不难的。下面我介绍几种基本的分支结构。

（1）if(条件){分支体}

这种分支结构中的分支体可以是一条语句，此时“{}”可以省略，也可以是多条语句即复合语句。它有两条分支路径可选，一是当条件为真，执行分支体；否则跳过分支体，这时分支体就不会执行。如：要计算 x 的绝对值，根据绝对值定义，我们知道，当 x>=0 时，其绝对值不变，而 x<0 时其绝对值为 x 的反号，因此程序段为：if(x<0)x=-x;

（2）if(条件)　{分支 1}　else　{分支 2}

这是典型的分支结构，如果条件成立，执行分支 1，否则执行分支 2，分支 1 和分支 2 都可以是 1 条或若干条语句构成。

（3）switch 开关语句

该语句也是多分支选择语句，到底执行哪一块，取决于开关设置，也就是表达式的值与常量表达式相匹配的那一路，它不同于 if…else 语句，它的所有分支都是并列的，程序执行时，由第一分支开始查找，如果相匹配，执行其后的块，接着执行第 2 分支，第 3 分支……的块，直到遇到 break 语句；如果不匹配，查找下一个分支是否匹配。这个语句在应用时要特别注意开关条件的合理设置以及 break 语句的合理应用。

3. 循环结构

循环结构可以减少源程序重复书写的工作量，用来描述重复执行某段算法的问题，这是程序设计中最能发挥计算机特长的程序结构，C 语言中提供四种循环，即 goto 循环、while 循环、do…while 循环和 for 循环。四种循环可以用来处理同一问题，一般情况下它们可以互相代替换，但一般不提倡用 goto 循环，因为强制改变程序的顺序经常会给程序的运行带来不可预料的错误，在学习中我们主要学习 while、do…while、for 三种循环。

常用的三种循环结构学习的重点在于弄清它们相同与不同之处，以便在不同场合下使用，这就要清楚三种循环的格式和执行顺序，将每种循环的流程图理解透彻后就会明白如何替换使用，如把 while 循环的例题，用 for 语句重新编写一个程序，这样能更好地理解它们的作用。特别要注意在循环体内应包含趋于结束的语句（即循环变量值的改变），否则就可能成了一个死循环，这是初学者的一个常见错误。

在学完这三个循环后，应明确它们的异同点：用 while 和 do…while 循环时，循环变量的初始化的操作应在循环体之前，而 for 循环一般在语句 1 中进行的；while 循环和 for 循环都是先判断表达式，后执行循环体，而 do…while 循环是先执行循环体后判断表达式，也就是说 do…while 的循环体最少被执行一次，而 while 循环和 for 就可能一次都不执行。

另外还要注意的是这三种循环都可以用 break 语句跳出循环，用 continue 语句结束本次循环，而 goto 语句与 if 构成的循环，是不能用 break 和 continue 语句进行控制的。

顺序结构、分支结构和循环结构并不是彼此孤立的，在循环中可以有分支、顺序结构，分支中也可以有循环、顺序结构，其实不管哪种结构，我们均可广义地把它们看成一个语句。在实际编程过程中常将这三种结构相互结合以实现各种算法，设计出相应程序，但是要编程的问题较大，编写出的程序就往往很长、结构重复多，造成可读性差，难以理解，解决这个问题的方法是将 C 程序设计成模块化结构。

4．模块化程序结构

C 语言的模块化程序结构用函数来实现，即将复杂的 C 程序分为若干模块，每个模块都编写成一个 C 函数，然后通过主函数调用函数及函数调用函数来实现一大型问题的 C 程序编写，因此常说：C 程序=主函数+子函数。因此，对函数的定义、调用、值的返回等中要尤其注重理解和应用，并通过上机调试加以巩固。

13.3.5 数组和赋值

我们知道，要想把数据放入内存，必须先要分配内存空间。放入 4 个整数，就得分配 4 个 int 类型的内存空间：

```
int a[4];
```

这样，就在内存中分配了 4 个 int 类型的内存空间，共 4×4=16 个字节，并为它们起了一个名字，叫 a。我们把这样的一组数据的集合称为数组（Array），它所包含的每一个数据叫作数组元素（Element），所包含的数据的个数称为数组长度（Length），例如 int a[4];就定义了一个长度为 4 的整型数组，名字是 a。

数组（Array）是一系列相同类型的数据的集合，可以是一维的、二维的、多维的；最常用的是一维数组和二维数组，多维数组较少用到。

数组中的每个元素都有一个序号，这个序号从 0 开始，而不是从我们熟悉的 1 开始，称为下标（Index）。使用数组元素时，指明下标即可，形式为：arrayName[index]。

arrayName 为数组名称，index 为下标。例如，a[0]表示第 0 个元素，a[3]表示第 3 个元素。接下来我们就把第一行的 4 个整数放入数组：

```
a[0]=20;
a[1]=345;
a[2]=700;
a[3]=22;
```

这里的 0、1、2、3 就是数组下标，a[0]、a[1]、a[2]、a[3]就是数组元素。

我们来总结一下数组的定义方式：

```
dataType  arrayName[length];
```

dataType 为数据类型，arrayName 为数组名称，length 为数组长度。例如：

```
float m[12];
char ch[9];
```

- 数组中每个元素的数据类型必须相同，对于 int a[4];，每个元素都必须为 int。
- 数组下标必须是整数，取值范围为 0 ≤ index < length。
- 数组是一个整体，它的内存是连续的。

上面的代码是先定义数组再给数组赋值，我们也可以在定义数组的同时赋值：

```
int a[4] = {20, 345, 700, 22};
```

{ }中的值即为各元素的初值，各值之间用,间隔。

对数组赋初值需要注意以下几点。

（1）可以只给部分元素赋初值。当{ }中值的个数少于元素个数时，只给前面部分元素赋值。例如：

```
int a[10]={12, 19, 22 , 993, 344};
```

表示只给 a[0]～a[4] 5 个元素赋值，而后面 5 个元素自动赋 0 值。

当赋值的元素少于数组总体元素的时候，剩余的元素自动初始化为 0：对于 short、int、long，就是整数 0；对于 char，就是字符 '\0'；对于 float、double，就是小数 0.0。

我们可以通过下面的形式将数组的所有元素初始化为 0：

```
int a[10] = {0};
char c[10] = {0};
float f[10] = {0};
```

由于剩余的元素会自动初始化为 0，所以只需要给第 0 个元素赋 0 值即可。

下面是一个输出数组元素的例子：

```
01.#include <stdio.h>
02.int main()
03.{
04.    int a[6] = {299, 34, 92, 100};
05.    int b[6], i;
06.    //从控制台输入数据为每个元素赋值
07.    for(i=0; i<6; i++){
08.        scanf("%d", &b[i]);
09.    }
10.    //输出数组元素
11.    for(i=0; i<6; i++){
12.        printf("%d  ", a[i]);
13.    }
14.    putchar('\n');
15.    for(i=0; i<6; i++){
16.        printf("%d  ", b[i]);
17.    }
18.    putchar('\n');
19.
20.    return 0;
21.}
```

运行结果：

```
90 100 33 22 568 10
299  34  92  100  0  0
90  100  33  22  568  10
```

（2）只能给元素逐个赋值，不能给数组整体赋值。例如给 10 个元素全部赋 1 值，只能写为：

```
int a[10]={1, 1, 1, 1, 1, 1, 1, 1, 1, 1};
```

而不能写为：

```
int a[10]=1;
```

（3）如给全部元素赋值，那么在数组定义时可以不给出数组的长度。例如：

```
int a[]={1,2,3,4,5};
```

等价于：

```
int a[5]={1,2,3,4,5};
```

13.3.6 指针

在计算机中，所有的数据都是存放在内存中的，一般把内存中的一个字节称为一个内存单元，不同的数据类型所占用的内存单元数不一样，如 int 占用 4 个字节，char 占用 1 个字节。为了正确地访问这些内存单元，必须为每个内存单元编上号。每个内存单元的编号是唯一的，根据编号可以准确地找到该内存单元。内存单元的编号叫作地址（address），也称为指针（pointer）。

内存单元的指针和内存单元的内容是两个不同的概念。可以用一个通俗的例子来说明它们之间的关系。我们用银行卡到 ATM 机取款时，系统会根据我们的卡号去查找账户信息，包括存取款记录、余额等，信息正确、余额足够的情况下才允许我们取款。在这里，卡号就是账户信息的指针，存取款记录、余额等就是账户信息的内容。对于一个内存单元来说，单元的地址（编号）即为指针，其中存放的数据才是该单元的内容。

在 C 语言中，允许用一个变量来存放指针，这种变量称为指针变量。因此，一个指针变量的值就是某个内存单元的地址或称为某内存单元的指针。设有字符变量 c，其内容为 'K'（ASCII 码为十进制数 75），c 占用了 0X11A 号内存单元（地址通常用十六进数表示）。设有指针变量 p，内容为 0X11A，这种情况我们称为 p 指向变量 c，或说 p 是指向变量 c 的指针。严格地说，一个指针是一个地址，是一个常量。而一个指针变量却可以被赋予不同的指针值，是变量。但常把指针变量简称为指针。为了避免混淆，本教程约定："指针"是指地址，是常量，"指针变量"是指取值为地址的变量。定义指针的目的是通过指针去访问内存单元。既然指针变量的值是一个地址，那么这个地址不仅可以是变量的地址，也可以是其他数据结构的地址。在一个指针变量中存放一个数组或一个函数的首地址有何意义呢？因为数组或函数都是连续存放的。通过访问指针变量取得了数组或函数的首地址，也就找到了该数组或函数。这样一来，凡是出现数组、函数的地方都可以用一个指针变量来表示，只要该指针变量中赋予数组或函数的首地址即可。这样做，将会使程序的概念十分清楚，程序本身也精练、高效。

在 C 语言中，一种数据类型或数据结构往往都占有一组连续的内存单元。用"地址"这个概念并不能很好地描述一种数据类型或数据结构，而"指针"虽然实际上也是一个地址，但它却是一个数据结构的首地址，它是"指向"一个数据结构的，因而概念更为清楚，表示更为明确。这也是引入"指针"概念的一个重要原因。

定义指针的方法如下。

- int i; 定义整型变量 i。
- int *p; p 为指向整型数据的指针变量。
- int a[n]; 定义整型数组 a，它有 n 个元素。
- int *p[n]; 定义指针数组 p，它由 n 个指向整型数据的指针元素组成。
- int (*p)[n]; p 为指向含 n 个元素的一维数组的指针变量。
- int f(); f 为一个返回整型的函数。

- int *p(); p 为一个返回指针的函数，该指针指向整型数据。
- int (*p)(); p 为指向函数的指针，该函数返回一个整型值。
- int **p; p 是一个指针变量，它又指向另外一个指针变量，该指针变量指向整型数据。

（1）指针变量可以加（减）一个整数，例如 p++、p+i、p-=i。

一个指针变量加（减）一个整数并不是简单地将原值加（减）一个整数，而是将该指针变量的原值（是一个地址）和它指向的变量所占用的内存单元字节数加（减）。

（2）指针变量赋值：将一个变量的地址赋给一个指针变量。

```
p=&a;              //将变量 a 的地址赋给 p
p=array;           //将数组 array 的首地址赋给 p
p=&array[i];       //将数组 array 第 i 个元素的地址赋给 p
p=max;             //max 为已定义的函数，将 max 的入口地址赋给 p
p1=p2;             //p1 和 p2 都是指针变量，将 p2 的值赋给 p1
```

不能将一个数值直接赋给指针变量，例如 p=1000;是没有意义的，一般会引起程序崩溃。

（3）指针变量可以有空值，即该指针变量不指向任何变量，如 p=NULL;。

（4）两个指针变量可以相减：如果两个指针变量指向同一个数组的元素，则两个指针变量值之差是两个指针之间的元素个数。

13.3.7 函数

C 语言程序由多个函数组成，main 函数是入口函数，只能有一个。main 也是主函数，它可以调用其他函数，而不允许被其他函数调用。因此，C 程序的执行总是从 main 函数开始，完成对其他函数的调用后再返回到 main 函数，最后由它结束整个程序。一个 C 源程序必须有也只能有一个主函数 main。

函数声明的一般形式为：

```
返回值类型  函数名( 类型 形参, 类型 形参… );
```

或为：

```
返回值类型  函数名( 类型, 类型…);
```

函数声明给出了函数名、返回值类型、参数列表（参数类型）等与该函数有关的信息，称为函数原型（Function Prototype）。函数原型的作用是告诉编译器与该函数有关的信息，让编译器知道函数的存在，以及存在的形式，即使函数暂时没有定义，也不会出错。

在 C 语言中，函数调用的方式有多种，例如：

```
01.// 函数作为表达式中的一项出现在表达式中
02.z = max(x, y);
03.m = n + max(x, y);
04.// 函数作为一条单独的语句
05.printf("%d", a);
06.scanf("%d", &b);
07.// 函数作为调用另一条函数时的实参
08.printf( "%d", max(x, y) );
09.total( max(x, y), min(m, n) );
```

实例 1：计算 sum = 1! + 2! + 3! + ... + (n-1)! + n!

分析：可以编写两个函数，一个用来计算阶乘，一个用来计算累加的和。

```
01.#include <stdio.h>
02.
03.//求阶乘
04.long factorial(int n){
05.    int i;
06.    long result=1;
07.    for(i=1; i<=n; i++){
08.        result *= i;
09.    }
10.    return result;
11.}
12.
13.// 求累加的和
14.long sum(long n){
15.    int i;
16.    long result = 0;
17.    for(i=1; i<=n; i++){
18.        //嵌套调用
19.        result += factorial(i);
20.    }
21.    return result;
22.}
23.
24.int main(){
25.    printf("1!+2!+...+9!+10! = %ld\n", sum(10));
26.    return 0;
27.}
```

运行结果：

```
1!+2!+...+9!+10! = 4037913
```

C 语言代码由上到下依次执行，函数定义要出现在函数调用之前。但是，如果在函数调用前进行了函数声明，那么函数定义就可以出现在任何地方了，甚至是其他文件。

1. 函数的参数

函数的参数分为形参和实参。形参出现在函数定义中，在整个函数体内都可以使用，离开该函数则不能使用。实参出现在函数调用中。

形参和实参的功能是做数据传送，发生函数调用时，实参的值会传送给形参。形参和实参有以下几个特点。

- 形参变量只有在函数被调用时才分配内存单元，在调用结束时，立刻释放所分配的内存单元。因此，形参只有在函数内部有效，不能在函数外部使用。
- 实参可以是常量、变量、表达式、函数等，无论实参是何种类型的数据，在进行函数调用时，它们都必须有确定的值，以便把这些值传送给形参。因此应预先用赋值、输入等办法使实参获得确定值。
- 实参和形参在数量上、类型上、顺序上必须严格一致，否则会发生“类型不匹配”的错误。

函数调用中发生的数据传送是单向的，只能把实参的值传送给形参，而不能把形参的值反向地传送给实参。 因此在函数调用过程中，形参的值发生改变，而实参中的值不会变化。

实例 2：计算 1+2+3+...+(n-1)+n 的值。

```
01.#include <stdio.h>
02.
03.int sum(int n){
04.    int i;
05.    for(i=n-1; i>=1; i--){
06.        n+=i;
07.    }
08.    printf("The inner n = %d\n",n);
09.
10.    return n;
11.}
12.
13.int main(){
14.    int n, total;
15.    printf("Input a number: ");
16.    scanf("%d",&n);
17.    total = sum(n);
18.    printf("The outer n = %d \n", n);
19.    printf("1+2+3+...+(n-1)+n = %d\n", total);
20.
21.    return 0;
22.}
```

运行结果：

```
Input a number: 100↙
 The inner n = 5050
 The outer n = 100
 1+2+3+. ..+(n-1)+n = 5050
```

通过 scanf 输入 n 的值，作为实参，在调用 sum 时传送给形参量 n。

本例中形参变量和实参变量的名称都是 n，但这是两个不同的量，各自的作用域不同，下节将会讲解。

在 mian 函数中用 printf 语句输出一次 n 值，这个 n 值是实参 n 的值。在函数 sum 中也用 printf 语句输出了一次 n 值，这个 n 值是形参最后取得的 n 值。

从运行情况看，输入 n 值为 100，即实参 n 的值为 100，把此值传给函数 sum 时，形参 n 的初值也为 100，在执行函数过程中，形参 n 的值变为 5050。函数运行结束后，输出实参 n 的值仍为 100。可见实参的值不随形参的变化而变化。

2. 函数的返回值

函数的值（或称函数返回值）是指函数被调用之后，执行函数体中的程序段所取得的值，可以通过 return 语句返回。return 语句的一般形式为：

```
return 表达式;
```

或者：

```
return (表达式);
```

例如：

```
return max;
return a+b;
return (100+200);
```

函数中可以有多个 return 语句，但每次调用只能有一个 return 语句被执行，所以只有一个返回值。

一旦遇到 return 语句，不管后面有没有代码，函数立即运行结束，将值返回。例如：

```
01.int func(){
02.    int a=100, b=200, c;
03.    return a+b;
04.    return a*b;
05.    return b/a;
06.}
```

返回值始终 a+b 的值，也就是 300。

没有返回值的函数为空类型，用 void 进行说明。例如：

```
01.void func(){
02.    printf("Hello world!\n");
03.}
```

一旦函数的返回值类型被定义为 void，就不能再接收它的值了。

例如，下面的语句是错误的：

```
int a = func();
```

13.3.8 结构体、联合体和枚举

1. 结构体

在 C 中，结构是一种数据类型，可以使用结构变量。因此，像其他类型的变量一样，在使用结构变量时要先对其定义。

定义结构变量的一般格式为：

```
struct 结构名
 {
    类型  变量名;
    类型  变量名;
    ...
 } 结构变量;
```

结构名是结构的标识符不是变量名。构成结构的每一个类型变量称为结构成员，它像数组的元素一样，但数组中元素是以下标来访问的，而结构是按变量名字来访问成员的。

下面举一个例子来说明怎样定义结构变量：

```
struct string
{
  char name[8];
  int age;
  char sex[2];
  char depart[20];
  float wage1, wage2, wage3, wage4, wage5;
} person;
```

这个例子定义了一个结构名为 string 的结构变量 person，如果省略变量名 person，则变成对结构的说明。用已说明的结构名也可定义结构变量。这样定义时上例变成：

```
struct string
{
  char name[8];
  int age;
  char sex[2];
  char depart[20];
  float wage1, wage2, wage3, wage4, wage5;
};
struct string person;
```

如果需要定义多个具有相同形式的结构变量时用这种方法比较方便，它先做结构说明，再用结构名来定义变量。例如：

```
struct string Tianyr, Liuqi, ...;
```

如果省略结构名，则称之为无名结构，这种情况常常出现在函数内部，用这种结构时前面的例子变成：

```
struct
{
  char name[8];
  int age;
  char sex[2];
  char depart[20];
  float wage1, wage2, wage3, wage4, wage5;
} Tianyr, Liuqi;
```

结构是一个新的数据类型，因此结构变量也可以像其他类型的变量一样赋值、运算，不同的是结构变量以成员作为基本变量。

结构成员的表示方式为：

```
结构变量.成员名
```

如果将“结构变量.成员名”看成一个整体，则这个整体的数据类型与结构中该成员的数据类型相同，这样就可以像前面所讲的变量那样使用。

下面这个例子定义了一个结构变量，其中每个成员都从键盘接收数据，然后对结构中的浮点数求和，并显示运算结果，同时将数据以文本方式存入一个名为 wage.dat 的磁盘文件中。请注意这个例子中不同结构成员的访问：

```
#include <stdio.h>
main()
{
  struct{                              /*定义一个结构变量*/
    char name[8];
    int age;
    char sex[2];
    char depart[20];
    float wage1, wage2, wage3, wage4, wage5;
  }a;
  FILE *fp;
  float wage;
  char c='Y';
```

```
    fp=fopen("wage.dat", "w"); /*创建一个文件只写*/
    while(c=='Y'||c=='y')       /*判断是否继续循环*/
    {
      printf("\nName:");
      scanf("%s", a.name);           /*输入姓名*/
      printf("Age:");
      scanf("%d", &a.wage);          /*输入年龄*/
      printf("Sex:");
      scanf("%d", a.sex);
      printf("Dept:");
      scanf("%s", a.depart);
      printf("Wage1:");
      scanf("%f", &a.wage1);    /*输入工资*/
      printf("Wage2:");
      scanf("%f", &a.wage2);
      printf("Wage3:");
      scanf("%f", &a.wage3);
      printf("Wage4:");
      scanf("%f", &a.wage4);
      printf("Wage5:");
      scanf("%f", &a.wage5);
      wage=a.wage1+a.wage2+a.wage3+a.wage4+a.wage5;
      printf("The sum of wage is %<?xml:namespace prefix = st1 ns = "urn:schemas-
microsoft-com:office:smarttags" />6.2f\n", wage);/*显示结果*/
      fprintf(fp, "%10s%4d%4s%30s%10.2f\n",                /*结果写入文件*/
       a.name, a.age, a.sex, a.depart, wage);
      while(1)
      {
     printf("Continue?<Y/N>");
     c=getche();
     if(c=='Y'||c=='y'||c=='N'||c=='n')
       break;
      }
    }
    fclose(fp);
  }
```

2. 联合体

联合也是一种新的数据类型，它是一种特殊形式的变量。联合说明和联合变量定义与结构十分相似。其形式为：

```
union 联合名{
  数据类型成员名;
  数据类型成员名;
  ...
} 联合变量名;
```

联合表示几个变量公用一个内存位置,在不同的时间保存不同的数据类型和不同长度的变量。下例表示说明一个联合 a_bc：

```
union a_bc{
  int i;
  char mm;
};
```

再用已说明的联合可定义联合变量。

例如用上面说明的联合定义一个名为 lgc 的联合变量，可写成:

```
union a_bc lgc;
```

在联合变量 lgc 中，整型量 i 和字符 mm 公用同一内存位置。当一个联合被说明时，编译程序自动地产生一个变量，其长度为联合中最大的变量长度。

联合访问其成员的方法与结构相同。同样联合变量也可以定义成数组或指针，但定义为指针时，也要用“->”符号，此时联合访问成员可表示成:

```
联合名->成员名
```

另外，联合既可以出现在结构内，它的成员也可以是结构。例如:

```
struct{
  int age;
  char *addr;
  union{
    int i;
    char *ch;
  }x;
}y[10];
```

若要访问结构变量 y[1]中联合 x 的成员 i，可以写成:

```
y[1].x.i;
```

若要访问结构变量 y[2]中联合 x 的字符串指针 ch 的第一个字符可写成:

```
*y[2].x.ch;
```

若写成“y[2].x.*ch;”是错误的。

结构和联合有下列区别。

- 结构和联合都是由多个不同的数据类型成员组成，但在任何同一时刻，联合中只存放了一个被选中的成员，而结构的所有成员都存在。
- 对于联合的不同成员赋值，将会对其他成员重写，原来成员的值就不存在了，而对于结构的不同成员赋值是互不影响的。

下面举一个例子来加对深联合的理解:

```
main()
{
  union{       /*定义一个联合*/
    int i;
    struct{    /*在联合中定义一个结构*/
   char first;
   char second;
    }half;
  }number;
  number.i=0x4241;    /*联合成员赋值*/
  printf("%c%c\n", number.half.first, mumber.half.second);
  number.half.first='a';    /*联合中结构成员赋值*/
  number.half.second='b';
  printf("%x\n", number.i);
  getch();
}
```

输出结果为：

```
AB
6261
```

从上例结果可以看出：当给 i 赋值后，其低八位也就是 first 和 second 的值；当给 first 和 second 赋字符后，这两个字符的 ASCII 码也将作为 i 的低八位和高八位。

在程序中，可能需要为某些整数定义一个别名，我们可以利用预处理指令#define 来完成这项工作，代码可能是：

```
#define MON  1
#define TUE  2
#define WED  3
#define THU  4
#define FRI  5
#define SAT  6
#define SUN  7
```

在此，我们定义一种新的数据类型，希望它能完成同样的工作。这种新的数据类型叫枚举型。

3. 枚举型

以下代码定义了枚举型：

```
enum DAY
 {
   MON=1, TUE, WED, THU, FRI, SAT, SUN
 };
```

- 枚举型是一个集合，集合中的元素(枚举成员)是一些命名的整型常量，元素之间用逗号隔开。
- DAY 是一个标识符，可以看成这个集合的名字，是一个可选项，即是可有可无的项。
- 第一个枚举成员的默认值为整型的 0，后续枚举成员的值在前一个成员上加 1。
- 可以人为设定枚举成员的值，从而自定义某个范围内的整数。
- 枚举型是预处理指令#define 的替代。
- 类型定义以分号结束。

新的数据类型定义完成后，它就可以使用了。我们已经见过最基本的数据类型，如：整型 int、单精度浮点型 float、双精度浮点型 double、字符型 char、短整型 short 等。用这些基本数据类型声明变量通常是这样：

```
char  a; //变量 a 的类型均为字符型 char
char  letter;
int  x,
    y,
    z; //变量 x,y 和 z 的类型均为整型 int
int    number;
double  m, n;
double  result; //变量 result 的类型为双精度浮点型 double
```

既然枚举也是一种数据类型，那么它和基本数据类型一样也可以对变量进行声明。

方法一：枚举类型的定义和变量的声明分开：

```
enum DAY
 {
```

```
   MON=1, TUE, WED, THU, FRI, SAT, SUN
 };
enum DAY yesterday;
enum DAY today;
enum DAY tomorrow; //变量 tomorrow 的类型为枚举型 enum DAY
enum DAY good_day, bad_day; //变量 good_day 和 bad_day 的类型均为枚举型 enum DAY
```

方法二：类型定义与变量声明同时进行：

```
enum //跟第一个定义不同的是，此处的标号 DAY 省略，这是允许的。
{
  saturday,
  sunday = 0,
  monday,
  tuesday,
  wednesday,
  thursday,
  friday
 } workday; //变量 workday 的类型为枚举型 enum DAY

enum week { Mon=1, Tue, Wed, Thu, Fri Sat, Sun} days; //变量 days 的类型为枚举型 enum week
enum BOOLEAN { false, true } end_flag, match_flag; //定义枚举类型并声明了两个枚举型变量
```

方法三：用 typedef 关键字将枚举类型定义成别名，并利用该别名进行变量声明：

```
typedef enum workday
 {
  saturday,
  sunday = 0,
  monday,
  tuesday,
  wednesday,
  thursday,
  friday
 } workday; //此处的 workday 为枚举型 enum workday 的别名

workday today, tomorrow; //变量 today 和 tomorrow 的类型为枚举型 workday，也即 enum workday
```

enum workday 中的 workday 可以省略：

```
typedef enum
 {
  saturday,
  sunday = 0,
  monday,
  tuesday,
  wednesday,
  thursday,
  friday
 } workday; //此处的 workday 为枚举型 enum workday 的别名

workday today, tomorrow; //变量 today 和 tomorrow 的类型为枚举型 workday，也即 enum workday
```

也可以用这种方式：

```
typedef enum workday
 {
  saturday,
  sunday = 0,
  monday,
  tuesday,
  wednesday,
  thursday,
  friday
 };
 workday today, tomorrow; //变量today和tomorrow的类型为枚举型workday，也即enum workday
```

同一个程序中不能定义同名的枚举类型，不同的枚举类型中也不能存在同名的命名常量。错误示例如下所示：

错误声明一：存在同名的枚举类型

```
typedef enum
 {
  wednesday,
  thursday,
  friday
 } workday;

typedef enum WEEK
 {
  saturday,
  sunday = 0,
  monday,
 } workday;
```

错误声明二：存在同名的枚举成员

```
typedef enum
 {
  wednesday,
  thursday,
  friday
 } workday_1;

typedef enum WEEK
 {
  wednesday,
  sunday = 0,
  monday,
 } workday_2;
```

13.4　GUI 编程

在 Linux 的开发中，经常要涉及嵌入式产品的开发，这就包括图形界面的开发，本节介绍的 GUI 就是其中一种开发框架。

13.4.1　GUI 的发展

支持 Linux 的图形开发系统比较多，常用的有 MiniGUI、MicroWindow 和 QT/Embedded 等。在嵌入式环境下，GUI 系统的整体构架跟桌面 PC 相差不大，如常用的绘图函数库和字型库、事件处理机制等都是嵌入式 GUI 系统所要面临的问题。但是嵌入式系统本身由于体积小、资源少的特点，所以在整体设计上必须较为严谨，考虑的条件更多。Linux 下的编程可以认为是对编程技能的一种挑战，有时感觉又回到了 DOS 编程时代。

Unix 环境下的图形视窗标准为 X Window System（以下简称 X 标准），Linux 是类 Unix 系统，所以顶层运行的 GUI 系统是兼容 X 标准的 XFree86 系统。X 标准大致可以划分为 X Server、Graphic Library（底层绘图函数库）、Toolkits、Window Manager 和 Internationalization（I18N）等几大部分。

虽然 X 架构不错，但是不怎么适用于嵌入式环境，因为实际工作起来实在过于庞大，因此许多嵌入式 Linux GUI 系统会把上述几点合并，甚至全部绑到一起，当然这样同时也会失去很多弹性与扩展功能，但为了适应嵌入式系统，这也是一个解决问题的方法。

13.4.2　GDK 简介

GTK 是用于实现图形用户接口的函数库。这里我们还要复习下 X 窗口。在 Linux 平台上，GUI（图形用户接口）使用的是称为 X 窗口（XWindow）的系统。X 窗口系统带有一套低级的库函数，称为 Xlib。Xlib 提供了许多对 X 窗口的屏幕进行操作的函数。当然，使用 Xlib 函数在屏幕上创建构件是很复杂的。GTK 要在屏幕上绘制各种构件，就需要与 X 服务器打交道。但是 GTK 提供的构件库并未直接使用 Xlib，而是使用了一个称为 GDK 的库。GDK 的意思是 GIMP Drawing Toolkit，即 GIMP 绘图工具包。差不多每个 GDK 函数都是一个相应 Xlib 函数的封装。但是 Xlib 的某些复杂性被隐藏起来了。

被隐藏的 Xlib 功能一般极少用到，如 Xlib 的许多特性只有窗口管理器才会用到，所以被封装到 Gdk 当中。如果需要，可以在应用程序中直接调用 Xlib 函数，只要在文件头部包含 gdk/gdkx.h 头文件就可以了。

一般情况下，如果要创建普通的图形接口应用程序，使用 GTK 就可以了。GTK+和 Gnome 构件库提供了极为丰富的构件，足以构造非常复杂的用户界面。但是，如果需要开发新构件，或者要创建绘图程序，仅使用 GTK 就不够了。这时可以采用 Xlib，更好的方法是使用 GDK 库，它可以应付绝大多数的编程需要。

13.5　QT 编程基础

真正使得 QT 在自由软件界的众多 Widgets 中脱颖而出的还是基于 QT 的重量级软件 KDE。QT 虽然是商业公司的产品，但是走的却是开源路线，提供免费下载，全部都是开放源代码，非商业用途也采用 GPL 的版权宣告，著名的 Open Source “KDE”项目便是采用 QT 开发的。

13.5.1　QT 简介

QT 是一个跨平台的 C++图形用户界面库，目前包括 QT、基于 FrameBuffer 的 QTopia Core、快速开发工具 QT Designer 和国际化工具 QT Linguist 等部分。QT 同 X-Window 上的 Motif、Openwin、GTK 等图形界面库和 Windows 平台上的 MFC、OWL、VCL、ATL 属于同一类型。QT 具有以下优点。

（1）优良的跨平台特性。

QT 支持下列操作系统：Microsoft Windows 95/98、Microsoft Windows NT、Linux、Solaris、SunOS、HP-UX、Digital Unix (OSF/1、Tru64)、Irix、FreeBSD、BSD/OS、SCO、AIX、OS390 和 QNX 等。

（2）面向对象。

QT 的良好封装机制使得其模块化程度非常高，可重用性较好。QT 提供了一种称为 signals/slots 的安全类型来替代 callback，这使得各个元件之间的协同工作变得十分简单。

（3）丰富的 API。

QT 包括多达 250 个以上的 C++类，还提供基于模板的 collections、serialization、file、I/O device、directory management 和 date/time 类，甚至还包括正则表达式的处理功能。

（4）支持 2D/3D 图形渲染，支持 OpenGL。

（5）大量的开发文档。

（6）XML 支持。

下面是一个显示“Hello QT/Embedded!”的程序的完整源代码。

```
Hello QT/Embedded
#include <qapplication.h>
#include <qlabel.h>
int main( int argc, char **argv )
{
QApplication app( argc, argv );
QLabel *hello = new QLabel( "<font color=blue>Hello"
" <i>QT/Embedded!</i></font>", 0 );
app.setMainWidget( hello );
hello->show();
return app.exec();
}
```

13.5.2 关键概念：信号和槽

信号与插槽机制提供了对象间的通信机制，它易于理解和使用，并完全被 QT 图形设计器所支持。QT 的一项重要的机制就是它的信号和槽，在图形用户界面编程中，经常需要将一个窗口部件的变化通知给另一个窗口部件，或者说系统对象进行通信。一般的图形用户编程中采用回调函数进行对象间通信（如：gtk+），这样回调函数和处理函数捆绑在一起，但这样做没有信号和槽机制简便和灵活。

如 QT 的窗口部件有多个预定义的信号，槽是一个可以被调用处理特定信号的函数。QT 的窗口部件有多个预定义的槽，当一个特定条件发生的时候，一个信号被发射，对信号感兴趣的槽就会调用对应响应函数。

信号/槽机制在 QObject 类中实现，从 QObject 类或其一个子类继承的所有类可以包含信号和槽。当对象改变其状态的时候，信号被发送，对象不关心有没有其他对象接收到这信号。槽是类的正常成员函数，可以将信号和槽通过 connect 函数任意相连。当一个信号被发射，它所连接的槽会被立即执行，如同一个普通函数调用一样。

槽是普通成员函数，它和普通成员函数一样分为 public、protected 和 private 共 3 类。Public slots 表示声明是任何信号都可以相连的槽；protected slots 表示这个类的槽及其子类的信号才能连接；private slots 表示这个类本身的信号可以连接这个类的槽。

13.6　版本控制系统

生活中难免会出错，而保证所做的改动能够正确撤销非常重要。在大型软件开发中，沟通不畅很有可能导致团队成员实施了彼此矛盾的修改。如果源代码只是简单地处在一个目录中，那么事情将变得一团糟。幸运的是，本节介绍的版本控制可以有效地解决这些问题。在正式开始之前，首先看一下版本控制系统到底能做些什么。

13.6.1　什么是版本控制

在每次完成源代码的修改后，把先前的版本改名，再保存新的版本，这就是版本控制的功能。不过对于更复杂的环境而言，开发人员还有以下这些需求。

- 集中化管理，自动跟踪单个文件的修改历史。
- 完善的日志机制，便于掌握某次修改的原因。
- 快速还原到指定的版本。
- 协调不同开发者之间的活动，保证对源代码同一部分的改动不会互相覆盖。
- ……

在版本控制系统出现以前，多人合作的大型软件开发简直是一场噩梦。假设每个人在自己的工作拷贝上工作。如果 Peter 改变了类的接口，那么他必须电话通知每个人这件事情，然后把新的源代码分发给他的团队。一天晚上，Peter 和 John 同时修改了某个文件，Peter 立刻把它提交到中央服务器，而 John 睡了一觉，直到第二天早上才提交，那么 Peter 的改动就丢失了。当一个月后问题暴露的时候，人们发现根本没有任何关于改动的日志信息能帮助他们追溯到那个夜晚。

如果读者已经遇到了类似的麻烦，那么就意味着应该要使用版本控制系统了。这些年已经出现了大量开放源代码版本的版本控制系统，人们的选择范围也由此扩大了将近一个数量级。占据主流地位的两款系统是 CVS 和 Subversion，后者是前者的改良和完善。鉴于 CVS 在某些概念上的缺陷，建议读者直接从 Subversion 开始，正在使用 CVS 的团队也正在逐步向 Subversion 转变。

13.6.2　安装 Subversion

Subversion 已经包含在很多 Linux 发行版中了，Ubuntu 就在其安装源中提供了 Subversion 的下载。如果读者使用的 Linux 发行版没有包含这个软件，那么可以从 subversion.tigris.org 上下载。使用源代码还是二进制安装包完全取决于实际需求。可以使用下面这条命令检查 Subversion 客户端工具。

```
$ svn --version                                    ##Subversion 客户端的版本信息
svn，版本 1.5.1 (r32289)
   编译于 Oct  6 2008，13:05:23

版权所有 (C) 2000-2008 CollabNet。
```

```
Subversion 是开放源代码软件，请参阅 http://subversion.tigris.org/ 站点。
此产品包含由 CollabNet(http://www.Collab.Net/) 开发的软件。

可使用以下的版本库访问模块：

* ra_neon : 通过 WebDAV 协议使用 neon 访问版本库的模块。
  - 处理“http”方案
  - 处理“https”方案
* ra_svn : 使用 svn 网络协议访问版本库的模块。  - 使用 Cyrus SASL 认证
  - 处理“svn”方案
* ra_local : 访问本地磁盘的版本库模块。
  - 处理“file”方案
```

接着检查 Subversion 的管理工具是否正确安装了。

```
$ svnadmin --version                         ##Subversion 管理工具的版本信息
svnadmin，版本 1.5.1 (r32289)
   编译于 Oct  6 2008, 13:05:23

版权所有 (C) 2000-2008 CollabNet。
Subversion 是开放源代码软件，请参阅 http://subversion.tigris.org/ 站点。
此产品包含由 CollabNet(http://www.Collab.Net/) 开发的软件。

下列版本库后端(FS) 模块可用：

* fs_base : 模块只能操作 BDB 版本库。
* fs_fs : 模块与文本文件(FSFS)版本库一起工作。
```

如果这两条命令都没有问题，那么 Subversion 就已经安装完毕了。下面用一个实例向读者介绍 Subversion 的基本使用。

13.6.3 建立项目仓库

“项目仓库”是版本控制系统的专有名词，是用来存储各种文件的主要场所。项目仓库以目录作为载体，下面的命令建立目录 svn_ex，本节所有的源代码最终都会存放在里面。

```
$ mkdir /home/lewis/svn_ex
```

接下来调用 svnadmin create 命令建立项目仓库。

```
$ svnadmin create /home/lewis/svn_ex
```

如果没有报错，那么这个项目仓库就建好了。此时 Subversion 已经在 svn_ex 目录下安放了一些东西，Subversion 需要它们来记录项目的一切。这是一套复杂的机制，普通用户通常并不需要了解这些。

13.6.4 创建项目并导入源代码

接下来就要着手建立一个新的项目。为简便起见，这里将本章已经出现过的两个源代码文件导入项目仓库。

```
##进入源程序所在的目录
$ cd /home/lewis/sum/
##导入源程序，并创建项目 project
$ svn import -m "导入源文件至项目仓库" . file:///home/lewis/svn_ex/project
增加          macro.c
增加          summary.c
```

import 命令指导 Subversion 导入源代码，目的地是 file:///home/lewis/svn_ex/project。“file://”表示本地文件协议。Subversion 服务器支持使用 HTTP、SSH 协议，为简便起见，这里将项目仓库建在本地，而不是配置使用网络服务器。project 是本例中的项目名，这并不是实际存在的一个目录，而是一个“逻辑上”的项目。为了防止自己把项目名忘记，用户也可以在/home/lewis/svn_ex 下建立一个 project 目录，但这个 project 目录下仍然不会有任何东西。

目的 URL 之前还有一个句点“.”，表示当前目录，也就是/home/lewis/sum。Subversion 会将该目录下所有的文件全部导入到项目仓库中。

-m 选项为本次操作增加一条消息。由于这对于项目开发至关重要（在出现问题的时候可以快速找到原因），即便用户省略了-m 参数，Subversion 还是会打开一个文本编辑器，要求提供执行此操作的理由。

13.6.5　开始项目开发

开发人员总是在自己的机器上建立一个目录，然后在这个目录下编写程序。下面的命令在用户主目录下建立 work/project 目录，接下来的“开发”就将在这里面进行。

```
$ mkdir ~/work
$ cd ~/work/
$ mkdir project
```

下面从“服务器”上取得源代码的工作拷贝。由于刚刚才把源代码导入项目仓库，所以在 Subversion 的逻辑看来，这就是版本“1”。

```
$ svn checkout file:///home/lewis/svn_ex/project project ##签出源代码
A    project/macro.c
A    project/summary.c
取出版本 1。
```

命令 checkout（也可以简写为 co）指导 Subversion 从服务器上签出源代码。这里仍然使用了熟悉的 URL “file:///home/lewis/svn_ex/project project”，目标是 project 目录。查看 project 目录，可以看到源文件已经在里面了。

```
$ ls project/
macro.c  summary.c
```

此时 project 目录和项目 file:///home/lewis/svn_ex/project 已经在 Subversion 的层面上建立了关联，以后只要在 project 目录下执行 svn update 就可以更新本地源代码。

13.6.6　修改代码和提交改动

假设现在 Lewis 决定修改 macro.c 中的那个定义“错误”，他把源代码的第一行改成下面这样：

```
#define SUB(X,Y) (X)*(Y)
```

Subversion 立刻注意到了这一修改。使用 svn status 命令可以看到，在文件 macro.c 前面有一个 M，表示有修改产生：

```
$ svn status macro.c                                ##查看 macro.c 的状态
M       macro.c
```

进一步使用 svn diff 命令观察本地工作拷贝和服务器上版本之间的差别。

```
$ svn diff macro.c                                  ##观察 macro.c 的修改情况
Index: macro.c
===================================================================
--- macro.c    （版本 1）
+++ macro.c    （工作副本）
@@ -1,4 +1,4 @@
-#define SUB(X,Y) X*Y
+#define SUB(X,Y) (X)*(Y)

 int main()
 {
```

“@@ -1,4 +1,4 @@”指出了发生改动的位置，紧跟着列出了该位置上的代码。减号“-”表示服务器上的版本，加号“+”表示当前的工作拷贝。显然，Lewis 在第一行增加了两个括号。

看起来一切都很正常，使用 svn commit 命令提交新的 macro.c。

```
$ svn commit -m "修正宏定义的错误"                  ##提交修改后的版本
正在发送        macro.c
传输文件数据.
提交后的版本为 2。
```

Subversion 照例要求用户对这次操作说点什么。完成提交后，Subversion 将仓库中项目的版本号加 1，因此当前的版本号为 2。使用 svn log 命令可以看到 macro.c 文件完整的历史记录。

```
$ svn log macro.c                                   ##查看 macro.c 的历史记录
------------------------------------------------------------------------
r2 | lewis | 2016-01-18 18:58:53 +0800 (日, 2016-01-18) | 1 line

修正宏定义的错误
------------------------------------------------------------------------
r1 | lewis | 2016-01-18 18:43:32 +0800 (日, 2016-01-18) | 1 line

导入源文件至项目仓库
------------------------------------------------------------------------
```

13.6.7 解决冲突

现在项目组增加了一个新成员 Mike，把事情的原委和 Mike 说清楚之后，Mike 在自己的机器上建立了工作目录，并从服务器上签入项目。

```
##建立工作目录
$ cd /home/mike/
```

```
$ mkdir -p work/project
$ cd work/

##签入项目
$ svn co file:///home/lewis/svn_ex/project project
A    project/macro.c
A    project/summary.c
取出版本 2。
```

MIKE 注意到 Lewis 把宏的名字写错了。乘法的英文缩写应该是 MUL(multiply), 而不是 SUB (subtract，减法)。于是他把源代码改成下面这样：

```
#define MUL(X,Y) (X)*(Y)

int main()
{
       int result;

       result = MUL( 2+3, 4 );

       return 0;
}
```

与此同时，Lewis 也注意到了这个问题。但是他显然已经厌倦了宏定义，于是他决定用函数来实现这个乘法操作。现在 Lewis 的工作拷贝变成这样：

```
int multiply( int x, int y )
{
       return x * y;
}

int main()
{
       int result;

       result = multiply( 2+3, 4 );

       return 0;
}
```

新人的积极性显然要更高一些，Mike 首先将他的改动提交到服务器上。

```
$ svn commit -m "乘法的英语缩写应为 MUL"
正在发送       macro.c
传输文件数据.
提交后的版本为 3。
```

等到 Lewis 提交他的 macro.c 时，问题产生了：Subversion 拒绝了他的请求，因为 macro.c 已经被其他人更新过了。

```
$ svn commit -m "将宏 SUB 用函数 multiply 实现"
正在发送       macro.c
svn: 提交失败(细节如下)：
svn: 文件 “/project/macro.c” 已经过时
```

Lewis 想要知道这究竟是怎么一回事。为此他必须首先更新自己的工作拷贝。

```
$ svn update                                                ##更新工作拷贝
在 “macro.c” 中发现冲突。
选择：(p) 推迟，(df) 显示全部差异，(e) 编辑，
        (h) 使用帮助以得到更多选项：p                        ##使用选项 p
C    macro.c
更新到版本 3。
```

Subversion 并没有覆盖 Lewis 的工作。相反，他试图把知道的事情全部告诉 Lewis。

```
$ ls
macro.c  macro.c.mine  macro.c.r2  macro.c.r3  summary.c
```

可以看到，Subversion 把和此次冲突有关的 macro.c 的各个版本都保存在目录中，然后在 macro.c 中列出了两个版本冲突的地方。

```
$ cat macro.c                                   ##查看 Subversion 生成的 macro.c
<<<<<<< .mine
int multiply( int x, int y )
{
    return x * y;
}
=======
#define MUL(X,Y)  (X)*(Y)
>>>>>>> .r3


int main()
{
    int result;

<<<<<<< .mine
    result = multiply( 2+3, 4 );
=======
    result = MUL( 2+3, 4 );
>>>>>>> .r3

    return 0;
}
```

在这个文件中可以很清楚地看到两者间的差别。Lewis 大致明白发生了些什么，但他还想知道是谁做了这些改动。于是 Lewis 使用 svn log 命令调出版本 3 的日志信息。

```
$ svn log -r3 macro.c                       ##查看版本 3 的 macro.c 的日志信息
------------------------------------------------------------------------
r3 | mike | 2016-01-18 19:22:43 +0800 (日, 2016-01-18) | 1 line

乘法的英语缩写应为 MUL
------------------------------------------------------------------------
```

现在 Lewis 知道是 Mike 改动了这个文件，也知道了他的想法。Lewis 和 Mike 交流了彼此的意见，新成员通常不太容易坚持自己的立场，讨论的结果还是使用函数实现乘法操作。于是 Lewis 按照自己原先的想法修改了 macro.c，并告诉 Subversion 冲突已经解决。

```
$ svn resolved macro.c
"macro.c" 的冲突状态已解决
```

然后 Lewis 向服务器提交了自己的 macro.c。

```
$ svn commit -m "将宏 SUB 用函数 multiply 实现"
正在发送        macro.c
传输文件数据.
提交后的版本为 4。
```

13.6.8 撤销改动

Lewis 回家过了一个周末，他突然意识到用函数实现乘法操作显然不够高效。他再次和 Mike 交换了意见，决定还是维持 Mike 在版本 3 中的改动。为此，需要使用 svn merge 命令将本地工作拷贝中的 macro.c“回滚”到版本 3 的状态。

```
$ svn merge -r 4:3 macro.c
--- 正在反向合并 r4 到 "macro.c":
U    macro.c
```

-r 选项指定了需要执行回滚操作的版本号，这里用版本 3 的 macro.c 取代版本 4 的 macro.c。查看当前工作拷贝中的 macro.c，可以看到回滚操作确实生效了。

```
$ cat macro.c                                               ##查看 macro.c
#define MUL(X,Y)  (X)*(Y)

int main()
{
    int result;

    result = MUL( 2+3, 4 );

    return 0;
}
```

最后，使用 commit 命令更新项目仓库。

```
$ svn commit -m "鉴于效率，保留两数乘法的宏定义"
正在发送        macro.c
传输文件数据.
提交后的版本为 5。
```

13.6.9 命令汇总

本节用现实生活中的一个例子（尽管这个例子本身不那么“现实”）介绍了 Subversion 的基本使用。为了给读者一个清晰的认识，表 13.8 汇总了本节出现过的所有命令。

表 13.8　本节的 Subversion 命令汇总

命令	描述
svnadmin create	建立项目仓库
svn import	导入源代码至项目仓库

续表

命令	描述
svn checkout（或 svn co）	从项目仓库迁出源代码
svn status	查看文件状态
svn diff	查看文件的本地版本和服务器版本之间的差异
svn commit	提交改动
svn log	查看文件的历史消息记录
svn update	更新本地工作拷贝
svn resolved	标记源文件“冲突已解决”
svn merge	比较两个版本之间的差异，并应用于工作拷贝

13.7 小　　结

本章首先向读者介绍 Vim 编辑器和一些常用编辑器，然后介绍了 Linux 中一些编程工具或方法，如 Shell、sed、awk 等，这都是使用 Linux 编程必须要熟悉的内容。本章向读者介绍的内容比较多，还有 C、C++、QT 编程等，读者主要了解程序编译的基本原理和它们的基本语法即可，懂了这些基础，最后在实际项目中就会自然而然地应用了。

13.8 习　　题

一、填空题

1. MVC 全名是________、________、________的缩写。
2. KDE 是使用________开发的。
3. 生成一个可执行文件需要________、________两步。
4. Vim 分为________和________两种模式。
5. ________与________机制提供了对象间的通信机制。
6. Vim 强行保存退出命令是________。

二、选择题

1. Linux 编辑器包括（　　）。

   A. Gedit　　B. Vim　　C. Emacs　　D. Word

2. 以下正确的描述是（　　）。

   A. Shell 是用户使用 Linux 的桥梁
   B. Awk 非常适合服务器上的日志处理
   C. Linux GUI 是图形开发系统
   D. Shell 只能用 Bash 解释执行

三、简答题

1. 编译和链接的目的分别是什么？
2. 编写 Shell 程序显示“Hello World”。